B.I.-Hochschultaschenbücher
Band 275

Einführung in die Geophysik

Band 1
Erdkörper

von

Prof. Dr. Walter Kertz
Technische Universität Braunschweig

Wissenschaftsverlag
Mannheim/Wien/Zürich

Unveränderter Nachdruck 1989
Druck und Bindearbeit: Universitätsdruckerei H. Stürtz AG, Würzburg
Printed in Germany
ISBN 3-411-00275-1

VORWORT

Dieses Buch wurde für Leser geschrieben, die die Arbeitsgebiete, die Methoden und die Hauptergebnisse der Geophysik kennenlernen möchten. Mehr als eine „Einführung" soll und kann es nicht sein. Wenn jemand nach dem Lesen eines Kapitels bemerkt, daß das Thema noch nicht erschöpft ist, so hat das Buch für ihn seine Schuldigkeit getan, gleichgültig ob er durch eigenes Nachdenken oder durch das Studium speziellerer Literatur zu diesem Schluß gelangt ist. Der Einführung dienen sollen in besonderer Weise die Figuren, die mathematischen Ableitungen und die historischen Einschübe. „Geschichten" aus der Geschichte der Geophysik sind Gedächtnisstützen, sie helfen aber auch zum Verständnis der gegenwärtigen Entwicklung unseres Faches.

Mein Ziel war es, eine Darstellung der gesamten Geophysik zu geben. Um den gesetzten Rahmen nicht zu sprengen, mußte ich deshalb „Mut zur Lücke" beweisen, gelegentlich mag er in Übermut ausgeartet sein, vielleicht am stärksten in der Behandlung der geophysikalischen Meß- und Registrierinstrumente. Da steht die Beschreibung der Magnetometer in Kap. 9 als Beispiel für alle. Trotz aller Beschränkung blieb eine große Stoffmenge übrig. Das macht Irrtümer fast unvermeidlich. Deshalb und wegen einer vielleicht zu subjektiven Auswahl muß ich die Spezialisten um Nachsicht bitten. Hinweise auf Fehler und Verbesserungsvorschläge werde ich dankbar begrüßen.

Das Buch eignet sich schlecht als Nachschlagewerk, es ist nicht so angelegt, daß man einzelne Kapitel isoliert lesen kann. Es kam mir nämlich besonders darauf an, den inneren Zusammenhang zwischen den geophysikalischen Teilgebieten aufzuzeigen. So sollte z. B. derjenige, der sich für die Erforschung der Ionosphäre mit Radiowellen (Kap. 20) interessiert, unbedingt zuvor die Grundlagen der Seismologie (Kap. 4) studieren.

Außer in die Methoden und Ergebnisse soll das Buch auch in die reiche Literatur einführen. Es gibt hervorragende ältere und neuere Darstellungen der Geophysik und ihrer Teilgebiete. Das 29. Kapitel und die Literaturangaben zu den einzelnen Kapiteln sollen auf solche Kostbarkeiten hinweisen. Da die neuere Literatur vorwiegend in Englisch geschrieben ist, wurde im Text dieses Buches zu vielen Fachausdrücken der englische Name in Klammern hinzugefügt. Studenten empfehle ich, sich gleich *beide* Namen einzuprägen. Auch in der Bezeichnung der Einheiten bin ich dem englischen Brauch gefolgt und habe sec statt s und gr statt g (g = Schwerebeschleunigung!) geschrieben.

Danken möchte ich allen, die am Zustandekommen des Buches wesentlich beteiligt waren, insbesondere: Herr Dipl.-Phys. NORBERT SCKOPKE hat das Manuskript sehr gründlich durchgearbeitet und etwa 10^3 sachliche und sprachliche Verbesserungen angebracht. Ich hätte mir keinen besseren Korrektor wünschen können. Meine Frau hat die Figuren gezeichnet und immer wieder Hand an die verschiedenen Fassungen des Manuskripts gelegt. Der Verlag gab die Anregung zum Schreiben des Buches (siehe die Bemerkung vor Kap. 27). Während des Schreibens bewies er viel Geduld und ist beim Druck auf alle meine Wünsche bereitwillig eingegangen. Der Hauptdank gebührt meinem verstorbenen Lehrer JULIUS BARTELS. Man wird wohl gar nicht trennen können, was von ihm und was von mir stammt. Er hat in mir die Freude an der Geophysik geweckt. Möge dieses Buch dazu beitragen, diese Freude zu verbreiten.

Braunschweig, Juli 1969 Walter Kertz.

INHALTSVERZEICHNIS

UNTERSUCHUNGSOBJEKTE IM RAUM UND IN DER ZEIT

Die Geophysik ist eine Tochterwissenschaft der Physik: Sie befaßt sich mit solchen Naturvorgängen, die sich experimentell erforschen, messend erfassen und mathematisch darstellen lassen und die allgemeingültigen Gesetzen unterliegen[1]. Von den anderen physikalischen Disziplinen wie Experimentalphysik, Theoretische Physik und Technische Physik unterscheidet sich die Geophysik durch die Beschränkung auf bestimmte Untersuchungsobjekte: Sie erforscht die natürlichen Erscheinungen auf der Erde, in ihrem Inneren wie auch in dem Teil des interplanetaren Raumes, den man als Umgebung der Erde ansehen kann. Zum Forschungsbereich der Geophysik gehören auch die Einflüsse anderer Himmelskörper auf die Erde und die sie umgebende Materie, insbesondere Wirkungen der Sonne und des Mondes. Diesen Untersuchungsobjekten sind die Arbeitsmethoden der Geophysik angepaßt.

1. *Räumliche Struktur*

Die meisten geophysikalischen Messungen werden auf der Erdoberfläche angestellt. Da 70,8 % der Erdoberfläche vom Meer bedeckt und dort geophysikalische Messungen sehr erschwert sind, besteht in der Geophysik ein großes Interesse, die verbleibende, für Messungen geeignete Landoberfläche weitgehend auszunutzen. Deshalb wurden bei *Expeditionen* in unerforschte Gebiete meist auch geophysikalische Beobachtungen vorgenommen. Zu den letzten wenig erforschten Gebieten der Erdoberfläche gehören die Polargebiete in der Arktis und Antarktis. Diese sind für die Geophysik besonders wichtig, weil nur dort die magnetische Abschirmung der Erde gegen den Einfall geladener Teilchen aus dem interplanetaren Raum unterbrochen ist. Als spektakulärste Wirkung des Teilcheneinfalls beobachtet man die Polarlichter. Weitere Untersuchungsobjekte sind in den Polargebieten z.B. die Eisbedeckung, die Fortsetzung des Netzes der Tiefseerücken und der Wärmehaushalt.

[1] Zur Frage: „Was ist Physik?“ vgl. G. Süssmann: Theoretische Mechanik I. B.I.-Hochschulskripten **801,** Mannheim 1966, 1–10. In die dort gegebene Definition ordnet sich die Geophysik zwanglos ein. Für die Arbeitsweise der Geophysik wichtig ist der Satz: „Grenzfall des Experiments ist die bloße Beobachtung.“

Deshalb spielten bei den beiden Internationalen Polarjahren (August 1882 bis August 1883 und August 1932 bis August 1933) geophysikalische Messungen die Hauptrolle. Auch im Internationalen Geophysikalischen Jahr (Juli 1957 bis Dezember 1958), im Jahr der Geophysikalischen Kooperation (1959) und in den Jahren der Ruhigen Sonne (Januar 1963 bis Dezember 1964) wurde den Polargebieten besondere Beachtung geschenkt.

Zur Zeit bemüht man sich besonders darum, alle geophysikalischen Messungen auch auf die *Meeresgebiete* auszudehnen. Magnetfeld und Schwerebeschleunigung werden von Schiffen und Flugzeugen aus bestimmt. Am Meeresboden mißt man den Wärmefluß. Der Untergrund des Meeresbodens schließlich wird seismologisch erforscht.

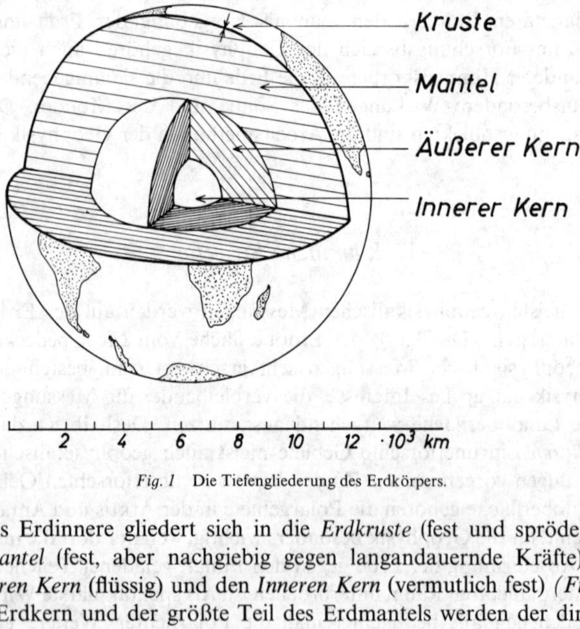

Fig. 1 Die Tiefengliederung des Erdkörpers.

Das Erdinnere gliedert sich in die *Erdkruste* (fest und spröde), den *Erdmantel* (fest, aber nachgiebig gegen langandauernde Kräfte), den *Äußeren Kern* (flüssig) und den *Inneren Kern* (vermutlich fest) *(Fig. 1)*. Der Erdkern und der größte Teil des Erdmantels werden der direkten Beobachtung und Messung für alle Zeit verschlossen bleiben. Der Geophysiker ist bei der Erforschung des Erdinneren im wesentlichen auf Messungen an der Erdoberfläche beschränkt. Es gibt nur wenige Bohrungen, und diese dringen nur bis in die obersten Kilometer der Erdkruste ein. Seit einigen Jahren denkt man an eine Bohrung bis unter die Mohorovičić-Diskontinuität (benannt nach ihrem Entdecker, dem jugoslawischen Seismologen ANDRIJA MOHOROVIČIĆ 1857–1936), die Grenze zwischen Erdkruste und Mantel. Aber dieses in Amerika „Mohole" genannte Projekt ist heutzutage noch Zukunftsmusik[1]. Die Ausbildung von Verfahren, die es erlauben, aus Messungen in zugänglichen Bezirken Schlüsse auf die physikalischen Eigenschaften der Materie in unzugänglichen Gebieten zu ziehen, ist ein Charakteristikum der Geophysik.

Die besten Detailkenntnisse besitzt man von der Struktur der Erdkruste. Seit 1960 bemühen sich die Geophysiker der ganzen Erde gemeinsam mit Geologen, Petrologen und Mineralogen darum, das nächst tiefere Stockwerk, den *Oberen Mantel* (bis 400 km Tiefe), zu erforschen, um diesen Bereich womöglich genausogut kennenzulernen wie die Kruste. Die Materie befindet sich hier in einem Zustand (Drücke bis 130 kbar, Temperaturen bis 2500 °C), der sich zur Zeit noch nicht in Laboratoriumsversuchen nachahmen läßt. Immerhin werden aber bei Hochdruckexperimenten Drücke und Temperaturen erreicht, die den genannten Werten so nahe kommen, daß man aus dem Verlauf der Experimente Schlüsse auf das Verhalten der Materie im Oberen Erdmantel ziehen kann. Man hofft, der Obere Mantel könne dann eine Brücke zum Verständnis des Verhaltens der Materie in den tieferen Schichten bilden.

Die Erdoberfläche ist zwar die Grenze des Erdkörpers, aber nicht die Grenze unseres Planeten. Selbstverständlich wird man die Atmosphäre, die vom Schwerefeld der Erde festgehalten wird und wegen der Reibung mitrotiert, noch mit zur Erde rechnen. Von einer Höhe zwischen 500 und 600 km ab sind dann die mittleren freien Weglängen so groß, daß neutrale Luftmoleküle, deren thermische Geschwindigkeit größer als die Fluchtgeschwindigkeit von 11 km/sec ist, aus dem Schwerefeld der Erde entweichen können *(Exosphäre)*. Hier liegt deshalb die obere Grenze für die *neutrale* Atmosphäre.

Unter der Einwirkung der Sonnenstrahlung werden die Luftatome und -moleküle in großen Höhen jedoch ionisiert. Dadurch geraten sie sehr stark unter den Einfluß des Magnetfeldes der Erde, sie können nämlich nur noch auf Schraubenlinien um die magnetischen Feldlinien herumkreiseln. Infolgedessen können die geladenen Teilchen den Bereich der Erde nicht verlassen. Die Gesamtheit der in dieser Weise gefangen gehaltenen Teilchen bildet die *Magnetosphäre*. Unter der Wirkung eines ständig von der Sonne kommenden Partikelstromes (Solarer

[1] Bei der Entstehung der Alpen wurden die Schichten der Erdkruste derartig umgebogen, daß man Gesteine an der Oberfläche antrifft, die normalerweise an der Grenze zwischen Kruste und Mantel liegen. So findet man in den Westalpen, in der Nähe der Stadt *Ivrea*, ausgedehnte Massen von ultrabasischem Peridotit, die sehr wahrscheinlich aus dem Oberen Erdmantel stammen. Vgl. H. BERCKHEMER, Umschau **69** (1969), 178–179.

Wind) nimmt die Magnetosphäre eine längliche von der Sonne weggerichtete Form an *(Fig. 2)*. Ihre äußere Grenze heißt Magnetopause.

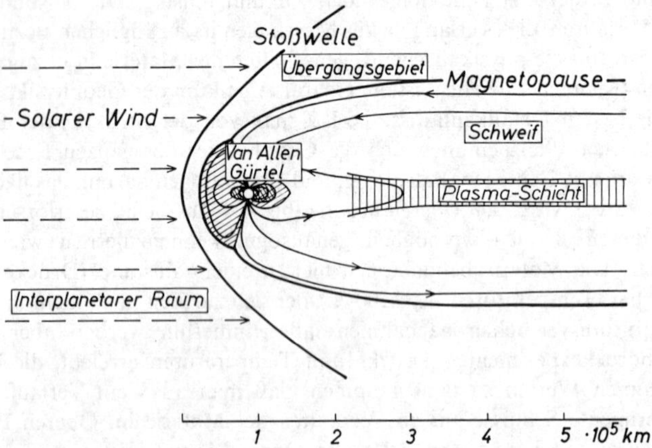

Fig. 2 Schnitt durch die Magnetosphäre. Die Erde wird dargestellt durch den kleinen Kreis inmitten der Van-Allen-Gürtel. Die Sonne steht links im Abstand $1500 \cdot 10^5$ km (Einzelheiten im Teil II).

Die Magnetopause kann man als die Grenze des Einflußbereiches der Erde im Weltraum ansehen. Mit Absicht wurde der etwas verschwommene, aus der Politik stammende Begriff „Einflußbereich" gewählt. Zwar werden die Teilchen in der Magnetosphäre durch das Magnetfeld der Erde festgehalten, in ihren Bewegungen werden sie aber wesentlich durch die Sonnenaktivität gesteuert. Ein gewisser Einfluß der Sonnenaktivität zeigt sich auch auf die Materie der unteren Atmosphäre, er ist aber wesentlich kleiner als der Einfluß auf die Magnetosphäre. Die *solarterrestrischen Beziehungen* sind vor allem solar-magnetosphärische.

Bis in die Zeit nach dem zweiten Weltkrieg war man bezüglich der Oberen Atmosphäre und der Magnetosphäre – dieser Begriff wurde erst 1959 von T. GOLD eingeführt – genau wie beim Erdinneren auf Schlüsse aus Beobachtungen am Erdboden angewiesen. In wahrer Detektivarbeit hatte man Indiz für Indiz zusammengetragen und ein schon recht detailliertes Bild der Oberen Atmosphäre und ihrer Steuerung durch Vorgänge auf der Sonne entworfen. Der Einsatz von Raketen, künstlichen Satelliten und Raumsonden brachte dann der Geophysik völlig neue Untersuchungsmöglichkeiten. In der Geschichte der Geophysik hat es wohl nie eine spannendere Zeit gegeben als die letzten beiden Jahrzehnte. In dieser Zeit wurden die aus indirekten Schlüssen gezogenen Vorstellungen über die Obere Atmosphäre und den interplanetaren Raum erstmalig durch direkte Messungen überprüft. Viele wurden dabei bestätigt oder nur leicht modifiziert und nur wenige widerlegt. Der durch den Einsatz von Raketen entstandene neue Wissenszweig hat den etwas großsprecherischen Namen *Weltraumforschung* bekommen, obwohl die Forschungen sich nur auf einen winzigen Bruchteil des aus der Astronomie bekannten Weltraums beschränken. (Der englische Name *space research* ist bescheidener.)

Natürliche physikalische Vorgänge in dem ganzen Bereich zwischen Erdmittelpunkt und Magnetopause zu untersuchen ist Aufgabe der Geophysik. Einige Teilgebiete der Geophysik haben einen derartig großen Wissensumfang angenommen, daß sie den Rahmen der Geophysik zu sprengen drohen und deshalb besser wie eigene Disziplinen behandelt werden. Das gilt für *Meteorologie* und *Ozeanographie.* Beide werden auch in dieser Einführung nur gestreift, obwohl es sich um Teilgebiete der Geophysik handelt. (Literatur zur Einführung in diese Gebiete am Schluß dieses Kapitels.)

Die Erde ist einer der neun Planeten unserer Sonne. Viele allgemeine Erkenntnisse, die für alle Planeten gültig sind sowie Ergebnisse der Sonnenphysik werden aus der *Astronomie* in die Geophysik übernommen. Andererseits ist aber die Erde zweifellos der am besten bekannte Planet, daher kommen geophysikalische Erkenntnisse der Lehre von den Planeten zugute. Dementsprechend wendet man bei der Erkundung des Mondes und anderer Planeten geophysikalische Methoden an. Auch die Kenntnis der Sonnenphysik ist durch geophysikalische Beobachtungen und die daraus gezogenen Schlüsse bereichert worden. So fördern sich Astronomie und Geophysik wechselseitig. So eng wie die Beziehungen zwischen Physik und Chemie sind natürlich auch die Beziehungen zwischen Geophysik und *Geochemie.*

Einführende Literatur über selbständige Teilgebiete und Nachbarfächer der Geophysik

Meteorologie:

F. Möller: Einführung in die Meteorologie. B.I.-Hochschultaschenbücher **276** und **288**. Mannheim 1973.

Ozeanographie:

G. Dietrich: Allgemeine Meereskunde. Berlin 1957.

G. Dietrich: Ozeanographie. Braunschweig 1959.

G. Dietrich und J. Ulrich: Atlas zur Ozeanographie. B.I.-Hochschulatlanten. Mannheim 1968.

Geochemie:

B. Mason: Principles of Geochemistry. 2. ed. New York 1960.

H.K. Wedepohl: Geochemie. Sammlung Göschen. Berlin 1967.

2. *Zeitliche Struktur*

Wie sich aus dem vorigen Abschnitt ergibt, arbeiten Geophysiker in einem enorm großen „Laboratorium". Ebenso bedeutsam ist aber die Länge der für geophysikalische Vorgänge zur Verfügung stehenden Zeit. Zur Erfahrungswelt der Geophysiker gehören „Dauerversuche", die sich über Millionen von Jahren erstreckt haben. So, wie sich bei der Untersuchung der räumlichen Struktur die Arbeiten der Geophysiker mit denen der Astronomen und Astrophysiker berühren, wird die zeitliche Struktur gemeinsam von Geophysikern und *Geologen* erforscht. Die Erdgeschichte ist die längste geophysikalische Zeitreihe. Der vergleichenden Arbeit der Geologen verdankt man die Kenntnis der zeitlichen Aufeinanderfolge von Gesteinsformationen. Durch Messung der Radioaktivität der Gesteine (siehe Kap. 3) wurde es möglich, das Alter dieser Formationen absolut zu bestimmen. Das Ergebnis zeigt *Fig. 3.* Man erkennt, daß die einzelnen Zeitabschnitte sehr unterschiedliche Länge haben. Die jüngere Vergangenheit ist stärker unterteilt als die weit zurückliegende, da sie deutlichere Spuren hinterließ.

Allgemein wird heute für unsere Erde und die anderen Planeten des Sonnensystems ein Alter von *4,5 Milliarden Jahren* angenommen. Dieses folgt aus Altersbestimmungen von Steinmeteoriten. Datierungen der ältesten Gesteine der Erdkruste ergeben Werte von etwa 3,8 Milliarden Jahren. In der ersten Zeit der Erdgeschichte spielten natürlich Temperaturänderungen die Hauptrolle. Die thermische Geschichte der Erde ist aber noch kaum bekannt (siehe Kap. 10c). Man weiß nicht einmal, ob sich die Erde insgesamt abgekühlt oder erwärmt hat. Der geologische Befund läßt mit Sicherheit auf eine Reihe von sehr aktiven Phasen mit weltweiter Gebirgsbildung schließen. Hypothetischer sind Vorstellungen über die Wanderung ganzer Kontinente, mit denen sich aber viele verschiedenartige Beobachtungen zwanglos und zusammenfassend erklären lassen. Für diese Hypothese hat der deutsche Geophysiker und Meteorologe ALFRED WEGENER (1880–1930) den sehr einprägsamen Namen „Kontinentalverschiebung" eingeführt (engl. continental drift). Ein eigener Wissenszweig ist die *Paläoklimatologie.* In ihr wird das Klima der Vorzeit in den einzelnen Erdteilen untersucht. Hierbei ist die Isotopengeologie ein wichtiges Hilfsmittel. Eine Art Aufzeichnung der Temperaturvariationen in jüngerer Zeit findet man in der Temperaturtiefenverteilung des Gletschereises.

Die Bestimmung des Alters von *Meteoriten* mit Hilfe der Radioaktivität bringt Aufschlüsse sowohl über die zeitliche als auch die räumliche Struktur der Umgebung der Erde im interplanetaren Raum („Weltraumarchäologie"). Die Meteoriten sind für uns Proben aus tieferen Schichten der Planeten, verwandt dem Tiefengestein der Erde, das wir selbst nicht untersuchen können. Im Gegensatz zu Gesteinsproben sind die Meteoriten aber während ihrer ganzen Flugdauer dem Bombardement der Kosmischen Strahlung ausgesetzt gewesen. Das Studium der

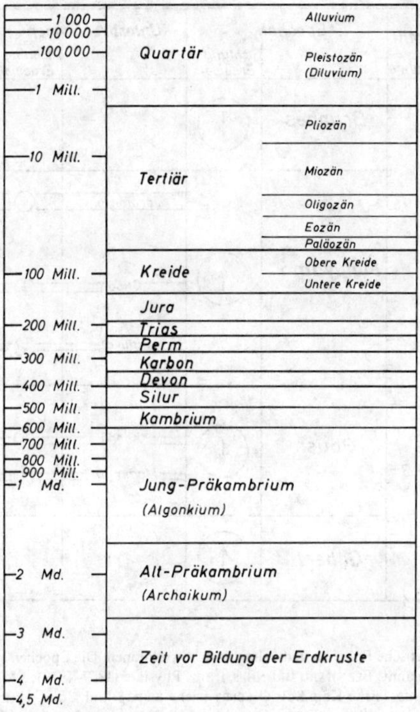

Fig. 3 Absolute Datierung der geologischen Zeitalter. Die Zeitskala ist proportional zu $\sqrt[4]{t}$ geteilt, um näherungsweise gleiche Intervallhöhen zu erhalten.

dadurch erzeugten radioaktiven Folgeprodukte erlaubt Aussagen über langperiodische zeitliche Variationen der Kosmischen Strahlung sowie über das Alter der Meteoriten seit ihrem letzten Auseinanderbrechen. Für Steinmeteoriten ergeben sich Werte zwischen 20 und 90 Millionen Jahren, für Eisenmeteoriten dagegen zwischen 600 und 1700 Millionen Jahren.

Besondere Ereignisse aus der Erdgeschichte wurden durch das Studium der *remanenten Magnetisierung* vulkanischer Gesteine bekannt. Die meisten dieser Gesteine zeigen eine Magnetisierungsrichtung, die entweder parallel oder antiparallel zur Richtung des heutigen Erdmagnetfeldes ist. Da die Magnetisierung der Gesteine bei ihrer Abküh-

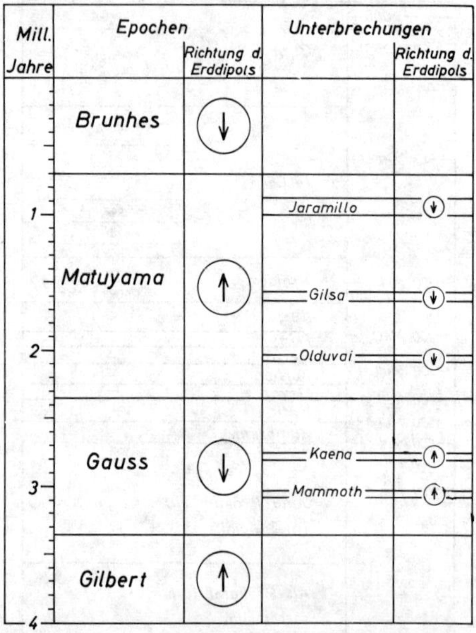

Fig. 4 Paläomagnetische Epochen in den letzten 4 Jahrmillionen. Die Epochen sind nach bekannten Erdmagnetikern benannt: BERNHARD BRUNHES, franz. Physiker (1867–1910); MOTONORI MATUYAMA, japan. Physiker; GAUSS (siehe Kap. 8c); GILBERT (siehe Kap. 8 Einl.), die „Unterbrechungen" nach den Gesteinsvorkommen: Jaramillo in New Mexico; Olduvai in Tansania; Kaena auf Hawaii; Mammoth in Kalifornien. Statt einer Numerierung hat man Namen gewählt, um Änderungen zu vermeiden, falls in Zukunft weitere unbekannte Umpolungen entdeckt werden.

lung die Richtung des damals herrschenden Erdmagnetfeldes angenommen hat, schließt man auf eine mehrfache Umkehrung des Erdfeldes (siehe Kap. 8f). Durch radioaktive Altersbestimmungen dieser Gesteinsproben hat man die in *Fig. 4* dargestellten Epochen der Richtung des Erdmagnetfeldes und die darin eingeschlossenen Unterbrechungen (im Englischen events genannt) festgelegt.

Als auffällige Ereignisse der jüngeren Erdgeschichte kennt man seit langer Zeit die *Eis- und Zwischeneiszeiten.* Mit Hilfe der Radioaktivität waren auch hier absolute Altersbestimmungen möglich:

Würm-Eiszeit vor	120000	bis	10000	Jahren,
Riß-Eiszeit vor	420000	bis	340000	Jahren,
Mindel-Eiszeit vor	1210000	bis	1060000	Jahren,
Günz-Eiszeit vor	1500000	bis	1370000	Jahren.

In den letzten Jahren erschien eine Reihe von Arbeiten über die Geschichte des Pleistozän. Wichtiges Hilfsmittel waren *Bohrkerne aus den Tiefseesedimenten* der Ozeane. Eine Größe, die hier zeitliche und räumliche Struktur miteinander verbindet, ist die Sedimentationsgeschwindigkeit. Man hat für sie einen mittleren Wert von 2,5 cm/1000 Jahre bestimmt.

Die sehr lange Einwirkungsdauer geologischer Prozesse bringt Besonderheiten im physikalischen Verhalten mit sich. So scheinen sich die Grenzen zwischen den Aggregatzuständen zu verwischen: Feste Gesteinsschichten wurden in geologischen Zeiten unter der dauernden Wirkung von seitlichen Drücken gefaltet, wie es bei kurz dauernder Belastung nur für zähflüssiges Material möglich wäre. Hilfsmittel zur Behandlung dieser Probleme entnimmt der Geophysiker der *Rheologie* (siehe Kap. 12c). Mit ihrer Hilfe lassen sich Beobachtungen wie die allmähliche Hebung von Ländermassen, die in der Eiszeit mit Eis bedeckt waren, verstehen. Hierzu gehört auch die Aufeinanderfolge von Erdstößen beim Ausgleich eines tektonischen Spannungszustandes. Fraglich ist, ob man zur Deutung erdgeschichtlicher Beobachtungen annehmen muß oder soll, daß physikalische „Konstanten" wie die allgemeine Gravitationskonstante in Wirklichkeit zeitlich variabel sind[1].

In vielen physikalischen Gesetzen sind Raum- und Zeitdimensionen verknüpft. Ähnlichkeitstransformationen erlauben es, Analogien zwischen Vorgängen verschiedener Struktur aufzustellen. Wegen der großen räumlichen Ausdehnungen geophysikalischer Erscheinungen erhält man oft unerwartete Beziehungen zu bekannten physikalischen Vorgängen. So verhalten sich erdmagnetische Variationen mit Perioden von Stunden bezüglich der elektromagnetischen Induktion wie hochfrequente elektromagnetische Schwingungen im Laboratorium (siehe Kap. 11a). Ein anderes Beispiel bilden Whistler und Helicon-Welle (siehe Kap. 25b).

Das Zeitverhalten physikalischer Prozesse läßt sich besonders gut an *periodischen* Vorgängen studieren. Dem Geophysiker steht ein breites Periodenspektrum zur Verfügung. Am kurzperiodischen Ende stehen die

[1] P. JORDAN: Die Expansion der Erde. Braunschweig 1966.

Wellenerscheinungen: elektromagnetische, akustische, seismische und Schwerewellen in Luft und Wasser. Als Folge der Erdrotation ergeben sich die Gezeiten, deren Auswirkungen aufs Meer am bekanntesten sind, die aber auch den Erdkörper und die untere und obere Atmosphäre beeinflussen (siehe Kap. 7 und Kap. 19f). Die Sonnenrotation bringt die 27tägige Periodizität in alle Vorgänge, die von der Sonnenaktivität beeinflußt werden. Der Umlauf der Erde um die Sonne bewirkt die jahreszeitlichen Schwankungen. Von der gleichen Größenordnung ist die Chandlersche Periode von 437 Tagen in den Schwankungen der Erdrotation (siehe Kap. 6d). Von den langperiodischen Variationen ist die deutlichste die 11jährige Sonnenfleckenperiode, deren Ursache auf der Sonne noch immer nicht erkannt ist. Die längste bekannte geophysi-

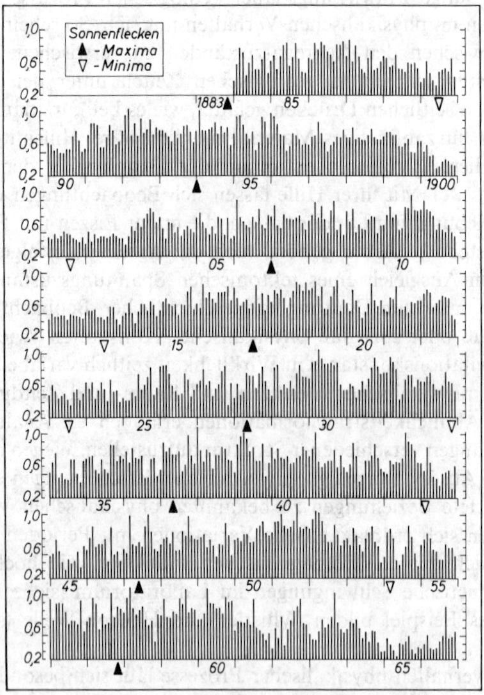

Fig. 5 Monatsmittel der internationalen erdmagnetischen Charakterzahlen 1884 bis 1966 (siehe Kap. 19b). Der elfjährige Zyklus der erdmagnetischen Aktivität ist gegen denjenigen der Sonnenflecken (siehe Kap. 22b) um etwa zwei Jahre verspätet.

kalische Periode ist die Präzession der Erdachse um den Himmelspol: Sie dauert 25735 Jahre.

Gelegentlich erwartet man vom Geophysiker nicht nur Auskünfte über die Vergangenheit, sondern auch über die Zukunft. *Vorhersagen* lassen sich gut geben, wenn es sich um periodische Vorgänge handelt; dabei dürfen auch zahlreiche verschiedene Perioden zusammenwirken, wie z. B. bei den Gezeitenwasserständen. Diese lassen sich auf mehrere Jahre vorausberechnen. Auch die Voraussage von Funkstörungen, die mit der Sonnenaktivität gekoppelt sind, gelingt noch leidlich. Viel komplizierter ist die Wettervorhersage. Sie stützt sich auf weltweite Beobachtungen und Einsichten in die dynamischen Vorgänge der Atmosphäre. Fast hoffnungslos ist es einstweilen um die Vorhersage von Erdbeben bestellt.

Neben den „natürlichen Geschichtsquellen“, von denen die Rede war, bedarf der Geophysiker natürlich auch möglichst langer Reihen menschlicher Beobachtungen, die im allgemeinen viel spezifischer und genauer sein werden. Was Expeditionen, Bohrungen und Raketenmessungen für die räumliche Erkenntnis bedeuten, leisten die *Observatorien* für das Studium der zeitlichen Änderungen. Systematische Wetterbeobachtungen gibt es seit dem Ausgang des 18. Jahrhunderts. Erdbebenkataloge hat man nachträglich für alle geschichtlich erwähnten Erdbeben aufgestellt. Seit dem Ende des 19. Jahrhunderts werden die Erdbeben an zahlreichen Erdbebenwarten der Erde instrumentell aufgezeichnet. Die Schwankungen des Erdmagnetfeldes werden seit über 100 Jahren in vielen Observatorien verfolgt. Als Beispiel für eine *geophysikalische Zeitreihe*, die sich auf Observatoriumsbeobachtungen stützt, sind in *Fig.* 5 die internationalen Charakterzahlen der erdmagnetischen Aktivität dargestellt.

Einführende Literatur über Nachbarfächer, die mit der Geophysik gemeinsam die Geschichte der Erde untersuchen

Geologie:

H. G. WUNDERLICH: Einführung in die Geologie. B.I.-Hochschultaschenbücher **340** und **341**. Mannheim 1968.

H. G. WUNDERLICH: Wesen und Ursachen der Gebirgsbildung. B.I.-Hochschultaschenbücher **339**. Mannheim 1966.

E. BEDERKE und H. G. WUNDERLICH: Atlas zur Geologie. B.I.-Hochschulatlanten. Mannheim 1968.

Paläoklimatologie:

M. SCHWARZBACH: Das Klima der Vorzeit. 2. Aufl. Stuttgart 1961.

3. *Altersbestimmungen mit Hilfe der Radioaktivität*[1]

1896 entdeckte H. BECQUEREL (1852–1908) an einem Uransalz die Radioaktivität. Bereits 1905 wies E. RUTHERFORD (1871–1937) auf die Möglichkeit hin, mit Hilfe der Radioaktivität das Alter der Erde zu messen. Seitdem haben sich viele Wissenschaftler mit diesem Problem befaßt und eine Reihe von Methoden der Altersbestimmung an Gesteinen entwickelt.

3a) *Grundlagen*

Zunächst sollen die Formeln für die Altersberechnung nach den verschiedenen Verfahren zusammengestellt werden. An Hand dieser Formeln kann man sich gut die Charakteristika der verschiedenen Methoden klar machen. Ihre Ableitung stellt den einfachsten Teil der Altersbestimmung dar: Weitaus schwieriger sind die chemischen, massenspektrometrischen und radioaktiven Analysen, da die Gesteinsanteile an radioaktiven Substanzen und ihren Folgeprodukten sehr klein sind. Auf die Analysen soll hier aber nicht eingegangen werden.

Bei allen Verfahren wird das Gesetz des spontanen Zerfalls benutzt. Danach ist die Zerfallsrate der Zahl der vorhandenen Atome proportional. Bezeichnet man diese Zahl mit A, so gilt die Differentialgleichung

$$-\frac{\mathrm{d}A}{\mathrm{d}t} = \lambda A \quad \text{mit} \quad \lambda = \text{Zerfallskonstante.} \tag{3.1}$$

Sie hat die Lösung

$$A = A_0 \mathrm{e}^{-\lambda t} \tag{3.2}$$

mit dem Anfangswert A_0 zur Zeit $t=0$ (Anfangszeit).

Eine anschauliche Vorstellung von der Zerfallsgeschwindigkeit gibt die *Halbwertszeit* t_H, bis zu der die Hälfte der Atome zerfallen ist.

$$t_H = \frac{\ln 2}{\lambda} = \frac{0{,}6931}{\lambda}. \tag{3.3}$$

Die Gleichung (3.2) liefert bereits eine Möglichkeit der Altersbestimmung aus dem Verhältnis A_0/A, falls A_0 bekannt ist.

$$\boxed{t = \frac{1}{\lambda} \ln \frac{A_0}{A} = 3{,}322\, t_H \cdot \log \frac{A_0}{A}} \tag{3.4}$$

Andere Verfahren benutzen Messungen der Anzahl B der beim Zerfall entstehenden Tochteratome. Es gilt

$$B = A_0 - A = A(\mathrm{e}^{\lambda t} - 1). \tag{3.5}$$

[1] Herrn Dr. D. HEYE danke ich für mehrere sachliche Verbesserungen in diesem Kapitel.

Hieraus erhält man

$$e^{\lambda t} = 1 + \frac{B}{A}$$

und weiter

$$\boxed{t = \frac{1}{\lambda} \ln \left(1 + \frac{B}{A}\right)} \tag{3.6}$$

$$t \approx \frac{1}{\lambda} \frac{B}{A} \quad \text{für} \quad \frac{B}{A} \ll 1 .$$

Für die Altersbestimmung sind *Zerfallsreihen* von Bedeutung: Ein radioaktives Element zerfällt über eine Reihe ebenfalls radioaktiver Zwischenprodukte auf ein stabiles Endprodukt. Besonders wichtig sind die Reihen von U^{238}, U^{235} und Th^{232} mit den Endprodukten Pb^{206}, Pb^{207} bzw. Pb^{208}. Bezeichnet man die zu einer solchen Zerfallsreihe gehörenden Atomanzahlen mit $A, B, \ldots, Y, Z$, so herrscht *radioaktives Gleichgewicht*, wenn

$$\lambda_A \cdot A = \lambda_B \cdot B = \cdots = \lambda_Y \cdot Y . \tag{3.7}$$

Radioaktives Gleichgewicht bedeutet, daß von jedem Glied der Reihe (abgesehen vom Anfangs- und Endglied) stets gleich viele Atome entstehen und zerfallen. Es stellt sich in Gesteinen ein, wenn keine Stoffe entweichen können und keine chemischen Umwandlungen eintreten. Die Produkte in Gleichung (3.7) geben ein Maß für die Stärke der Radioaktivität, da diese der Atomanzahl proportional und der Halbwertszeit umgekehrt proportional ist.

Sind in einem Gestein zu Anfang zwei radioaktive Substanzen mit den Atomanzahlen A^1 und A^2 vorhanden, so gelten zwei unabhängige Gleichungen der Form (3.2). Bezeichnet man das Verhältnis der beiden Substanzen mit $k = A^1/A^2$, so gilt

$$k(t) = k_0 e^{(\lambda_2 - \lambda_1)t} . \tag{3.8}$$

Daraus gewinnt man eine neue Gleichung für die Altersbestimmung

$$\boxed{t = \frac{1}{\lambda_2 - \lambda_1} \ln \frac{k}{k_0}} \tag{3.9}$$

Diese Methode ist in der Praxis nur brauchbar, wenn $\lambda_2 > 2\lambda_1$.

Schließlich kann auch noch das Verhältnis zweier Tochtersubstanzen zur Altersbestimmung benutzt werden. Aus zwei Gleichungen der Form (3.5) erhält man

$$\boxed{\frac{B^1}{B^2}=\frac{A^1}{A^2}\cdot\frac{e^{\lambda_1 t}-1}{e^{\lambda_2 t}-1}} \tag{3.10}$$

Diese Gleichung wird bei der sogenannten *Blei-Blei-Methode* herangezogen. t muß numerisch bestimmt werden, da es in der Gleichung nur implizit vorkommt.

Damit sind die wichtigsten Auswerteformeln zusammengestellt. Soll die Altersbestimmung schlüssig sein, so muß das Gestein die folgenden *Bedingungen* erfüllen:

1. Zur Anfangszeit – die ja über das Alter bestimmt werden soll – darf kein Material des Tochterelements vorhanden gewesen sein. Als Anfangszeit kommt z.B. der Zeitpunkt der Kristallisation oder einer Metamorphose in Frage.

2. Im späteren Verlauf bis zur Altersbestimmung dürfen weder Mutter- noch Tochtersubstanz außer durch radioaktiven Zerfall zu- oder abgenommen haben.

Diese Bedingungen sind sehr einschneidend und treffen in aller Strenge nur für wenige Gesteine zu. Ein sicheres Anzeichen für die Ungültigkeit der einen oder anderen erhält man, wenn Altersbestimmungen mit verschiedenen Zerfallsprozessen im gleichen Gestein zu unterschiedlichen Ergebnissen führen. Weil diese Bedingungen so selten erfüllt sind, wurden verschiedene Methoden ersonnen, die eine Abschwächung der Forderungen 1. und 2. erlauben. Häufig findet man auch durch Isotopenanalysen eine Korrekturmöglichkeit.

Die für die Altersbestimmung wichtigsten Substanzen sind in der folgenden *Tabelle A* aufgeführt. Von den Zerfallsreihen wurden nur Anfangs- und Endglied sowie die Halbwertszeit des langlebigsten Isotops angegeben.

Die Halbwertszeiten sind nicht mit gleicher Genauigkeit bekannt. Die Unsicherheiten betragen bei U^{238} und Th^{232} $\pm 1\%$, bei Rb^{87} hingegen $\pm 5\%$. Bei Rb^{87} unterscheidet man eine „geologische" Halbwertszeit von 49,8 und eine „physikalische" Halbwertszeit von 47,1 Milliarden Jahren. Die Altersangaben gründen sich im allgemeinen auf die im Vergleich mit anderen Altersbestimmungen gefundene geologische Halbwertszeit.

In den folgenden Abschnitten sollen die z.Z. wichtigsten Methoden etwas detaillierter besprochen werden. Die einzelnen Methoden wurden im Laufe der Zeit verschieden stark bevorzugt, je nach dem Stand der Analysentechnik.

Tabelle A: Daten einiger natürlicher radioaktiver Isotope

Ausgangs-isotop	(Stabiles) Endprodukt	Zerfallstyp	Halbwertszeit Milliarden Jahre
U^{238}	Pb^{206}	$8\alpha+6\beta$	4,50
U^{235}	Pb^{207}	$7\alpha+4\beta$	0,71
Th^{232}	Pb^{208}	$6\alpha+4\beta$	13,9
Rb^{87}	Sr^{87}	β	48,8
K^{40}	Ar^{40}	Elektroneneinfang	1,25
	Ca^{40}	β	

3b) *Rubidium-Strontium-Methode*

Diese Methode wird heute sehr viel angewandt. Rb kommt in der Natur zwar nur in geringen Mengen vor (am geeignetsten sind Glimmerproben), die massenspektrometrische Bestimmung läßt sich mit einigem Aufwand routinemäßig durchführen. Zur Altersberechnung benutzt man die Gleichung (3.6).

Für die chemischen Analysen wäre es günstig, wenn in der Natur Rubidium als reines Rb^{87} vorkäme und wenn andererseits natürliches Strontium kein Sr^{87} enthielte. In Wirklichkeit sind die Isotopenverhältnisse des *natürlichen* Rubidium und Strontium

$$\boxed{Rb^{87}} : Rb^{85} = \boxed{27{,}85} : 72{,}15,$$

$$Sr^{88} : \boxed{Sr^{87}} : Sr^{86} : Sr^{84} = 82{,}56 : \boxed{7{,}02} : 9{,}86 : 0{,}56.$$

Diese Zahlen bestimmen die erforderliche Analysengenauigkeit. Außerdem sind Korrekturen für ursprünglich vorhandenes Sr notwendig.

3c) *Kalium-Argon-Methode*

K^{40} ist das häufigst vorkommende radioaktive Isotop. Es gibt zwei Zerfallsäste *(Fig. 6)*. Die natürlichen Elemente setzen sich in folgender Weise zusammen:

$$K^{39} : \boxed{K^{40}} : K^{41} = 93{,}08 : \boxed{0{,}0119} : 6{,}91,$$

$$Ar^{36} : Ar^{38} : \boxed{Ar^{40}} = 0{,}337 : 0{,}063 : \boxed{99{,}600},$$

$$\boxed{Ca^{40}} : Ca^{42} : Ca^{43} : Ca^{44} : Ca^{46} : Ca^{48}$$

$$= \boxed{96{,}97} : 0{,}64 : 0{,}145 : 2{,}06 : 0{,}0033 : 0{,}185.$$

Ar^{40} ist wegen seiner Entstehung aus K^{40} ein in der Atmosphäre ungewöhnlich häufiges Edelgas. Auch hier wird zur Altersberechnung die Gleichung (3.6) benutzt. Man bestimmt den K^{40}-Gehalt aus dem Gesamtgehalt an K und dem bekannten Isotopenverhältnis. Zur Ar-Bestimmung wird die Probe geschmolzen und das entstehende Gas auf-

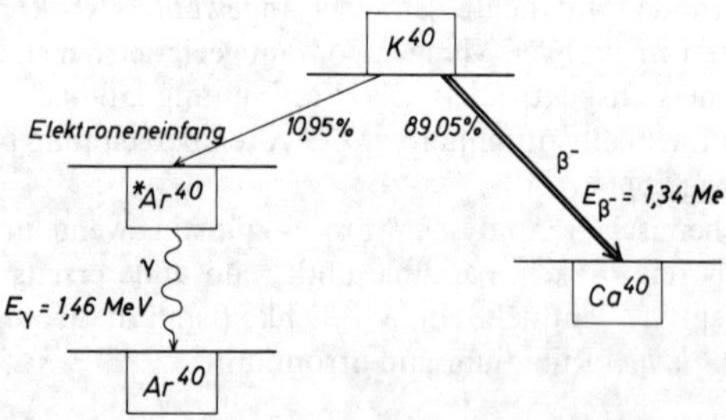

Fig. 6 Zerfallsschema von K^{40}. Ar^{40} entsteht über einen angeregten Zustand $*Ar^{40}$.

gefangen. O_2, N_2 und H_2O werden entfernt. Es wird dann eine bekannte Menge isotopisch angereichertes Ar^{38} als Tracer (deutsch: Spurenverfolgungsstoff) hinzugefügt. Diese Methode ist besonders wichtig für die Altersbestimmung von paläomagnetisch untersuchten Proben (Fig. 4). Das Verfahren wird angewandt auf die Feldspäte in vulkanischen Gesteinen; man erhält dann die Zeit seit der Erstarrung der Lava. Eine

Altersbestimmung über den zweiten Zerfallsast ist wegen der großen Häufigkeit natürlichen Ca^{40} nicht möglich.

3d) *Uran-Thorium-Blei-Methoden*

Diese Methoden gehören zu den ältesten, sie wurden im Laufe der Zeit am stärksten ausgebaut. Unter Benutzung der Anfangs- und Endglieder der Zerfallsreihen ist eine Altersberechnung nach Gleichung (3.6) möglich. Daneben aber hat man das Verfahren nach Gleichung (3.10) benutzt mit

$$A(U^{235})/A(U^{238}) \rightarrow B(Pb^{207})/B(Pb^{206}),$$

wobei $A(U^{235})$ die Anzahl der U^{235}-Atome bedeutet und entsprechend für die anderen Isotope. Dabei macht man davon Gebrauch, daß das heutige Isotopenverhältnis in natürlichem Uran sehr konstant ist:

$$U^{235}:U^{238} = 1:137{,}9.$$ [1]

Man braucht dann nur noch das Verhältnis $A(Pb^{207})/A(Pb^{206})$ in der Probe zu bestimmen, eine Korrektur für ursprünglich vorhandenes Blei anzubringen und kann aus Gleichung (3.10) das Alter berechnen. Diese Methode liefert auch dann richtige Werte, wenn im Verlauf der Erdgeschichte neugebildetes Blei verloren gegangen ist, solange dabei nur keine Isotopentrennung aufgetreten ist.

3e) *Durch die Kosmische Strahlung erzeugte Isotope*

Für Messungen von verhältnismäßig kurzen Zeitintervallen eignen sich zwei radioaktive Isotope, die von der Kosmischen Strahlung in hohen Schichten der Atmosphäre ständig neu produziert werden. Wirksam sind dabei die Neutronen n der Kosmischen Strahlung in folgenden Prozessen:

$$N^{14} + n \rightarrow \boxed{C^{14}} + H^{+},$$

$$N^{14} + n \rightarrow C^{12} + \boxed{H^{3}}.$$

Diese Prozesse spielen sich vor allem in der Stratosphäre in Höhen von etwa 18 km ab. Bei der ständigen Durchmischung der Luft verteilt sich C^{14} schnell über die ganze Atmosphäre. Alle lebenden Organismen

[1] U^{235} ist als Isotop mit ungerader Massenzahl viel leichter spaltbar als U^{238}. In Atomreaktoren wird deshalb häufig „angereichertes Uran“ verwandt; bei ihm ist das Isotopenverhältnis größer als im natürlichen.

stehen in dauerndem Austausch mit der Luft und nehmen daher, so lange sie leben, den atmosphärischen Anteil an C^{14} auf. Der Austausch hört auf, wenn der Organismus stirbt. Von diesem Zeitpunkt an folgt der C^{14}-Gehalt dem Zerfallsgesetz. Entsprechendes gilt für H^3 (=Tritium). Die Halbwertszeiten findet man in *Tabelle B.*

Tabelle B: Durch die Kosmische Strahlung erzeugte radioaktive Isotope

Ausgangs-isotop	Endprodukt	Zerfallstyp	Halbwertszeit Jahre
C^{14}	N^{14}	β	5730
H^3	He^3	β	12,3

Das Alter seit dem Aufhören des Austausches mit der Atmosphäre läßt sich nach Gleichung (3.4) berechnen. Im natürlichen Kohlenstoff gilt die Isotopenzusammensetzung

$$C^{13}:C^{12}=1{,}11:98{,}89.$$

Die Altersbestimmung nach der C^{14}-*Methode* setzt voraus, daß die Produktion von C^{14} in der Atmosphäre konstant geblieben ist. Dies setzt eine Konstanz der Kosmischen Strahlung und – wegen des Einflusses des Erdmagnetfeldes auf die Kosmische Strahlung (siehe Kap. 21 b) – auch des Erdmagnetfeldes voraus. Für die Zeitintervalle, auf die man die C^{14}-Methode anwenden kann, dürfte dies in guter Näherung richtig sein.

Zur C^{14}-Methode sollen zwei *Überschlagsrechnungen* angestellt werden. Solche Überschlagsrechnungen, die Beobachtungsergebnisse und globale Konstanten miteinander verbinden, sind typische Aufgaben des Geophysikers.

a) Berechnung der Gesamtmasse von C^{14}. Aus dem Zerfallsgesetz erhält man

$$-\frac{1}{A(C^{14})}\,\frac{\mathrm{d}A(C^{14})}{\mathrm{d}t}=\lambda=\frac{\ln 2}{t_H}=0{,}121\cdot 10^{-3}\ \text{Jahr}^{-1}.$$

Von jedem kg C^{14} zerfallen also pro Jahr 0,121 gr. Man kann abschätzen, daß durch die Kosmische Strahlung auf der ganzen Erde jährlich 7 kg C^{14} neu gebildet werden. Da man annehmen darf, daß sich zwischen Erzeugung und Verlust ein Gleichgewicht eingestellt hat, muß die Gesamtmasse an C^{14} betragen:

$$\frac{7\ \text{kg}}{0{,}121\cdot 10^{-3}}=58\cdot 10^3\ \text{kg}.$$

b) C^{14}-Anteil am atmosphärischen Kohlenstoff. In frischem Holz bewirkt der radioaktive Kohlenstoff eine β-Aktivität von 16 Zerfällen pro Minute und gr Kohlenstoff. Ein gr Ra^{226} liefert $3{,}63\cdot 10^{10}$ Zerfälle/sec (≈ 1 Curie). Da die Aktivität dem Atomgewicht und der Halbwertszeit umgekehrt proportional sind, entsprechen sich

$$1\,\mathrm{gr}\,C^{14} \mathrel{\hat{=}} \frac{226}{14}\,\frac{1620}{5730} = 4{,}57\,\mathrm{gr}\,Ra^{226}.$$

Also ist der C^{14}-Anteil in frischem Holz und in der Atmosphäre

$$\frac{16}{4{,}57\cdot 3{,}63\cdot 10^{10}\cdot 60} = 1{,}6\cdot 10^{-12}\,\frac{\mathrm{gr}\,C^{14}}{\mathrm{gr}\,C}.$$

Tritium eignet sich zur Untersuchung verhältnismäßig kurzzeitiger Prozesse, wie z.B. der Strömung von Tiefseewasser in den Ozeanen oder der Bildung von Gletschereis. Unglücklicherweise ist der H^3-Haushalt der Atmosphäre durch die Atombombenversuche nach dem 2. Weltkrieg so empfindlich gestört worden, daß die Methode fast unbrauchbar geworden ist.

3f) *Bestimmung des Alters von Meeressedimenten*

Es besteht eine Lücke für Altersbestimmungen von einigen 10^4 bis 10^6 Jahren. Für Bohrkerne vom Meeresboden kann man Zwischenglieder aus den Zerfallsreihen von U^{238} und U^{235} heranziehen. Berücksichtigt man nur die langlebigen Glieder, so erhält man

$$U^{238} \xrightarrow{4{,}5\cdot 10^9\,\mathrm{J.}} U^{234} \xrightarrow{25\cdot 10^4\,\mathrm{J.}} \boxed{Th^{230}} \xrightarrow{7{,}6\cdot 10^4\,\mathrm{J.}} Ra^{226} \xrightarrow{1620\,\mathrm{J.}}$$

$$U^{235} \xrightarrow{7{,}1\cdot 10^8\,\mathrm{J.}} \boxed{Pa^{231}} \xrightarrow{3{,}4\cdot 10^4\,\mathrm{J.}} Ac^{227} \xrightarrow{21{,}2\,\mathrm{J.}}$$

$$Th^{232} \xrightarrow{14\cdot 10^9\,\mathrm{J.}} Ra^{228} \xrightarrow{6{,}7\,\mathrm{J.}} Th^{228} \xrightarrow{1{,}9\,\mathrm{J.}}$$

Ionium ($=Th^{230}$) hat eine Halbwertszeit von 76000 Jahren. Das Meerwasser enthält zunächst alle Glieder der Zerfallsreihe im radioaktiven Gleichgewicht. Uran bleibt auch in Lösung, während sich Thorium nach verhältnismäßig kurzer Zeit (einige 10^2 Jahre) am Meeresboden niederschlägt. Man kann jetzt die Gleichung (3.9) benutzen für

$$k = \frac{A(Th^{230})}{A(Th^{232})}.$$

k_0 wird aus den obersten, weichen Schichten bestimmt. Das Alter der anderen Schichten berechnet man dann nach Gleichung (3.9).

Der Schwierigkeit der experimentellen Bestimmung von k_0 entgeht man bei Benutzung von Protaktinium (Pa^{231}). Es entsteht beim Zerfall von U^{235} und hat eine Halbwertszeit von 34000 Jahren. Im Ozeanwasser beobachtet man eine Anreicherung von U^{234}, deren Ursache noch nicht geklärt ist. Empirisch erhält man aber für die Aktivitäten ein Verhältnis

$$\frac{\lambda_{234} A(U^{234})}{\lambda_{238} A(U^{238})} = 1{,}14$$

in Abweichung vom Gleichgewichtswert 1. Setzt man jetzt

$$k = \frac{A(Th^{230})}{A(Pa^{231})},$$

so wird

$$k_0 = \frac{\lambda_{234} A(U^{234})}{\lambda_{235} A(U^{235})} = 1{,}14 \frac{\lambda_{238} A(U^{238})}{\lambda_{235} A(U^{235})} = 1{,}14 \frac{7{,}1}{45} 137{,}9 = 24{,}8.$$

3g) *Spontane Kernspaltung*

Diese Methode (engl. fission-track dating) ist noch nicht alt. U^{238} gehört zu den Nukliden, die von selbst in Bruchstücke zerfallen können. Diese Spaltung ist ein viel selteneres Ereignis als der radioaktive Zerfall: Auf etwa 2 Millionen α-Zerfälle kommt nur eine Spontanspaltung. Der Prozeß läßt sich aber ebenfalls durch eine Exponentialfunktion beschreiben. Die Halbwertszeit wird dabei $1{,}0 \cdot 10^{16}$ Jahre. Bei der Spaltung des Urans wird viel Energie frei, so daß die beiden Bruchstücke mit erheblicher Geschwindigkeit auseinander getrieben werden. Sie hinterlassen eine mehrere 10^{-3} mm lange Ionisationsspur. In Glas und Mineralien erkennt man die Spuren an Gitterdefekten, die bei normaler Temperatur bestehen bleiben. Man kann sie auf einer polierten Fläche durch Ätzen sichtbar machen.

Um das Alter einer Probe zu bestimmen, zählt man die Anzahl der Spuren pro Flächeneinheit aus. Dann wird die Probe in einem Reaktor mit einer definierten Menge thermischer Neutronen bestrahlt. Diese wirken nicht auf U^{238}, wohl aber auf das im natürlichen Uran ebenfalls enthaltene U^{235} ein. Es entstehen künstliche Kernspaltungen, deren Spuren den natürlichen sehr ähnlich sind, weil sich die Energien fast gleichen. Da der Wirkungsquerschnitt für U^{235} bekannt ist (582 barn), kann man durch Auszählung der Flächendichte der künstlich erzeugten

Spuren die Zahl der für die Fläche wirksamen U^{235}-Atome ermitteln. Unter Berücksichtigung des bekannten Isotopenverhältnisses im natürlichen Uran erhält man dann auch die Zahl der wirksamen U^{238}-Atome und aus der ebenfalls bekannten Rate für die Spontanspaltung schließlich das Alter der Probe. Voraussetzung ist, daß die Probe niemals einer Temperatur von über 200 °C ausgesetzt war, da die Gitterdefekte sonst „verheilen".

Diese Methode ist dem Urangehalt entsprechend bei Glimmer bis zu etlichen Millionen Jahren und bei künstlichen Gläsern bis herab zu 100 Jahren anwendbar.

Vorschläge für eine intensivere Beschäftigung mit den Methoden der Altersbestimmung

H. Faul: Ages of Rocks, Planets, and Stars. New York-London 1966.
Gibt auf 109 Seiten einen leicht lesbaren Überblick über das gesamte im Titel beschriebene Gebiet.

E. I. Hamilton: Applied Geochronology. London-New York 1965.
Übersichtliche Darstellung aller einschlägigen Methoden unter besonderer Berücksichtigung der chemischen Analysentechnik, aber für Geowissenschaftler geschrieben.

W. F. Libby: Altersbestimmung mit der C^{14}-Methode. B.I.-Hochschultaschenbücher **403.** Mannheim 1969.
Deutsche Übersetzung der grundlegenden Monographie von 1952 mit neueren Ergänzungen.

PHYSIK DES ERDKÖRPERS

4. *Seismologie*

Die *Seismologie* (= Erdbebenkunde) hat die wichtigsten Erkenntnisse über den Aufbau des Erdkörpers gebracht. Deshalb wurde sie auch an die erste Stelle dieses Teils gestellt. Dem Umfang und Titel des Buches entsprechend wird nur eine Einführung gegeben. Wie in fast allen Teilen des Buches mußten ganze Teilgebiete – auch solche von erheblicher Bedeutung – weggelassen werden. Hier handelt es sich insbesondere um die Seismometrie, die Lehre von der Erdbebenmessung. Das Weglassen fällt deshalb besonders schwer, weil erst der Bau der ersten Seismographen nach meßtechnischen Prinzipien durch EMIL WIECHERT es ermöglichte, aus den Ergebnissen der Erdbebenforschung Aussagen über den Aufbau des Erdkörpers zu gewinnen.

EMIL WIECHERT (geb. 1861 in Tilsit) war der erste Professor für Geophysik auf der ganzen Erde. Als er 1898 diesen Lehrstuhl in Göttingen bekam, hatte er sich schon als Physiker durch die erste verläßliche Messung der Geschwindigkeit der Kanalstrahlen einen Namen gemacht. Unter seiner Leitung wurde das Göttinger Geophysikalische Institut gebaut. Es umfaßte die Arbeitsgebiete: Seismologie, Meteorologie, Luftelektrizität und Erdmagnetismus. In den ersten Jahren galt Wiecherts Hauptarbeit der Entwicklung und dem Bau der Seismographen. Seine 1903 erschienene „Theorie der automatischen Seismographen" legt davon Zeugnis ab. Durch den Einbau einer Dämpfung und eines sorgfältig durchkonstruierten Vergrößerungssystems schuf er die ersten brauchbaren Seismographen. Die weiteren Arbeiten Wiecherts und seiner Schüler galten der Deutung der in den Seismogrammen enthaltenen Einsätze. Es erschienen die Göttinger Veröffentlichungen „Über Erdbebenwellen". Aufbauend auf einer Arbeit des Mathematikers HERGLOTZ gab Wiechert 1910 ein Verfahren zur Berechnung der Geschwindigkeitsverteilung im Erdinneren aus Beobachtungen an der Erdoberfläche an (siehe Kap. 4f). Beim weiteren Studium der Beschaffenheit des Erdinneren kam Wiechert die Existenz einer Nebenstelle des Göttinger Instituts zugute, des von ihm eingerichteten Samoa-Observatoriums (1902–1918). Wie in Göttingen so wurden auch dort seismische, erdmagnetische und meteorologische Beobachtungen angestellt. Wie Wiechert die Erdbebenwellen zur Erkundung des Erdinneren benutzt hatte, so verwendete er die Schallwellen zur Erforschung der Schichtung der hohen Atmosphäre. Aus dem *anomalen Schall* bei großen Explosionen schloß er auf den Wiederanstieg der Temperatur in der Stratosphäre (siehe Fig. 78 in Bd. 2). Wiechert starb 1928 in Göttingen.

4a) *Die Erdbeben*

Zur Erforschung des Erdinneren benutzt man vor allem die von Erdbeben erzeugten elastischen Wellen (siehe Kap. 4f). Die Beben selbst sind dabei nur „Mittel zum Zweck". Daneben liefern das Studium der geographischen Verteilung der Erdbeben, Betrachtungen der Vorgänge im Herdgebiet und quantitative Bestimmungen der Energieumsätze wichtige Erkenntnisse über das Verhalten der oberen Erdschichten. Hierüber soll in diesem Abschnitt kurz berichtet werden.

Aus den Beobachtungen müssen Angaben über *Zeit* und *Ort* der Erdbeben gewonnen werden. Da die Erdbebenwirkung gleichzeitig auf der ganzen Erdoberfläche – oder zumindest einem größeren Teil – untersucht werden soll, wird die Zeit in Weltzeit (Abkürzung UT von engl. Universal Time = Standardzeit von Greenwich) angegeben. Der Ort wird durch die geographischen Koordinaten des Epizentrums und die Tiefe des Hypozentrums festgelegt *(Fig. 7)*.

Die Verteilung der Epizentren auf der Erdoberfläche zeigt Häufungen in den sogenannten *Erdbebengebieten.* Alle starken Beben sind um zwei T-förmig zusammenstoßende Bögen gruppiert. Der eine Bogen umrandet den Pazifischen Ozean (Zirkumpazifische Zone). Der zweite Bogen (Mittelmeerisch-transasiatische Zone) verläuft im wesentlichen westöstlich, von den Azoren durch das Mittelmeer, längs der zentralasiatischen Hochgebirgsketten und trifft bei Sumatra auf die Zirkumpazifische Zone. Außerdem treten an den untermeerischen Schwellen im Atlantischen, Indischen und Arktischen Ozean häufig Beben auf, allerdings keine besonders starken. Schließlich gehören auch die großen Grabenzonen in Ostafrika und bei den Hawaii-Inseln zu den Erdbebengebieten.

Der *Tiefe* nach treten Erdbeben nur im äußeren Teil des Erdkörpers auf. Man unterscheidet nach der Herdtiefe:

		Anteil an der von allen Beben freigesetzten seismischen Energie
Normale Erdbeben	0– 70 km	85 %
Mitteltiefe Beben	70–300 km	12 %
Tiefherdbeben	300–720 km	3 %

Die Bezeichnung „normal" für die oberflächennahen Beben deutet die Unsymmetrie der Verteilung an. Nach der Tiefe gibt es eine scharfe Begrenzung: Nie wurde ein Beben registriert, dessen Herd unterhalb von 720 km lag.

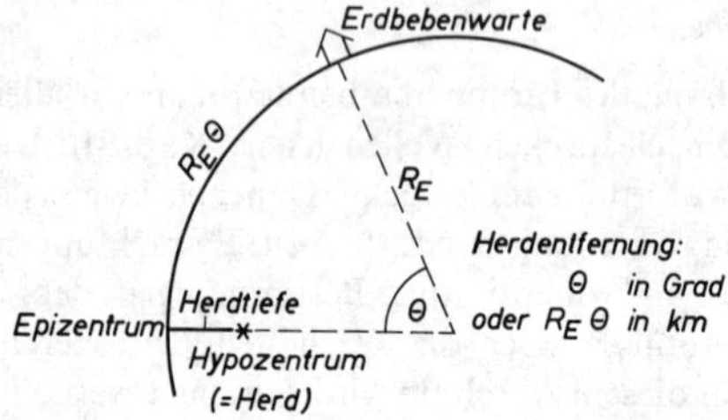

Fig. 7 Terminologie zur Lagebeschreibung von Erdbeben.

Es hatte lange gedauert, bis man zu einer zweckmäßigen Angabe über die Stärke von Erdbeben kam. Ältere Skalen gingen vom Grad der angerichteten Zerstörung aus. Natürlich hängen solche Angaben stark von der Besiedelungsdichte des Herdgebietes ab. Um ein objektives Maß zu gewinnen, muß man beachten, daß die Ausbreitung seismischer Energie ein Strahlungsvorgang ist. Die Bodenbewegung fällt in 40 km Abstand bereits auf $\frac{1}{10}$ des Wertes im Epizentrum ab. B. GUTENBERG und C. RICHTER leiteten 1935 unter Benutzung kalifornischer Beben, die mit einheitlichen Seismographen an verschiedenen Stationen registriert waren, eine Intensitätsgröße ab, die sie *Magnitude*[1] nannten. Der Name soll daran erinnern, daß es sich um ein logarithmisches Maß handelt.

Für die kalifornischen Beben wurden die Logarithmen der auf den Seismogrammen abgelesenen Amplituden A als Funktion der Herddistanz Δ aufgetragen. So ergab sich eine Schar von nahezu parallelen Kurven, von denen die höchsten zu den stärksten Beben gehörten. Zu dieser Schar wurde eine untere Grenzkurve $\log A_0(\Delta)$ bestimmt und einem Beben zugeordnet, das man gerade nicht mehr aus den Registrierungen erkennen konnte. Diesem wurde die Magnitude Null zugeteilt. Von da ausgehend wurde die Magnitude M definiert:

$$M = \log A(\Delta) - \log A_0(\Delta). \tag{4.1}$$

So erhielt man für das Intervall $30\text{ km} < \Delta < 600\text{ km}$ Magnituden zwischen 0 und 6, und es erschien sinnvoll, Intervallstreifen zu Differenzen von je 0,5 zu definieren. Später wurde der Gültigkeitsbereich mittels Überlappungen auf andere Seismographentypen und auf Entfernungen, die über die ganze Erde reichen, ausgedehnt. Für die stärksten Erdbeben ergaben sich Magnituden zwischen 8 und 9. Die Magnitudenskala wurde international von allen Seismologen angenommen. M kann von jeder Erdbebenwarte aus ihren Registrierungen bestimmt werden.

[1] Magnitude ist im Englischen auch die Bezeichnung für die Größenklassen in der Astronomie.

Die Ableitung geeigneter *Maßzahlen* für Größen, die entweder zu komplex sind, um direkt gemessen werden zu können, oder die bei Ereignissen auftreten, deren Physik noch nicht genügend bekannt ist, ist eine wichtige und verhältnismäßig häufige Aufgabe der Geophysik. Bekannte Beispiele sind: Beaufort-Skala der Windstärken (nach dem britischen Admiral Sir FRANCIS BEAUFORT 1774–1857), die Sonnenfleckenrelativzahlen (siehe Kap. 22b), die internationalen erdmagnetischen Charakterzahlen (vgl. Fig. 5) und die planetarische magnetische Kennziffer Kp (siehe Kap. 19b).

Erst die Kenntnis der Magnituden erlaubte es, sinnvolle statistische Aussagen über Erdbeben zu machen, so z.B. über die jährliche Bebenhäufigkeit auf der ganzen Erde *(Tabelle C)*.

Tabelle C: Häufigkeitsverteilung der Erdbeben auf der Erde

M	Anzahl/Jahr
≥9,0	0
8,0–8,9	2
7,0–7,9	18
6,0–6,9	150
5,0–5,9	800
4,0–4,9	6200
3,0–3,9	49000

Die Gesamtzahl der Stöße, deren Magnitude größer als 2,5 ist, beträgt etwa 150000; und wenn man auch sehr schwache Stöße mitzählt, so kommt man auf über 1 Million pro Jahr.

Es gibt eine wichtige Beziehung zwischen der Magnitude und der beim Beben freigesetzten *seismischen Energie* E (in erg)

$$\boxed{\log \mathsf{E} = 11{,}4 + 1{,}5\,M} \qquad (4.2)$$

Diese empirische Beziehung konnte natürlich nur aus Abschätzungen für die freigesetzte Energie gewonnen werden. Doch wurde sie an vielen Beispielen geprüft und immer wieder bestätigt. Nach der Gleichung (4.2) sind Beben erst dann nachweisbar ($M > 0$), wenn ihre Energie größer als $10^{11,4} = 2{,}5 \cdot 10^{11}$ erg ist. Das entspricht etwa der Energie, die frei wird, wenn eine Masse von 1 to aus 2,5 m Höhe herabfällt. Andererseits haben die stärksten Beben ($M = 8{,}4$) Energien von 10^{24} erg. Da $4{,}2 \cdot 10^{22}$ erg der Energie von 1 Megatonne TNT (Trinitrotoluol) entspricht, würde $M = 8{,}4$ der Energie einer 24-Megatonnen-Bombe entsprechen. Bei der Genfer Konferenz von 1958 über die Einstellung der Kernwaffenversuche wurde vorgeschlagen, unterirdische Explosionen bis zu $M=4{,}75$ zuzulassen, da ihre Feststellbarkeit von anderen Ländern aus nicht mehr gewährleistet erschien.

Wie man aus der Tabelle C und Gleichung (4.2) ersieht, tragen zur *jährlich* durch Erdbeben *freigesetzten Energie* im wesentlichen nur die stärksten Beben bei. Als Jahressumme ergibt sich $10^{24,5}$ erg.

Über 90 % aller Erdbeben sind *tektonische* Beben. *Vulkanismus* und *Einstürze* lösen nur wenige Beben aus. Als Ursache der tektonischen Beben sieht man die gleichen Kräfte an, die auch zur Gebirgsbildung führen. Verglichen mit den reichen Kenntnissen über die Ausbreitung der Erdbebenwellen im Erdkörper weiß man nur wenig über die Vorgänge im Herd *(Herdkinematik)*. Die vorhandenen Theorien stützen sich vor allem auf Beobachtungen an der San-Andreas-Verwerfung. Die *Fig. 8* soll die dort beobachteten Erscheinungen veranschaulichen: Die von Südost nach Nordwest verlaufende San-Andreas-Verwerfung werde durch den senkrechten Strich in Fig. 8*a* dargestellt. Wie man aus geodätischen Messungen weiß, verschieben sich die beiden Ufer der Verwerfung um etwa 5 cm pro Jahr (wie in Fig. 8*b* eingezeichnet). Diese Bewegung kann eine längere Zeit (in unserem Beispiel 120 Jahre) anhalten, dann werden die Spannungen an der Verwerfung zu groß und an einer Stelle kommt es zum Bruch. Von hier aus breitet sich die Störung mit einer Bruchgeschwindigkeit von 3,5 km pro sec längs der Verwerfung über viele hundert Kilometer hinweg aus (Fig. 8*c*). Dieser Vorgang wird als Erdbeben bezeichnet. Am Ende des Bebens hat sich der in Fig. 8*d* gezeichnete Zustand eingestellt. Dieser hier stark schematisierte Ablauf faßt die Beobachtungen an der San-Andreas-Verwerfung

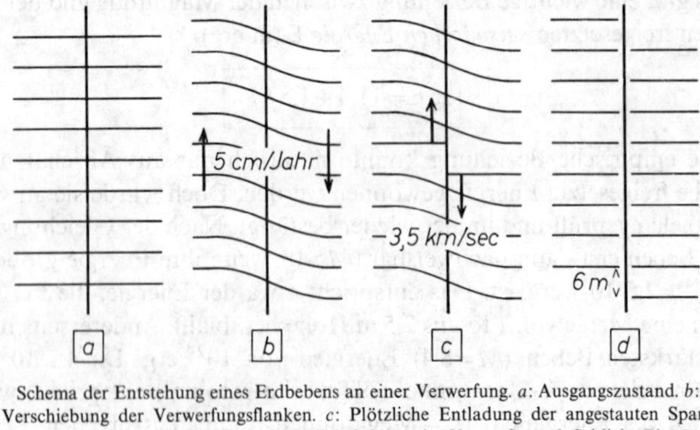

Fig. 8 Schema der Entstehung eines Erdbebens an einer Verwerfung. *a*: Ausgangszustand. *b*: Langsame Verschiebung der Verwerfungsflanken. *c*: Plötzliche Entladung der angestauten Spannung. Ausbreitung der Störung mit Bruchgeschwindigkeit längs der Verwerfung. *d*: Seitliche Blattverschiebung als Ergebnis des Bebens.

zusammen. Man nimmt den gleichen Mechanismus auch für andere Beben an, auch für solche, deren Herd unter der Erdoberfläche liegt und bei denen unsichtbare horizontale oder vertikale Verschiebungen auftreten.

Man hat versucht, Modelle für die bei Erdbeben auftretenden Bodenbewegungen aufzustellen. Als erstes Modell *(Typ I)* stellte man sich als Quelle die Wirkung eines Kräftepaares *(Fig. 9a)* vor. Für die ersten

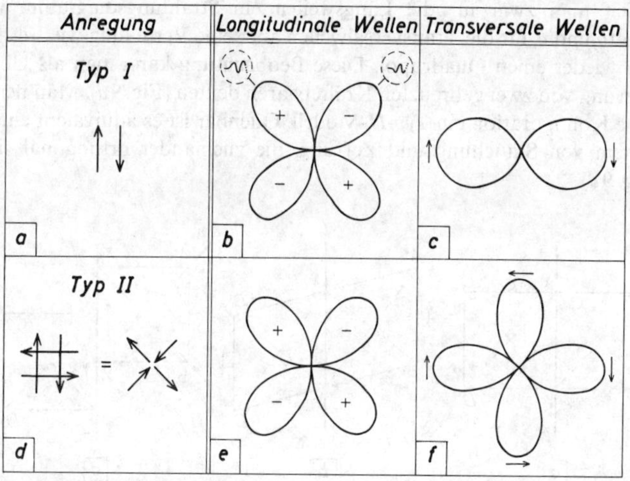

Fig. 9 Mögliche Herdmechanismen. *Typ I (a–c)*: Verschiebung durch ein Kräftepaar. *Typ II (d–f)*: Verschiebung durch zwei gekreuzte Kräftepaare. *b, c, e* und *f* sind die Richtungsdiagramme der zugehörigen Bodenverschiebung in der Nachbarschaft des Herdes. Die gestrichelt umrandeten Hilfsfiguren bei *b* zeigen den zugehörigen ersten Einsatz der longitudinalen Welle im Seismogramm.

Einsätze der Longitudinalwellen, bei denen die Bewegungsrichtung und die Ausbreitungsrichtung zusammenfallen (siehe Kap. 4c), erwartet man dann ein Ausstrahlungsdiagramm, wie es in Fig. 9*b* gezeichnet ist. (Dieses Diagramm gleicht dem Feldlinienbild des später zu besprechenden Quadrupols, siehe Kap. 6b.) In dieser Figur bedeutet das Pluszeichen Bewegung von der Quelle weg und das Minuszeichen Bewegung zur Quelle hin. Für die Anwendung auf bestimmte Erdbeben muß man sich dieses Diagramm ins Hypozentrum versetzt, in die Richtung der Verschiebung gedreht und dann längs der Bahnen der seismischen Strahlen (siehe Kap. 4d) an die Beobachtungsorte projiziert denken. Bei der Auswertung von Erdbebenbeobachtungen geht man natürlich umgekehrt vor: Man berechnet aus den Beobachtungen die Richtung der Verschiebung in der Nähe des Hypozentrums. Wegen der Symmetrie von Fig. 9*b* ist die Lösung nicht eindeutig. Ein um 90° gedrehtes Kräftepaar, bei dem die Pfeilrichtungen vertauscht sind, liefert das gleiche Strahlungsdiagramm. Man nahm deshalb die Beobachtung der Ersteinsätze in den Transversalwellen (Teilchenbewegung senkrecht zur Ausbreitungsrichtung der Welle) hinzu. Für das Typ-I-Modell erwartet man ein Strahlungsdiagramm nach Fig. 9*c*. Bei den meisten Erdbeben erhielt man zwar für die Längswellen ein Strahlungsdiagramm wie Fig. 9*b* und *e*, für die Transversalwellen aber eine Verteilung wie Fig. 9*f*, also wieder einen Quadrupol. Diese Beobachtung kann man als Überlagerung von zwei gekreuzten Kräftepaaren deuten (Fig. 9*d*). Man nennt diese Konfiguration ein *Typ-II*-Modell. Offenbar ist es äquivalent einem System von Stauchung und Zerrung, die zueinander orthogonal sind (Fig. 9*d*).

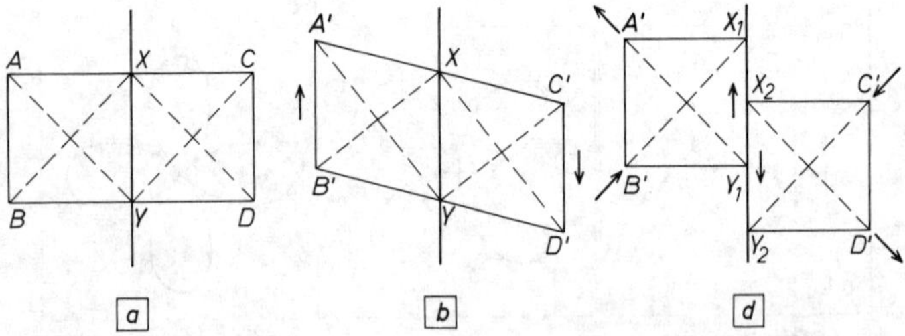

Fig. 10 Zur Entstehung eines *Typ-II*-Mechanismus beim Verwerfungsbeben. *a,b* und *d* gehören zu den entsprechenden Zeitmomenten in Fig. 8. Durch das Zurückschnellen der gedehnten und der gestauchten Diagonalen entsteht in *d* die Verschiebungscharakteristik des *Typ-II*-Mechanismus.

Es war zunächst rätselhaft, wieso Beben von der Art der Fig. 8 zu Bewegungen des Typs II führen könnten. Das Rätsel löste sich aber bei genauerer Betrachtung der Vorgänge in Fig. 8. Diese sind in *Fig. 10* noch einmal herausgezeichnet. Dem unverschobenen Zustand entspricht Fig. 10*a*. Die allmähliche Verschiebung bewirkt eine Verzerrung der Quadrate zu schiefwinkligen Parallelogrammen. Dabei werden die Diagonalen $\overline{AY}$ und $\overline{DX}$ gezerrt und die Diagonalen $\overline{BX}$ und $\overline{CY}$ gestaucht. Beim Bruch (Fig. 10*d*) gleichen sich Zerrung und Stauchung durch Bodenbewegung in die durch Pfeile gekennzeichneten Richtungen aus. Da in der Natur die Strecken $\overline{X_1 X_2}$ und $\overline{Y_1 Y_2}$ klein gegen alle anderen Strecken sind, entspricht die Bodenbewegung dem Typ II.

Außer den Strahlungsdiagrammen interessiert bei den Vorgängen am Erdbebenherd vor allem auch der zeitliche Verlauf der Energiefreisetzung. Dieser gibt Auskunft über das *rheologische* Verhalten (siehe Kap. 12c) der am Beben beteiligten Materie. Wann immer es möglich ist, werden daher von den Seismologen die Einzelbewegungen bei einer Folge von Nachbeben sehr genau untersucht.

4b) *Mathematische Darstellung von Wellen*

In der Seismologie wird die Ausbreitung elastischer, von Erdbeben erzeugter Wellen zur Erkundung unzugänglicher Teile des Erdkörpers benutzt. Ganz analog verwendet man Schallwellen im Meer und in der Atmosphäre und Radiowellen in Ionosphäre und Magnetosphäre. Als Grundlage für alle diese Anwendungen sollen in diesem Abschnitt einige Formeln zur mathematischen Darstellung von Wellen zusammengestellt werden.

Die Gleichung für eine in x-Richtung laufende Welle ist

$$\boxed{\psi = A \sin[kx - \omega t + \varepsilon]} \tag{4.3}$$

worin

A = Amplitude,
ε = Phasenwinkel,

t = Zeit, x = Ortskoordinate,

ω = Kreisfrequenz $= \frac{2\pi}{T}$, k = Wellenzahl $= \frac{2\pi}{\lambda}$,

T = Periode $= \frac{1}{\nu}$, λ = Wellenlänge.

$\nu = \frac{\omega}{2\pi}$ = Frequenz,

Die durch $kx - \omega t = const$ verbundenen Raum-Zeit-Punkte haben gleiches ψ, so ist z.B. $kx - \omega t + \varepsilon = 0$ ein Wellenknoten. Dieser Knoten läuft in x-Richtung mit der Geschwindigkeit

$$v = \frac{\omega}{k} = \frac{2\pi\nu}{2\pi/\lambda} = \nu\lambda = \frac{\lambda}{T}. \tag{4.4}$$

Man nennt v die *Phasengeschwindigkeit*. Führt man v in die Gleichung (4.3) ein, so erhält man die Darstellungen

$$\psi = A \sin[k(x - vt) + \varepsilon] = A \sin\left[\omega\left(\frac{x}{v} - t\right) + \varepsilon\right]. \tag{4.5}$$

A, ε und jeweils 2 Parameter beschreiben die Welle. Bei der theoretischen Behandlung vieler geophysikalischer Probleme treten Wellen als partikuläre Lösungen von Differentialgleichungen auf. Durch zweimalige Differentiation nach t und x erhält man nach der Elimination von A, ε und k

$$\boxed{\frac{\partial^2 \psi}{\partial t^2} = v^2 \frac{\partial^2 \psi}{\partial x^2}} \tag{4.6}$$

Dies ist die eindimensionale *Wellengleichung*. Für die Lösungen dieser linearen, homogenen Differentialgleichung gilt das Superpositionsprinzip, d.h. wenn $\psi_1, \psi_2, \ldots$ einzeln Lösungen der Gleichung (4.6) sind, so ist auch jede Linearkombination eine Lösung. Durch Superposition von unendlich vielen Einzellösungen erhält man eine allgemeinere Lösung in Form einer *Fourier-Reihe*

$$\psi = \sum_{n=0}^{\infty} A_n \sin[k_n(x - vt) + \varepsilon_n] \tag{4.7}$$

oder eines *Fourier-Integrals*

$$\psi = \int_0^{\infty} A(k) \sin[k(x - vt) + \varepsilon(k)] \, dk. \tag{4.8}$$

Die allgemeine Lösung der Gleichung (4.6) ist

$$\psi = f_1(x - vt) + f_2(x + vt). \tag{4.9}$$

Darin sind f_1 und f_2 beliebige Funktionen der angegebenen Argumente. Die allgemeine Lösung (4.9) enthüllt die typischen Eigenschaften der Lösungen von *hyperbolischen* Differentialgleichungen 2. Ordnung, welcher Gattung die Gleichung (4.6) angehört. Zu allen Gleichungen dieser Gattung gibt es zwei Scharen reeller *Charakteristiken*. Diese grenzen Raum-Zeit-Bereiche ab, in denen die Lösung durch Vorgabe eines *Anfangsstreifens* (der Funktion $\psi(x,t)$ auf einer Kurve und der Ableitung nach der Kurvennormalen $\partial\psi/\partial n$) eindeutig bestimmt ist.

Auf dieser Eigenschaft beruht die in mehreren Teilgebieten der Geophysik (vgl. die Einleitung zu diesem Abschnitt) benutzte Methode, aus der Beobachtung von Wellen, die durch ein unzugängliches Gebiet gelaufen sind, Schlüsse auf den Zustand dieses Gebietes zu ziehen. Daneben gibt es geophysikalische Objekte, die von Differentialgleichungen anderer Typen beherrscht werden: Schwerefeld (siehe Kap. 6) und Magnetfeld (siehe Kap. 8) von einer *elliptischen* Differentialgleichung, Wärmeleitung (siehe Kap. 10) und elektromagnetische Induktion (siehe Kap. 11) von einer *parabolischen*. Der Typ der Differentialgleichung bestimmt wesentlich die anzuwendenden Untersuchungsmethoden.

Als Verallgemeinerung der Gleichung (4.3) läßt sich mühelos die Formel für eine *ebene Welle* in einem dreidimensionalen x-y-z-Koordinatensystem angeben. Mit dem Ortsvektor $\boldsymbol{r}=(x,y,z)$ und dem Wellenvektor $\boldsymbol{k}=(\boldsymbol{k}_x,\boldsymbol{k}_y,\boldsymbol{k}_z)$ bildet man

$$\begin{aligned}\psi &= A\sin[(\boldsymbol{k}\cdot\boldsymbol{r})-\omega t+\varepsilon]\\ &= A\sin[(\boldsymbol{k}_x\cdot x+\boldsymbol{k}_y\cdot y+\boldsymbol{k}_z\cdot z)-\omega t+\varepsilon].\end{aligned} \tag{4.10}$$

Dabei ist

$$k^2=(\boldsymbol{k}\cdot\boldsymbol{k})=\boldsymbol{k}_x^2+\boldsymbol{k}_y^2+\boldsymbol{k}_z^2\,.$$

Die Knotenfläche $(\boldsymbol{k}\cdot\boldsymbol{r})-\omega t+\varepsilon=0$ ist eine Ebene, die sich mit der Geschwindigkeit $v=\omega/k$ in Richtung von $\boldsymbol{k}$ fortbewegt. Die Funktion (4.10) genügt der dreidimensionalen Wellengleichung

$$\frac{\partial^2\psi}{\partial t^2} = v^2\left(\frac{\partial^2}{\partial x^2}+\frac{\partial^2}{\partial y^2}+\frac{\partial^2}{\partial z^2}\right)\psi = v^2\Delta\psi \tag{4.11}$$

mit Δ = Laplace-Operator.

Die durch die Gleichung (4.10) dargestellten ebenen Wellen sind spezielle, idealisierte Wellenformen, die nur in großem Abstand von der Erregungsquelle (Hypozentrum) als Näherungslösungen verwandt werden können. Andere partikuläre Lösungen der Gleichung (4.11) sind die *Kugelwellen.* Bei ihnen sind die Knotenflächen Kugeln:

$$\psi = \frac{A}{r}\sin[kr-\omega t+\varepsilon] \quad \text{mit} \quad r^2=(\boldsymbol{r}\cdot\boldsymbol{r})=x^2+y^2+z^2\,. \tag{4.12}$$

Diese Formel kann man in manchen Fällen als Näherungslösung in Herdnähe verwenden. Kompliziertere Herdmechanismen, wie sie in Kap. 4a beschrieben worden sind, führen auf Formeln, bei denen die Abhängigkeit von r durch Bessel-Funktionen und die Abhängigkeit von den Abstrahlrichtungen durch Kugelflächenfunktionen (siehe Kap. 5b) dargestellt werden.

4c) *Elastische Wellen*

In der Elastizitätstheorie werden die Bewegungsgleichungen für ein *elastisches Kontinuum* abgeleitet. Dabei dient als Grundlage das *Hookesche Gesetz* (R. HOOKE 1635–1703), wonach die auftretende Spannung (engl. stress) der Verschiebung (engl. strain) proportional ist. Das Hookesche Gesetz beschreibt die wirklichen Vorgänge nur näherungsweise und gilt nur für kleine Verschiebungen. Aus dem Hookeschen Gesetz folgt, daß alle Bewegungen reversibel sind. Natürlich gilt das nicht im Herdgebiet, denn dort kommt es ja zu bleibenden Veränderungen. Von einigen 10 km Abstand an ist das Hookesche Gesetz aber eine gute Näherung. Für ein elastisches Kontinuum ergibt sich aus dem Hookeschen Gesetz eine Tensorbeziehung. Aus ihr kann man die Bewegungsgleichungen für die elastische Verformung gewinnen. Ihre Herleitung würde den Rahmen dieser Einführung sprengen. Man findet sie in vielen Lehrbüchern der Theoretischen Physik, ausführlich und speziell für den Bedarf der Geophysiker in dem am Schluß von Kap. 4 angegebenen Buch von K. E. Bullen.

Statt der Herleitung soll hier das Ergebnis der Rechnung interpretiert werden. Bezeichnet man mit $\boldsymbol{s}$ die Verschiebung eines Volumenelementes, das ursprünglich bei $\boldsymbol{r}$ lag, so beschreibt das Vektorfeld $\boldsymbol{s}$ den Deformationszustand des Mediums. Für dieses Feld liefert die Elastizitätstheorie folgende Differentialgleichung:

$$\boxed{\frac{\partial^2 \boldsymbol{s}}{\partial t^2} = v_l^2 \operatorname{grad} \operatorname{div} \boldsymbol{s} - v_t^2 \operatorname{rot} \operatorname{rot} \boldsymbol{s}} \qquad (4.13)$$

Hierin sind v_l^2 und v_t^2 zwei (positive) Materialkonstanten. Dem Beschleunigungsvektor auf der linken Seite der Gleichung (4.13) stehen rechts zwei Volumenkräfte gegenüber. Das erste Glied gehört zu den Drücken, die entstehen, wenn sich das Volumenelement ausdehnt oder zusammenzieht. $\operatorname{div} \boldsymbol{s}$ ist definitionsgemäß gleich der Volumenvergrößerung. Die Drücke sind proportional dem Gradienten dieses Ausdrucks. Das zweite Glied steht für die Schubspannungen. $\operatorname{rot} \boldsymbol{s}$ ist das Maß für die Drehung der Seiten des Volumenelementes. Schubspannungen entstehen aber erst durch unterschiedliche Drehungen gegenüberliegender Seiten. Den Ausdruck für diese Differenzen erhält man durch nochmalige Anwendung der Operation rot, deshalb sind die Schubspannungen proportional zu $\operatorname{rot} \operatorname{rot} \boldsymbol{s}$. Das Minuszeichen ergibt sich aus der Festlegung der Drehungsrichtung im Koordinatensystem.

Zur Lösung der Differentialgleichung (4.13) bedient man sich der für jedes Vektorfeld möglichen Zerlegung in je einen *wirbelfreien* und einen *quellenfreien* Anteil:

$$\boldsymbol{s} = \boldsymbol{s}_1 + \boldsymbol{s}_2 \quad \text{mit} \quad \begin{cases} \operatorname{rot} \boldsymbol{s}_1 = 0, \\ \operatorname{div} \boldsymbol{s}_2 = 0. \end{cases} \qquad (4.14)$$

Trägt man diesen Ansatz in die Gleichung (4.13) ein, so zerfällt sie in zwei unabhängige Differentialgleichungen für $\boldsymbol{s}_1$ und $\boldsymbol{s}_2$:

$$\frac{\partial^2 \boldsymbol{s}_1}{\partial t^2} = v_l^2 \operatorname{grad} \operatorname{div} \boldsymbol{s}_1, \tag{4.15}$$

$$\frac{\partial^2 \boldsymbol{s}_2}{\partial t^2} = -v_t^2 \operatorname{rot} \operatorname{rot} \boldsymbol{s}_2 = v_t^2 \Delta \boldsymbol{s}_2. \tag{4.16}$$

Da $\boldsymbol{s}_1$ wirbelfrei ist, läßt es sich durch ein *Potential* ψ darstellen:

$$\boldsymbol{s}_1 = -\operatorname{grad} \psi.$$

Dann ergibt die Gleichung (4.15)

$$\frac{\partial^2 \psi}{\partial t^2} = v_l^2 \Delta \psi. \tag{4.17}$$

Das ist aber gerade die Wellengleichung (4.11). Unter Benutzung ihrer Lösung wird

$$\begin{aligned} \boldsymbol{s}_1 &= -\operatorname{grad}\{A \sin[(\boldsymbol{k}\cdot\boldsymbol{r}) - v_l k t + \varepsilon]\} \\ &= -A \cos[(\boldsymbol{k}\cdot\boldsymbol{r}) - v_l k t + \varepsilon]\,\boldsymbol{k}. \end{aligned} \tag{4.18}$$

Die Verschiebung $\boldsymbol{s}_1$ fällt also in die Richtung $\boldsymbol{k}$ der Fortpflanzung der Welle, d.h. es handelt sich um eine *longitudinale* Welle.

Nach Gleichung (4.16) genügt jede Komponente von $\boldsymbol{s}_2$ einer Wellengleichung mit der Fortpflanzungsgeschwindigkeit v_t aber zunächst beliebigen Amplituden A_x, A_y und A_z. Faßt man diese zu einem Amplitudenvektor $\boldsymbol{A}$ zusammen, so gilt

$$\boldsymbol{s}_2 = \boldsymbol{A} \sin[(\boldsymbol{k}\cdot\boldsymbol{r}) - v_t k t + \varepsilon].$$

Da $\boldsymbol{s}_2$ divergenzfrei sein soll, muß gelten

$$0 = \operatorname{div} \boldsymbol{s}_2 = (\boldsymbol{A}\cdot\boldsymbol{k}) \cos[(\boldsymbol{k}\cdot\boldsymbol{r}) - v_t k t + \varepsilon],$$

d.h. aber

$$(\boldsymbol{A}\cdot\boldsymbol{k}) = 0 \quad \text{und mithin} \quad (\boldsymbol{s}_2\cdot\boldsymbol{k}) = 0. \tag{4.19}$$

$\boldsymbol{s}_2$ ist orthogonal zur Fortpflanzungsrichtung $\boldsymbol{k}$. Man hat es mit einer *transversalen* Welle zu tun.

Da es zu jeder Fortpflanzungsrichtung $\boldsymbol{k}$ zwei wesentlich verschiedene orthogonale Richtungen und somit zwei transversale Wellen gibt, erhält man als Lösung von Gleichung (4.13) für jede beliebige Fortpflanzungsrichtung *drei* elastische Wellen: eine longitudinale und zwei transversale. Drei voneinander unabhängige Wellenlösungen existieren nicht nur bei den hier behandelten Raumwellen, sondern auch bei Oberflächenwellen (siehe Kap. 4g).

Die in Gleichung (4.13) auftretenden Materialkonstanten haben sich als Phasengeschwindigkeiten der longitudinalen bzw. transversalen elastischen Wellen erwiesen. Diese Phasengeschwindigkeiten hängen mit den *elastischen Konstanten* des Mediums in folgender Weise zusammen:

$$v_l = \sqrt{\frac{K+\frac{4}{3}G}{\rho}}, \qquad v_t = \sqrt{\frac{G}{\rho}} \tag{4.20}$$

mit ρ = Dichte (engl. density),
K = Kompressionsmodul (engl. bulk modulus),
G = Schubmodul (= Scherungs- oder Gleitmodul) (engl. rigidity).

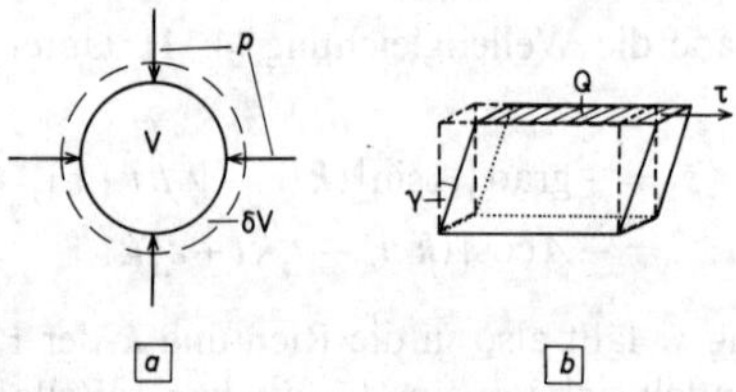

Fig. 11 Zur Definition der elastischen Konstanten. *a*: Kompressionsmodul K. *b*: Schubmodul G.

Zur Definition des *Kompressionsmoduls* K stellt man sich ein Volumenelement V vor, das einem allseitigen Druck p ausgesetzt ist *(Fig. 11a)*. Dabei wird das Volumen um δV zusammengedrückt. Dann gilt

$$p = K\frac{\delta V}{V}. \tag{4.21}$$

Zur Definition des *Schubmoduls* G denkt man sich einen Block durch eine Schubspannung τ (= Kraft/Querschnitt Q) belastet *(Fig. 11b)*. Man beobachtet eine Scherung um den Winkel γ (im Bogenmaß). Es gilt

$$\tau = G\gamma. \tag{4.22}$$

Das Hookesche Gesetz besagt: K und G sind Materialkonstanten. Beim Gebrauch dieser *Moduln* muß man aufpassen: Sie sind umso größer, je weniger nachgiebig die Körper gegen Beanspruchungen sind. Um eine Vorstellung von den Größenordnungen solcher Moduln zu vermitteln, sind in *Tabelle D* ein paar typische Werte angegeben[1]. Benutzt wurde die Druckeinheit

$$1\ \text{kbar} = 10^9\ \text{dyn/cm}^2.$$

Tabelle D: Elastische Konstanten. Vergleichswerte

	K kbar	G kbar
Stahl	1300	800
Oberflächengestein	300	200
Gummi	15	3
Wasser	20	–

Für alle Flüssigkeiten ist $G=0$. Der Gleichung (4.20) entsprechend gibt es deshalb in Flüssigkeiten auch keine transversalen elastischen Wellen. (Die Oberflächenwellen auf Flüssigkeiten sind zwar transversale, aber keine elastischen Wellen.)

In der Literatur werden bei der Behandlung elastischer Wellen außer K und G noch andere Konstanten gebraucht (z. B. der Elastizitätsmodul und die Laméschen Konstanten, die nach G. LAMÉ (1795–1870) benannt sind). Das hat zum Teil historische Gründe. Man kann aber zeigen, daß zwei Konstanten den elastischen Zustand eines Körpers bestimmen; deshalb lassen sich alle anderen Parameter durch K und G ausdrücken. K und G eignen sich besonders gut für die Kennzeichnung des Zustandes im Erdinneren. Daneben soll hier nur noch die *Poissonsche Konstante* σ (auch Querzahl genannt) erwähnt werden. Sie gibt für einen gezerrten Zylinder das Verhältnis der relativen Durchmesser- zur Längenänderung an. Zwischen σ, K und G besteht die Beziehung

$$G = \frac{3(1-2\sigma)}{2(1+\sigma)} K. \tag{4.23}$$

σ liegt zwischen 0 und 0,5. $\sigma=0{,}5$ gilt für Flüssigkeiten. S. D. POISSON (1781–1840) hat als idealen elastischen Festkörper einen mit $\sigma=0{,}25$ angesehen *(Poissonscher Körper)*. Für diesen wird $G=\frac{3}{5}K$ und $v_l=\sqrt{3}\,v_t$. Diese Beziehung besteht näherungsweise in Erdkruste und -mantel. Doch beobachtet man in der Natur auch erhebliche Abweichungen von $\sigma=0{,}25$. Aus den Beobachtungen der Ausbreitung von

[1] Die Messung elastischer Eigenschaften von Gesteinen ist eine wichtige Aufgabe der Geophysik. Siehe hierzu H. BAULE und E. MÜLLER PH (Literaturverzeichnis Kap. 29) **47** (1956), 169–201.

Erdbebenwellen lassen sich v_l und v_t bestimmen. Da v_l und v_t aber drei Materialkonstanten (K, G und ρ) enthalten, ist es nicht möglich, jede einzeln zu bestimmen. Üblicherweise berechnet man aus den Phasengeschwindigkeiten die folgende Kombination:

$$\frac{K}{\rho} = v_l^2 - \frac{4}{3} v_t^2 . \tag{4.24}$$

4d) *Strahlausbreitung. Laufzeitkurve*

Wie in der Optik, so bilden auch in der Seismologie Strahlen ein nützliches Hilfsmittel zur Beschreibung der komplizierten Wellenausbreitungsvorgänge. Für die Strahlen gelten Reflexions- und Brechungsgesetz. Da wir es aber mit longitudinalen und transversalen Wellen zu tun haben, ist an der Grenze von Medien mit unterschiedlichen Geschwindigkeiten der Übergang von der einen in die andere Art möglich

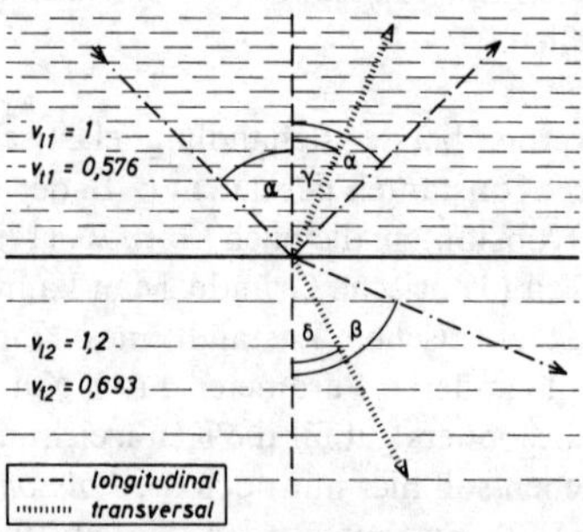

Fig. 12 Reflexion und Brechung einer einfallenden, longitudinalen, elastischen Welle an einer Grenzfläche.

(Fig. 12). Für die auftretenden Reflexions- und Brechungswinkel (gegen die Normale zur brechenden Fläche) gelten die folgenden Gleichungen, die dem Brechnungsgesetz in der Optik entsprechen:

$$\frac{\sin\alpha}{\sin\beta} = \frac{v_{l1}}{v_{l2}},$$

$$\frac{\sin\alpha}{\sin\gamma} = \frac{v_{l1}}{v_{t1}}, \tag{4.25}$$

$$\frac{\sin\alpha}{\sin\delta} = \frac{v_{l1}}{v_{t2}}.$$

Im übrigen verhalten sich Longitudinalwellen und Transversalwellen jedoch weitgehend analog. Deshalb soll im folgenden zur Vereinfachung nicht immer zwischen ihnen unterschieden werden. Man muß dann jeweils die entsprechenden Phasengeschwindigkeiten in die Formeln einsetzen.

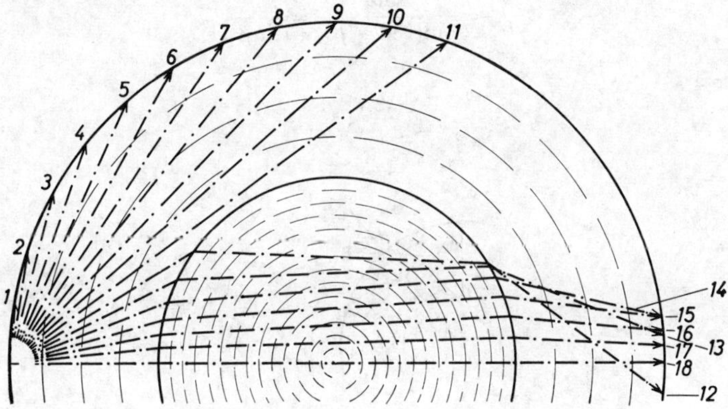

Fig. 13 Wellenausbreitung in einem vereinfachten Erdmodell mit jeweils konstanter Fortpflanzungsgeschwindigkeit in Mantel und Kern.

Für die Anwendungen auf die Erde interessiert das Verhalten an einer kugelförmigen brechenden Fläche. Im Modell der *Fig. 13* stelle der äußere Kreis die Erdoberfläche dar. Die Erde bestehe aus einem Kern und einem Mantel mit jeweils konstanten Fortpflanzungsgeschwindigkeiten. Die Geschwindigkeit im Kern sei kleiner als die im Mantel. Von einem Bebenherd an der Erdoberfläche gehe ein ganzes Bündel von Strahlen aus. Die Strahlen 1–11 erreichen nach geradliniger Durchquerung der äußeren Kugelschicht die Oberfläche. Die Strahlen 12–17 werden am Kern gebrochen, und zwar beim Eintritt zum Lot hin und beim Wiederaustritt vom Lot weg. Dadurch ergibt sich eine Störung in ihrer Reihenfolge. Der Strahl 12 wird am stärksten nach unten gebrochen. 15–17 sind weniger gestört und 18 geht geradlinig durch die Erde hindurch. Die Strahlen 14 und 15 kommen nahezu am gleichen Ort der Oberfläche an. Man spricht von einem *Brennpunkt.* Genaugenommen ist es ein Brennkreis, da die Figur natürlich rotationssymmetrisch zu ergänzen ist. Zwischen dem Strahl 11 und dem Brennpunkt erreicht kein Strahl die Erdoberfläche. Man nennt dieses Gebiet die *Schattenzone des Kerns.*

Bei der Behandlung der Wellenausbreitung in einem kugelförmigen Medium gibt der Radiusvektor $\boldsymbol{r}$ die Normalenrichtung an *(Fig. 14)*. Jeder Strahl, auch ein geradliniger, ändert laufend seine Richtung gegen diese Normale. Für einen beliebigen Punkt P erhält man aus dem Dreieck PNO:

$$\frac{r_1}{r_2} = \frac{\sin\alpha}{\sin(180° - \beta_1)} = \frac{\sin\alpha}{\sin\beta_1}.$$

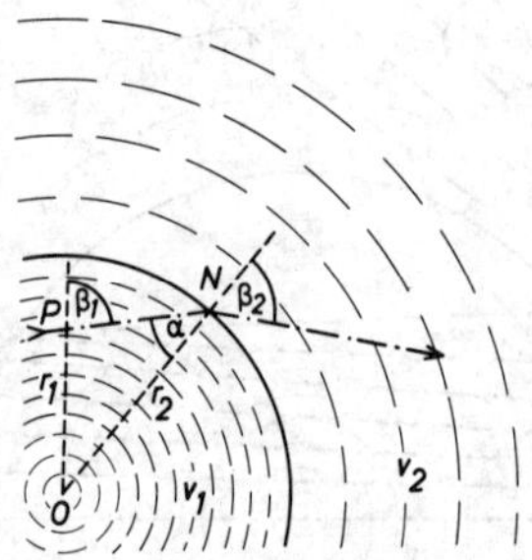

Fig. 14 Zum Brechungsgesetz an kugelförmigen Grenzflächen.

Im Punkt N gilt das Brechungsgesetz in seiner ursprünglichen Gestalt

$$\frac{\sin\alpha}{\sin\beta_2} = \frac{v_1}{v_2}.$$

Deshalb folgt

$$\frac{r_1 \sin\beta_1}{r_2 \sin\beta_2} = \frac{v_1}{v_2}. \tag{4.26}$$

Aus der Gleichung (4.26) *(Brechungsgesetz für Kugelflächen)* erhält man ein verallgemeinertes Brechungsgesetz für ein Medium, bei dem die Geschwindigkeit eine stetige Funktion $v(r)$ des Abstandes r vom Mittelpunkt ist:

$$\boxed{\frac{r \sin\beta}{v(r)} = const = \mathfrak{p}} \tag{4.27}$$

Die Konstante $\mathfrak{p}$ kennzeichnet den Strahl. Sie hat die Dimension einer Zeit.

Bei stetiger Geschwindigkeitsänderung gehen die geradlinigen Strahlen in gekrümmte Bahnen über. Den Strahlverlauf findet man nach dem *Fermatschen Prinzip* (P. de Fermat 1601 (oder 1608)–1665), wonach der Strahl denjenigen Weg unter allen möglichen Nachbarwegen wählt, der die geringste Laufzeit erfordert. Im allgemeinen kann man diese Strahlen nur durch Lösung einer Aufgabe der Variationsrechnung finden. Es gibt aber einfache Fälle, bei denen man schon aus dem Brechungsgesetz den richtigen Strahlweg ermitteln kann. So ergeben sich für ein eben geschichtetes Medium, bei dem die Geschwindigkeit v nur eine Funktion der Tiefe z ist, Kreisbahnen, wenn $v(z)$ eine lineare Funktion ist. Auch bei Kugelschichtung $v=v(r)$ können Kreisbahnen als Lösung auftreten, und zwar, wenn

$$v(r)=a(b^2-r^2), \tag{4.28}$$

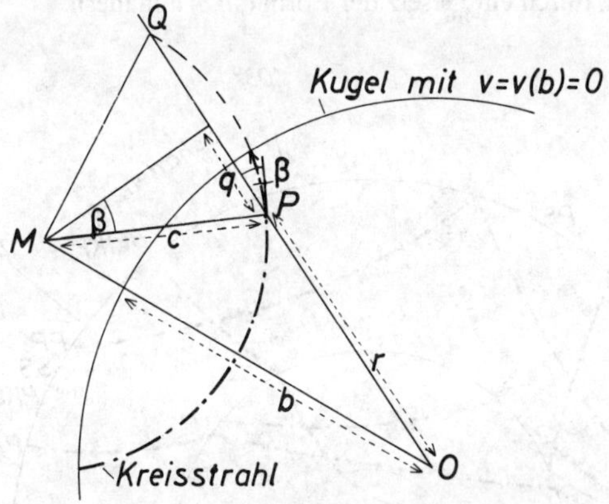

Fig. 15 Zur Ableitung der Kreisstrahlbedingung in einem kugelsymmetrischen Medium. Die Zeichnung ist ungenau: Der Kreisstrahl muß wegen (4.27) orthogonal auf die Kugel mit dem Radius b treffen.

wobei a und b Konstanten sind. Dies soll an Hand der *Fig. 15* gezeigt werden. Für einen Kreisstrahl tritt der Winkel β zwischen Strahl und Radiusvektor beim Kreismittelpunkt M wieder auf. Es ist

$$\sin\beta = \frac{q}{c}.$$

Nach dem Sehnen-Tangenten-Satz gilt

$$\overline{OP}\cdot\overline{OQ}=r(r+2q)=b^2,$$

also

$$q = \frac{b^2 - r^2}{2r}.$$

Mithin ist

$$r \sin\beta = \frac{1}{2c}(b^2 - r^2) = \frac{1}{2ca} v(r)$$

und deshalb das verallgemeinerte Brechungsgesetz (4.27) erfüllt.

Überträgt man diesen Formalismus auf die Wellenausbreitung in der Erde, so muß man beachten, daß b größer als der Erdradius sein muß (an der Erdoberfläche ist ja $v \neq 0$): Es wird also nur ein Teil des Kreisstrahls benutzt. Die wirkliche Geschwindigkeitsverteilung der Erdbebenwellen läßt sich bis zu einer Tiefe von etwa 1 500 km, wie WIECHERT gezeigt hat, durch ein Gesetz der Form (4.28) annähern.

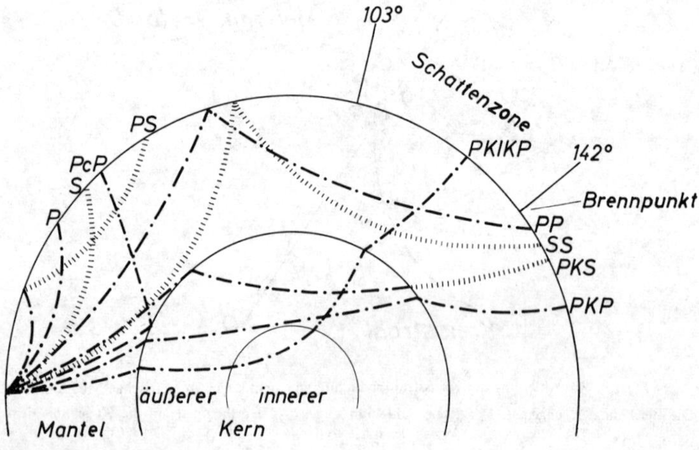

Fig. 16 Zur Nomenklatur seismischer Wellen. Darstellung der longitudinalen und transversalen Wellen wie in Fig. 12.

Da sich die Geschwindigkeiten der seismischen Wellen im Erdinneren sowohl stetig als auch sprunghaft (Erdoberfläche, Grenze des Erdkerns) ändern, treten Reflexion, Brechung und Strahlkrümmung beim Durchgang der seismischen Wellen durch den Erdkörper auf. Für die verschiedenen Bahnen hat sich eine einfache *Nomenklatur* eingebürgert *(Fig. 16)*. Da die longitudinalen Wellen als erste ankommen, werden sie mit *P* (*P*rimärwellen) und die transversalen mit *S* (*S*ekundärwellen) bezeichnet. Die Strahlen für *P*- und *S*-Wellen sind nach unten konvex gekrümmt, weil die Geschwindigkeiten mit der Tiefe zunehmen. *P*- und *S*-Wellen laufen zwischen zwei Orten auf nahezu gleichen Strahlen.

Reflexionen beobachtet man vor allem an der Erdoberfläche (*PP*, *SS*, *PS*) und an der Grenze des äußeren Kerns (*PcP*). Die Beobachtungen haben gezeigt, daß es im (äußeren) Erdkern keine transversalen Wellen gibt. Die longitudinalen Wellen, die durch den Kern laufen, werden mit *PKP* bezeichnet. Es gibt auch Wechselwellen wie *PKS* oder *SKS*, bei denen der Abschnitt durch den Kern immer als longitudinale Welle durchlaufen wird. Die *PKP*-Wellen werden analog zu Fig. 13 beim Eintritt in den Kern zum Lot hin und beim Wiederaustritt vom Lot weg gebrochen. Dementsprechend beobachtet man auch Brennpunkt und Schattenzone. In die Schattenzone dringen jedoch Strahlen ein, die vom inneren Kern nach außen gebrochen werden (*PKIKP*). Daraus schließt man, daß im inneren Kern die Geschwindigkeit der longitudinalen Wellen plötzlich ansteigt[1].

Bodenverschiebungen werden mit Hilfe von *Seismographen* registriert. Als ruhender Bezugspunkt dient eine träge Masse, die so aufgehängt ist, daß sie die Bodenbewegung möglichst wenig mitmacht. Über ein Vergrößerungssystem wird die Relativbewegung des Bodens gegen die ruhende Masse aufgezeichnet. Dabei zerlegt man die Bewegung in ihre Komponenten: *Nord-Süd*, *Ost-West* und *Auf-Ab*. Diese Aufzeichnungen nennt man *Seismogramme*. Die *Fig. 17* gibt ein Beispiel. Typische Werte der wahren Bodenamplituden bei Fernbeben sind:

0,03 mm bei Perioden von 10 sec,
1 mm bei Perioden von 25 sec.

In den Seismogrammen kann man gewöhnlich mehrere Einsätze erkennen und den verschiedenen Bahnen (*P*, *PP*, *S*, usw.) zuordnen. Diese Einsätze nennt man die *Phasen* des Seismogramms.

Im weiteren Verlauf der Erdbebenregistrierung findet man Gruppen *langer Wellen*, die außen an der Erdoberfläche entlang gelaufen sind. Ihr Einsatz wird mit *L* bezeichnet. Den Laien beeindrucken bei der Betrachtung eines Seismogramms vor allem diese langen Wellen. Bei ihnen findet man auch gewöhnlich die größten Amplituden des Bebens. Den Geophysiker interessiert aber mehr der Anfangsteil des Seismogramms mit den verschiedenen Phasen, denn sie liefern ihm den

[1] Phaseneinsätze von longitudinalen Wellen, die durch den Kern gelaufen, aber in der Schattenzone an der Erdoberfläche aufgetaucht waren, wurden 1936 erstmalig von Inge Lehmann nachgewiesen. Sie postulierte daraufhin die Existenz des inneren Kerns.

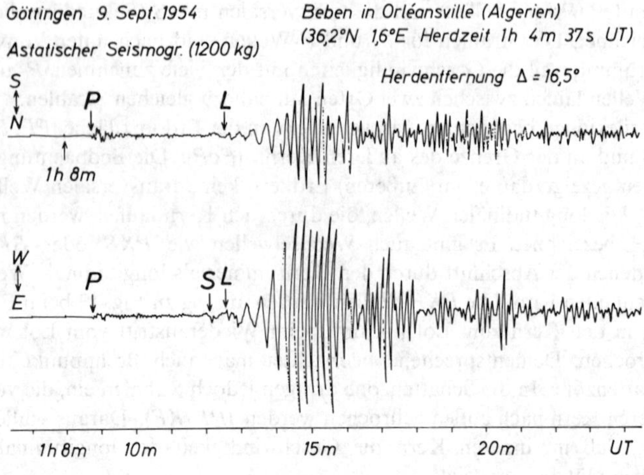

Fig. 17 Seismogramm der Göttinger Erdbebenwarte.

Aufschluß über den Aufbau des Erdkörpers. Mehrere Jahrzehnte hindurch hielten die Seismologen die *L*-Wellen für wissenschaftlich nutzlos. Erst dann lernte man, ihnen Aussagen über den Aufbau der Erdkruste und des oberen Mantels abzugewinnen (siehe Kap. 4g).

Die wichtigsten Informationen aus dem Anfangsteil der Seismogramme werden in *Laufzeitkurven* dokumentiert. Darin werden die Phasenzeiten als Funktion der Herdentfernung markiert. Die *Fig. 18* stellt eine vereinfachte Laufzeitkurve dar; nur die stärksten Phaseneinsätze sind eingetragen. Das vollständige System der Laufzeitkurven ist das Werk mehrerer Generationen von Seismologen. Tausende von Erdbeben, aufgezeichnet von Erdbebenwarten, die über die ganze Erde verteilt sind, wurden darin verarbeitet. Auch jetzt werden noch laufend Details hinzugefügt und kleinere Berichtigungen vorgenommen.

Es versteht sich keineswegs von selbst, daß man für die ganze Erde einheitliche Laufzeitkurven zeichnen kann, Kurven in die als Variable nur die Herdentfernung eingeht. Offenbar ist die Geschwindigkeitsverteilung seismischer Wellen im Erdkörper streng kugelsymmetrisch. Ein zweiter Grund ist die Existenz einer wohldefinierten Herdzeit. Diese ist bis auf ein oder zwei Sekunden bestimmt, obwohl bei starken Erdbeben der Bruchvorgang mitunter mehrere Minuten dauert. Für die Einsätze der einzelnen Phasen ist aber nur der Beginn entscheidend, weil die

Bruchgeschwindigkeit (vgl. Fig. 8) kleiner ist als die Geschwindigkeit der *P*- und *S*-Wellen.

Die Abweichung der Erdfigur von der Kugelgestalt wird bei der Konstruktion der Laufzeitkurven durch eine kleine Korrektur berücksichtigt. Für ein und dieselbe Laufzeitkurve dürfen nur Erdbeben gleicher Herdtiefe verwandt werden. Für verschiedene Herdtiefen ergeben sich etwas unterschiedliche Kurven. Zwischen diesen gibt es jedoch eine einfache Beziehung für entfernte Stationen: Ein leichtes Anwachsen der Herdtiefe entspricht einer etwas früheren Herdzeit. Die Laufzeitkurve von Fig. 18 gilt für oberflächennahe Erdbeben.

Man erkennt in Fig. 18 den Schatten des Erdkerns zwischen 103° und 142° Herdentfernung. Bei 103° hören *P*- und *S*-Einsätze auf. Die *P*-Einsätze setzen sich jenseits der Schattengrenze als *PKP* fort, sind aber wegen der geringeren Geschwindigkeit im Kern zeitlich versetzt. Von beiden Seiten gibt es Verlängerungen der Laufzeitkurven in die Schattenzone hinein. Sie werden durch Wellen, die am Kern gebeugt werden, verursacht. Dies ist in Fig. 18 durch Strichelung angedeutet. Die Kurve für *PKP* spaltet sich auf in PKP_1 und PKP_2. Diese Aufspaltung ent-

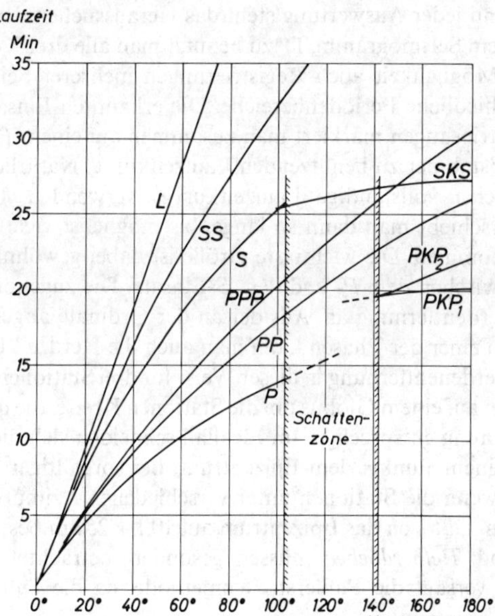

Fig. 18 Vereinfachte Laufzeitkurve für Erdbeben mit normaler Herdtiefe.

spricht den Strahlen 16 und 13 in Fig. 13. (Genaugenommen ist PKP_1 eine $PKIKP$-Phase.) Zur Durchquerung des ganzen Erdkörpers braucht eine longitudinale Welle wenig mehr als 20 Minuten. Oberflächenwellen dagegen benötigen für einen 180°-Bogen etwa 80 Minuten.

4e) *Seismogrammauswertung*

Der große Erfahrungsschatz, der in den Laufzeitkurven enthalten ist, erleichtert die Auswertung der Seismogramme von einzelnen seismischen Ereignissen. Eine solche Auswertung kann verschiedenen Zwecken dienen: der Bestimmung von Ort und Zeit eines aktuellen Erdbebens (etwa um Auskunft bei Presseanfragen erteilen zu können), der Entdeckung und Erkennung von unterirdischen Atomexplosionen und vor allem der wissenschaftlichen Untersuchung eines bestimmten Bebens. Im letzten Fall gilt es, so viel Information wie möglich aus dem Seismogramm herauszulesen, um alle bekannten Effekte zu erfassen und womöglich noch unbekannte zu entdecken. Die Lösungsmöglichkeit dieser Aufgaben hängt wesentlich davon ab, welche Informationen von anderen Stationen dem Bearbeiter zur Verfügung stehen.

Am Beginn jeder Auswertung steht das Heraussuchen der Phaseneinsätze aus dem Seismogramm. Dazu benutzt man alle drei Komponenten und nach Möglichkeit auch Registrierungen mehrerer Seismographen für unterschiedliche Periodenbereiche. Die erkannten Einsatzzeiten aus allen Registrierungen markiert man zusammen auf einem *Papierstreifen* im Zeitmaßstab der zu benutzenden Laufzeitkurve. Natürlich muß man eine möglichst vollständige Laufzeitkurve[1] verwenden. Den Papierstreifen verschiebt man dann so lange, bis möglichst viele Einsätze zur Deckung kommen. Die wichtigste Größe ist dabei gewöhnlich die Zeitdifferenz zwischen dem P- und dem S-Einsatz. Die zugehörige Abszisse gibt die Herdentfernung an. Aus der an der Ordinate abgelesenen Zeitdifferenz zu einer der Phasen kann man auch die Herdzeit bestimmen.

Ist die Herdenentfernung in dieser Weise für drei Stationen ermittelt, so schlägt man auf einem Globus um die Stationen Kreise, die der jeweiligen Herdentfernung entsprechen. Im Idealfall schneiden sich die drei Kreise genau in einem Punkt: dem Epizentrum. Bei sorgfältiger Auswertung, vor allem wenn die Stationen unter verschiedenen Azimutwinkeln zum Herd liegen, läßt sich das Epizentrum auf 10 bis 25 km bestimmen.

Nah- und *Tiefherdbeben* müssen gesondert betrachtet werden. Bei Nahbeben versagt die Papierstreifenmethode, da die Differenzen zwi-

[1] An leicht zugänglicher Stelle findet man eine solche Kurve z. B. in LB (Literaturverzeichnis Kap. 29) **3** (1952), 377–381.

schen den Phaseneinsatzzeiten zu klein sind. Die Lage des Epizentrums muß aus den *P*-Einsätzen von drei oder mehr Stationen bestimmt werden, wobei man die Herdzeit durch Rechnung oder durch Probieren finden muß. Der Abstand der Stationen vom Epizentrum muß größer sein als die Herdtiefe. Bei normalen Erdbeben sind 70 bis 100 km geeignet. Ein grobes Merkmal zur Erkennung von Tiefherdbeben ist das Fehlen der *L*-Einsätze im Seismogramm. Außer der Lage des Epizentrums interessiert bei Tiefherdbeben vor allem die Herdtiefe. Zu deren Bestimmung braucht man unbedingt eine Station in der Nähe des Epizentrums. Ist die Tiefe bekannt, so kann die genaue Lage des Epizentrums mit der Papierstreifenmethode bestimmt werden, nur muß man eine der Herdtiefe entsprechende Laufzeitkurve benutzen.

Hat man nur Registrierungen einer einzigen Station zur Verfügung, so steht man häufig vor der Aufgabe, auch die Richtung des Bebenherdes aus dem Seismogramm zu ermitteln. Diese Bestimmung ist viel unsicherer als die der Entfernung. Eine Richtungsbestimmung kann gelingen, wenn deutliche *P*-Einsätze vorhanden sind, da die Bewegung der longitudinalen Wellen sich in der Vertikalebene durch die Station und das Epizentrum abspielt. Die transversalen Wellen dagegen können in irgendeiner Ebene polarisiert sein. Die wissenschaftliche Bearbeitung bestimmter Beben erfordert die genaue Festlegung der *P*- und *S*-Einsätze zur Erkundung des Herdmechanismus (vgl. Kap. 4a). Um eine *Herdlösung* – bei der die Art und Richtung der ursprünglichen Bewegungen angegeben wird – zu bekommen, werden die Einsatzbewegungen aller Stationen längs der Erdbebenstrahlen in den Herd zurück verfolgt.

Zur Berechnung der wahren *Bodenamplitude* am Ort der Station muß man die Periodenabhängigkeit des Seismographensystems kennen und rechnerisch berücksichtigen. Oberhalb der Eigenperiode fällt die Vergrößerung mit zunehmender Periode stark ab. Dies bewirkt große Unterschiede im Aussehen der Registrierungen von Seismographen unterschiedlicher Eigenperiode.

Es gibt auf der Erde 500 bis 600 Erdbebenstationen. Viele von ihnen veröffentlichen monatlich oder jährlich ihre Beobachtungsergebnisse in mehr oder weniger vorläufiger Form. Eine endgültige Zusammenstellung der Erdbebenbeobachtungen für die ganze Erde findet man im *International Seismological Summary*. Seit 1919 erscheint für jedes Jahr ein eigener Band, in ihm sind die einschlägigen Beobachtungen aller stärkeren Beben in gedrängter Form aufgeführt. Da die Bände mit einer zeitlichen Verzögerung von einigen Jahren gedruckt werden, ist genügend Zeit dafür vorhanden, die Beobachtungsdaten gründlich zu überprüfen und Herdzeit, Epizentrum und Herdtiefe nach einem Ausgleichsverfahren zu berechnen.

In die Bemühungen der Regierungen, eine Einstellung der Kernwaffenversuche durch ein Abkommen zwischen den Nationen zu erreichen, wurden auch Geophysiker eingeschaltet. So existiert seit der Genfer Konferenz der „Experten“ im Jahre 1958 ein besonderes Interesse an den Möglichkeiten, unterirdische Explosionen zu entdecken und zu erkennen. Verschiedene Netze mit neuen seismologischen Beobachtungsstationen wurden für diesen Zweck vorgeschlagen und erprobt. Da die seismischen Signale in der Nähe des Explosionsherdes schwer deutbar sind, und andererseits für sehr große Entfernungen der Schatten des Erdkerns wirksam wird, ergibt sich ein optimaler Entfernungsbereich von 3000 bis 10000 km für den Abstand der Station vom Explosionsherd. Die Stationen sollten an ausgesuchten Orten mit möglichst geringer künstlicher und natürlicher Bodenunruhe aufgestellt werden. Durch Filterung kann das Verhältnis zwischen Nutzsignal und Bodenunruhe noch weiter verbessert werden, da die P-Einsätze vor allem im Periodenbereich zwischen 0,5 und 1,5 sec liegen, die Bodenunruhe aber zwischen 5 und 10 sec die größten Amplituden aufweist. Weitere Vorteile erhält man, wenn man nicht nur einen Seismographen benutzt, sondern ein System von 20 bis 30 seismischen Empfängern in einer regulären Anordnung (engl. *array*) über eine mehrere Quadratkilometer große Fläche verteilt. Nach Umformung der mechanischen in elektrische Spannungsschwankungen können die Signale beliebig gemischt werden, nötigenfalls mit zwischengeschalteten Verzögerungsgliedern. Das ermöglicht ein weiteres Herauspräparieren der interessierenden Signale aus dem Störpegel. Zur Unterscheidung der Explosionen von natürlichen Erdbeben können der unterschiedliche Herdmechanismus, die Herdtiefe und auch die geographische Verteilung der Erdbebengebiete herangezogen werden. Allerdings könnte eine unterirdische Kernwaffenerprobung zur Tarnung während eines natürlichen Erdbebens vorgenommen werden.

Zum Schluß dieses Abschnitts muß eine Warnung ausgesprochen werden: Hier konnten nur die allerwichtigsten Grundzüge der Seismogrammauswertung angedeutet werden. Eine wissenschaftliche Auswertung erfordert detaillierte Kenntnisse und Erfahrungen, wie sie die Observatoren an Erdbebenwarten in jahrelanger Arbeit erworben haben.

4f) *Die Geschwindigkeitsverteilung im Erdinneren*

Während der vorige Abschnitt mehr praktische Aspekte der Seismologie behandelte, wird dieser die fundamentalen Erkenntnisse aus der

Seismologie über den Aufbau des Erdkörpers bringen. Die seismologischen Informationen geben die detailliertesten Auskünfte, die man bisher über den Aufbau des Erdinneren gewinnen konnte. Einen Teil der Ergebnisse haben wir schon vorweggenommen, denn die Aufgliederung in Kruste, Mantel, äußeren und inneren Kern konnte man nur aus der Ausbreitung seismischer Wellen erschließen. Das Studium der Erdbebenwellen gestattet es aber darüber hinaus, die Geschwindigkeitsverteilung der longitudinalen und der transversalen seismischen Wellen für den ganzen Erdkörper zu berechnen. Benutzt werden dazu Beobachtungen, die nur auf der Erdoberfläche gewonnen wurden. Die nachfolgende Rechnung ist unter dem Namen *Wiechert-Herglotz-Verfahren* bekannt; sie zählt zu den klassischen Methoden der Geophysik. Aus der beobachteten Laufzeit T als Funktion der Herdentfernung Θ wird die Geschwindigkeit v als Funktion des Abstandes r vom Erdmittelpunkt berechnet.

Es sei $v = v(r)$. Soll die Lösung des Problems eindeutig sein, so muß $v(r)$ monoton mit der Tiefe (d. h. mit abnehmendem r) zunehmen. An der Grenze zwischen Erdmantel und äußerem Kern ist diese Bedingung sicher nicht erfüllt. Sehr wahrscheinlich gibt es auch in der Erdkruste und im Oberen Mantel eingelagerte Schichten niedrigerer Fortpflanzungsgeschwindigkeit (siehe Kap. 4g). Desungeachtet soll hier die Annahme einer monotonen Geschwindigkeitszunahme aufrecht erhalten werden. Die Abweichungen kann man später berücksichtigen, indem man das Verfahren stückweise auf einzelne Abschnitte anwendet.

Wegen der monotonen Geschwindigkeitszunahme mit der Tiefe sind alle Strahlen nach unten konvex gekrümmt. Für jeden einzelnen Strahl gilt die Gleichung (4.27) mit einem für den Strahl charakteristischen Strahlparameter p. Zur Veranschaulichung der geometrischen Beziehungen, die im folgenden gebraucht werden, diene *Fig. 19*. Der Winkel β zwischen Strahlrichtung und Radiusvektor ist längs des Weges variabel. Es gibt einen Scheitelpunkt mit $\beta = 90°$. Dort sei $r = r_0$ und $v = v_0$. An der Erdoberfläche ($r = \mathrm{R_E}$) kann man $\beta = \beta_{\mathrm{R_E}}$ aus dem Verhältnis der horizontalen zur vertikalen Komponente der Bodenbewegung bestimmen. Man erhält dann

$$\mathrm{p} = \frac{r_0}{v_0} = \frac{\mathrm{R_E} \sin \beta_{\mathrm{R_E}}}{v(\mathrm{R_E})}. \tag{4.29}$$

Das ist der Inhalt des *Benndorfschen Satzes* (H. BENNDORF 1870–1953). Dieser Satz verbindet die Strahldaten an der Erdoberfläche mit den Werten im Scheitelpunkt. Statt $\beta_{\mathrm{R_E}}$ kann man noch andere „Oberflä-

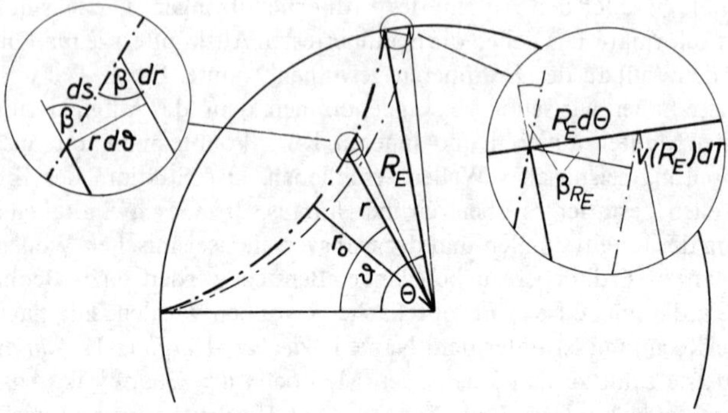

Fig. 19 Geometrische Beziehungen zur Herleitung des *Wiechert-Herglotz-Verfahrens.* Wie in Fig. 7 sind der Erdbebenherd links und die Beobachtungsstation oben zu denken.

chenwerte“ heranziehen. Betrachtet man nämlich den Nachbarstrahl, der die Erdoberfläche nach der Zeit $T+\mathrm{d}T$ im Punkte $\Theta+\mathrm{d}\Theta$ erreicht, so erkennt man aus der rechten Nebenzeichnung von Fig. 19

$$\sin\beta_{\mathrm{R_E}} = \frac{v(\mathrm{R_E})\,\mathrm{d}T}{\mathrm{R_E}\,\mathrm{d}\Theta}.$$

$\mathrm{R_E}\,\mathrm{d}\Theta/\mathrm{d}T$ ist die scheinbare Oberflächengeschwindigkeit der Wellen. Man erhält nach Gleichung (4.29)

$$\mathrm{p} = \frac{\mathrm{d}T}{\mathrm{d}\Theta}. \tag{4.30}$$

Der Strahlparameter p erweist sich also als die Ableitung der Laufzeitkurve nach Θ für den Wert von Θ, bei dem der Strahl die Erdoberfläche trifft.

Aus den Gleichungen (4.29) und (4.30) kann man $v_0 = v_0(r_0)$ berechnen, wenn man das zum Strahl p gehörige r_0 kennt. Dies soll daher jetzt berechnet werden. Nach der linken Nebenzeichnung von Fig. 19 ist

$$\mathrm{tg}\,\beta = \frac{r\,\mathrm{d}\vartheta}{\mathrm{d}r}.$$

Andererseits gilt

$$\operatorname{tg}\beta = \frac{\sin\beta}{\sqrt{1-\sin^2\beta}} = \frac{\mathsf{p}\,\dfrac{v(r)}{r}}{\sqrt{1-\dfrac{\mathsf{p}^2 v^2(r)}{r^2}}} = \frac{\mathsf{p}}{\sqrt{\dfrac{r^2}{v^2(r)}-\mathsf{p}^2}}\,.$$

Man setzt $r/v(r)=\eta$. η ist dann eine monoton steigende Funktion von r. Durch Integration über den aufsteigenden Teil des Strahls erhält man

$$\frac{1}{2}\,\Theta = \int\limits_{\Theta/2}^{\Theta} \mathrm{d}\vartheta = \int\limits_{r_0}^{\mathsf{R_E}} \frac{1}{r}\operatorname{tg}\beta\,\mathrm{d}r = \int\limits_{r_0}^{\mathsf{R_E}} \frac{\mathsf{p}}{\sqrt{\eta^2-\mathsf{p}^2}}\,\frac{\mathrm{d}r}{r}$$

und weiter

$$\Theta = \int\limits_{\mathsf{p}}^{\eta_{\mathsf{R_E}}} \frac{2\mathsf{p}}{\sqrt{\eta^2-\mathsf{p}^2}}\,\frac{\mathrm{d}}{\mathrm{d}\eta}(\ln r)\,\mathrm{d}\eta\,. \tag{4.31}$$

Die Gleichung (4.31) ist eine Abelsche Integralgleichung (N. H. Abel, norwegischer Mathematiker, 1802–1829) für $\ln r$ als Funktion von η. Zur Lösung[1] wählen wir ein $\hat{\eta} \le \mathsf{p}$, multiplizieren die Gleichung (4.31) mit $\mathrm{d}\mathsf{p}/\sqrt{\mathsf{p}^2-\hat{\eta}^2}$ und integrieren von $\hat{\eta}$ bis $\eta_{\mathsf{R_E}}$:

$$\int\limits_{\hat{\eta}}^{\eta_{\mathsf{R_E}}} \frac{\Theta(\mathsf{p})\,\mathrm{d}\mathsf{p}}{\sqrt{\mathsf{p}^2-\hat{\eta}^2}} = \int\limits_{\hat{\eta}}^{\eta_{\mathsf{R_E}}} \frac{2\mathsf{p}\,\mathrm{d}\mathsf{p}}{\sqrt{\mathsf{p}^2-\hat{\eta}^2}} \int\limits_{\mathsf{p}}^{\eta_{\mathsf{R_E}}} \frac{\mathrm{d}}{\mathrm{d}\eta}(\ln r)\,\frac{\mathrm{d}\eta}{\sqrt{\eta^2-\mathsf{p}^2}}\,. \tag{4.32}$$

Auf der rechten Seite von Gleichung (4.32) vertauschen wir die Reihenfolge der Integrationen und verändern die Grenzen, so daß über den gleichen $(\mathsf{p}-\eta)$-Bereich integriert wird *(Fig. 20)*:

$$\int\limits_{\hat{\eta}}^{\eta_{\mathsf{R_E}}} \frac{\mathrm{d}}{\mathrm{d}\eta}(\ln r)\,\mathrm{d}\eta \int\limits_{\hat{\eta}}^{\eta} \frac{2\mathsf{p}\,\mathrm{d}\mathsf{p}}{\sqrt{(\mathsf{p}^2-\hat{\eta}^2)(\eta^2-\mathsf{p}^2)}} = \int\limits_{\hat{\eta}}^{\eta_{\mathsf{R_E}}} \frac{\mathrm{d}}{\mathrm{d}\eta}(\ln r)\,\mathrm{d}\eta\cdot 2\left[\operatorname{arctg}\sqrt{\frac{\mathsf{p}^2-\hat{\eta}^2}{\eta^2-\mathsf{p}^2}}\right]_{\hat{\eta}}^{\eta}$$

$$= \pi \ln \frac{\mathsf{R_E}}{\hat{r}}\,.$$

[1] Die hier gegebene Lösung ist einfacher als die klassische von Herglotz. Sie ist entnommen aus JE (Literaturverzeichnis Kap. 29), 43–45. Nach Jeffreys stammt diese Lösung von G. Rasch.

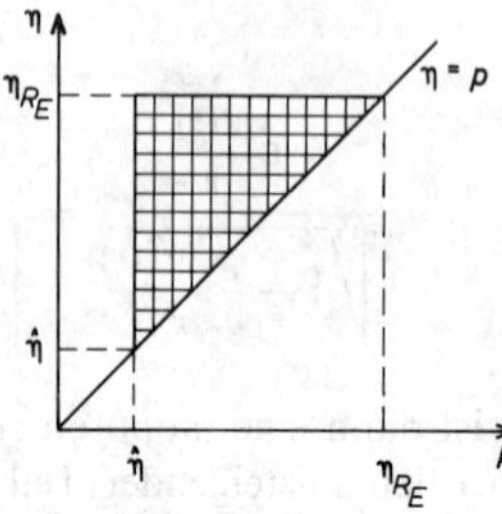

Fig. 20 Zur Vertauschung der Integrationsreihenfolge η und p. Integriert wird über das karierte Gebiet.

Auf der linken Seite der Gleichung (4.32) steht ein uneigentliches Integral. Von WIECHERT stammt die folgende Umformung: Man integriert partiell und erhält

$$\underbrace{\left[\Theta(\mathrm{p})\cdot \operatorname{ar\,cosh}\left(\frac{\mathrm{p}}{\hat\eta}\right)\right]_{\hat\eta}^{\eta_{R_E}}}_{=0} - \int\limits_{\hat\eta}^{\eta_{R_E}} \frac{\mathrm{d}\Theta(\mathrm{p})}{\mathrm{d}\mathrm{p}} \operatorname{ar\,cosh}\left(\frac{\mathrm{p}}{\hat\eta}\right)\mathrm{d}\mathrm{p} = -\int\limits_{\hat\Theta}^{0} \operatorname{ar\,cosh}\left(\frac{\mathrm{p}}{\hat\eta}\right)\mathrm{d}\Theta\,.$$

Das erste Glied links wird Null, da an der oberen Grenze der erste und an der unteren der zweite Faktor verschwindet. Man erhält also

$$\ln\frac{\mathrm{R_E}}{\hat r} = \frac{1}{\pi}\int\limits_0^{\hat\Theta} \operatorname{ar\,cosh}\left(\frac{\mathrm{p}}{\hat\eta}\right)\mathrm{d}\Theta = \frac{1}{\pi}\int\limits_0^{\hat\Theta} \operatorname{ar\,cosh}\left(\frac{\mathrm{d}T/\mathrm{d}\Theta}{[\mathrm{d}T/\mathrm{d}\Theta]_{\Theta=\hat\Theta}}\right)\mathrm{d}\Theta\,. \qquad (4.33)$$

Aus der Gleichung (4.33) kann man den Scheitelabstand $\hat r$ zu jeder Herdentfernung $\hat\Theta$ durch Integration ermitteln. Aus den Gleichungen (4.29) und (4.30) findet man dann die zugehörigen Geschwindigkeiten im Scheitelpunkt (wobei man wieder r_0 statt $\hat r$ und Θ statt $\hat\Theta$ setzen muß). Damit ist die gestellte Aufgabe gelöst, $v(r)$ aus den beobachteten Laufzeitkurven $T(\Theta)$ zu berechnen.

Die *Fig. 21* zeigt die berechnete Geschwindigkeit der Longitudinal- und Transversalwellen als Funktion der Tiefe nach den Auswertungen von GUTENBERG und JEFFREYS. Auf die Unterschiede zwischen beiden Auswertungen wird in Kap. 4g noch näher eingegangen. Hier soll zunächst der generelle Verlauf beschrieben werden: Die Erdkruste macht sich bei der Fortpflanzung der Erdbebenwellen von Fernbeben kaum bemerkbar. Im Mantel steigt die Geschwindigkeit der *longitudinalen* Wellen mit veränderlichem Anstieg von ungefähr 8 auf 13,6 km/sec an.

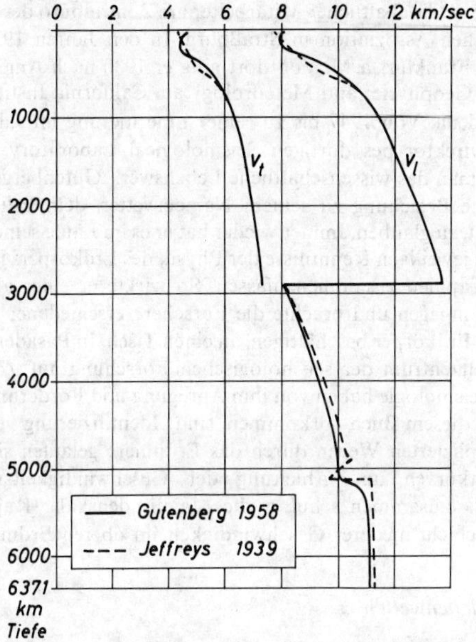

Fig. 21 Fortpflanzungsgeschwindigkeiten der longitudinalen (v_l) und transversalen (v_t) Erdbebenwellen im Erdinnern. Grenze des äußeren Erdkerns in 2900 km und des inneren Erdkerns in 5120 km Tiefe. Erdmittelpunkt bei 6371 km.

An der Kerngrenze fällt sie abrupt fast bis auf den Wert an der Oberkante des Mantels, um im Kerninneren erneut anzusteigen. An der Grenze des inneren Kerns findet eine zweite sprunghafte Änderung statt, diesmal aber zu höheren Werten. Im Erdmittelpunkt beträgt die Geschwindigkeit 11,3 km/sec.

Die Geschwindigkeit der *transversalen* Wellen variiert im Mantel etwa proportional zu v_l, wobei das Verhältnis zwischen beiden in der Nähe des Poissonschen Wertes $1/\sqrt{3}$ liegt. Durch den Kern, zumindest durch den äußeren, laufen keine Transversalwellen. In diesem Sinne verhält er sich wie eine Flüssigkeit. Möglicherweise gibt es im inneren Kern wieder Transversalwellen (siehe Kap. 10c), der Beobachtungsbefund ist aber sehr unsicher.

BENO GUTENBERG, geb. 1889 in Darmstadt, promovierte 1911 bei WIECHERT mit einer Arbeit über „Die Seismische Bodenunruhe“. Noch in Göttingen bestimmte er 1913 erstmalig den korrekten Wert für die Tiefe des Erdkerns. Er wurde dann wissenschaftlicher Mitarbeiter am Zentralbüro der Internationalen Seismologischen Assoziation in Straßburg. In den Jahren 1926–1930 war er Professor in Frankfurt a. M. Von dort ging er 1930 nach Amerika und wurde Professor of Geophysics and Meteorology am California Institute of Technology in Pasadena. Von 1947 bis zu seiner Emeritierung im Jahre 1957 war er außerdem Direktor des dortigen Seismological Laboratory. Er starb 1960. Überschaut man das wissenschaftliche Lebenswerk Gutenbergs, so ist man geneigt, an eine Beziehung zu seinem Namensvetter, dem Erfinder der Buchdruckerkunst, zu glauben. Immer wieder hat er es im Laufe seines Lebens unternommen, die jeweiligen Kenntnisse der Physik des Erdkörpers in Handbüchern und Monographien zusammenzufassen. So wirkte er einer allzu engen Spezialisierung entgegen und brachte die Forscher verschiedener Disziplinen, die sich mit dem Erdkörper beschäftigen, an einen Tisch. In Pasadena baute Gutenberg ein Weltzentrum der seismologischen Forschung auf. Alle Forschungszweige der Seismologie haben von ihm Anregung und Förderung erfahren. Beispiele, die in diesem Buch vorkommen, sind: Identifizierung von Raumwellen, die auf komplizierten Wegen durch das Erdinnere gelaufen sind, Aufstellung der Laufzeitkurven und Ableitung der Geschwindigkeitsverteilung. Mit C.F. Richter zusammen schuf er die Magnitudenskala (Kap. 4a) und entdeckte die Schicht niederer Geschwindigkeit im oberen Erdmantel (Kap. 4g).

4g) *Oberflächenwellen*

Die Beobachtung seismischer Raumwellen kann Aufschluß über oberflächennahe Schichten des Erdkörpers bringen, allerdings nur für Gebiete, in denen Erdbeben und seismische Beobachtungsstationen dicht beieinander liegen. Sind beide weit voneinander getrennt, so verläuft der Strahlweg überwiegend durch das Erdinnere. Hier greift die Beobachtung der Oberflächenwellen ergänzend ein. Oberflächenwellen treten in fast allen Seismogrammen deutlich in Erscheinung (vgl. Fig. 17). Diese Wellen werden entlang der Erdoberfläche geführt und dabei je nach Wellenlänge von mehr oder weniger tiefen Schichten unter der Erdoberfläche beeinflußt. Auch noch in anderer Hinsicht ergänzt das Studium der Oberflächenwellen die Untersuchung von Raumwellen und ihrer Laufzeiten: Eingelagerte *Schichten mit geringer Geschwindigkeit* sind in der Laufzeitseismik nur schwer auszumachen, sie können unbemerkt bleiben und ein falsches Bild der darunter liegenden Schichten vortäuschen. Bei der Ausbreitung der Oberflächenwellen dagegen machen sie sich deutlich bemerkbar.

Oberflächenwellen sind Spezialfälle von Grenzflächenwellen, wie sie an einer freien Oberfläche und an Grenzflächen unterschiedlicher elastischer Medien auftreten können. Sie breiten sich längs dieser Flächen aus. Außerhalb der führenden Fläche geht die Amplitude rasch gegen Null. Da sich die Energie der geführten Wellen auf nur zwei Dimensionen verteilt, nimmt sie mit der Herdentfernung viel langsamer ab als die der Raumwellen. Am bekanntesten sind zwei Arten von Oberflächenwellen: die Rayleigh-Wellen und die Love-Wellen, benannt nach den englischen Physikern LORD RAYLEIGH (1842–1919) und A. E. H. LOVE (1863–1940).

Die *Rayleigh-Wellen* ähneln in ihrer Erscheinung den Meereswellen. Die Bewegung erfolgt hauptsächlich in der Vertikalen, also quer zur Ausbreitungsrichtung der Welle. Es handelt sich aber weder um reine Transversal- ($\operatorname{div} \mathbf{s} = 0$) noch um reine Longitudinalwellen ($\operatorname{rot} \mathbf{s} = 0$). Die Bodenteilchen beschreiben elliptische Bahnen in der Vertikalebene durch die Fortpflanzungsrichtung. Die Geschwindigkeit v_R ist kleiner als die der Transversalwellen. Laufen die Wellen über einen homogenen Poissonschen Halbraum, so gilt

$$v_R^2 = (2 - 2/\sqrt{3})\, v_t^2, \quad \text{also} \quad v_R = 0{,}9194\, v_t.$$

Love-Wellen sind Oberflächenscherungswellen ($\operatorname{div} \mathbf{s} = 0$), bei denen die Bodenteilchen horizontale Schwingungen senkrecht zur Ausbreitungsrichtung ausführen (mit Amplitudenabnahme nach unten). Love-Wellen können nur auftreten, wenn die Geschwindigkeit v_t der transversalen Wellen im Inneren des elastischen Mediums größer ist als an seiner Oberfläche. Die Fortpflanzungsgeschwindigkeit der Love-Wellen ist dann gleich einem Zwischenwert aus dem v_t-Intervall. Diese Wellen entdeckte Love 1911 bei seiner Bemühung, die in den Seismogrammen aufgezeichneten Schwingungen zu erklären. In der Folgezeit wurden noch andere Typen geführter Wellen beobachtet und identifiziert. Sie können bei speziellen Anordnungen der wellenleitenden Schichten auftreten.

Die Geschwindigkeiten der Oberflächenwellen weichen also von der Geschwindigkeit der Raumwellen im darunter liegenden Medium ab. Die Raumwellengeschwindigkeiten v_l und v_t sollen aber (als Parameter) zur Beschreibung der elastischen Eigenschaften des Mediums benutzt werden. Im allgemeinen nehmen v_l und v_t nach unten zu. Da die Oberflächenwellen mit großer Wellenlänge einen größeren Tiefenbereich erfassen als die kürzeren Wellen (effektive Eindringtiefe etwa $\frac{1}{3}$ Wellenlänge), ist ihre Fortpflanzungsgeschwindigkeit größer als die der kurzen Wellen. Die Abhängigkeit der Wellengeschwindigkeit von der Wellenlänge nennt man *Dispersion*. Man spricht von normaler Dispersion, wenn die Geschwindigkeit mit der Wellenlänge zunimmt, im umgekehrten Fall von anomaler Dispersion. Die Oberflächenwellen zeigen normale Dispersion, wenn v_t nach unten zunimmt.

Beim Auftreten von Dispersion muß man (wie auch bei der Wellenausbreitung in anisotropen Medien) zwischen der *Phasengeschwindigkeit* $v(\lambda)$ und der *Gruppengeschwindigkeit* $v_G(\lambda)$ unterscheiden. Mit der Phasengeschwindigkeit breiten sich Flächen gleicher Phase aus. In der Natur treten aber nie monochromatische Wellen, sondern Gemische aus Wellen verschiedener Wellenlängen auf. Zur Behandlung solcher Vorgänge faßt man Wellen benachbarter Wellenlängen zu Gruppen zusammen. Diese breiten sich mit der Gruppengeschwindigkeit $v_G(\lambda)$ aus. Nach Gleichung (4.4) gilt für die Phasengeschwindigkeit

$$v = \frac{\omega}{k}.$$

Analog erhält man für die Gruppengeschwindigkeit

$$v_G = \frac{\mathrm{d}\omega}{\mathrm{d}k} = \frac{\mathrm{d}}{\mathrm{d}k}(k\,v) = v + k\,\frac{\mathrm{d}v}{\mathrm{d}k} = v - \lambda\,\frac{\mathrm{d}v}{\mathrm{d}\lambda}. \tag{4.34}$$

Bei normaler Dispersion ist $\mathrm{d}v/\mathrm{d}\lambda$ positiv, also $v_G < v$. Da ein begrenzter Wellenzug insgesamt mit der Geschwindigkeit v_G wandert, entstehen einzelne Kämme am Ende des Zuges, überholen den ganzen Zug und verschwinden am Anfang. Auch darin ähneln die Oberflächenwellen den Meereswellen.

Die Information, die die Oberflächenwellen über den von ihnen überquerten Untergrund bringen, ist in der *Dispersionskurve* enthalten. Diese kann man bei bekannter Herdzeit und Herdentfernung aus dem Seismogramm ableiten. Die *Fig. 22* für Rayleigh-Wellen zeigt je ein typisches Beispiel für Wellen, die über ozeanischen und kontinentalen Untergrund gelaufen sind. Für große Perioden (und Wellenlängen) fallen die Dispersionskurven zusammen, weil die Unterschiede zwischen Ozean und Kontinent nicht bis in den unteren Mantel oder gar den Kern hinabreichen. Bei einer Periode von 75 sec gabeln sich die Kurven: Die Kurve für den Meeresboden verharrt etwa bis 15 sec auf Werten, wie sie für den Mantel typisch sind, dann fällt sie abrupt ab. Dies deutet darauf hin, daß das Mantelmaterial unter den Ozeanen höher heraufreicht als unter den Kontinenten. Der Abfall wird durch die unverfestigten Sedimentschichten am Meeresboden und durch das Wasser bewirkt. Die Kurve für die Kontinente fällt gleich unterhalb 75 sec ab, bleibt dann aber bis zu kurzen Perioden auf einer mittleren Höhe. Hierfür sind die Gesteine der Erdkruste verantwortlich, die unter den Kontinenten tiefer hinabreichen. Die Grenze zwischen Kruste und Mantel, die *Mohorovičić-*

Diskontinuität (vgl. Kap. 1) liegt unter dem Boden der Ozeane in einer Tiefe von 6–7 km und unter den Kontinenten dagegen in 30–40 km Tiefe (siehe Kap. 12b).

Die Rechnungen in Kap. 4f ergänzend kann man durch Auswertung der Dispersionskurve jetzt auch den Verlauf von v_t mit der Tiefe in Kruste und Oberem Mantel genauer bestimmen. Allerdings gibt es kein

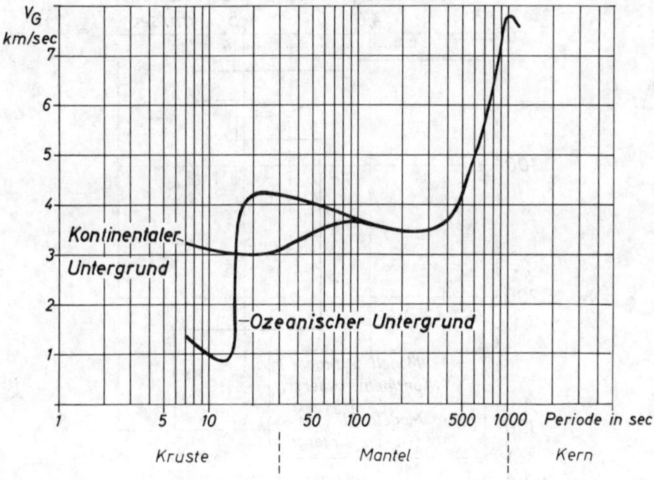

Fig. 22 Typische Dispersionskurven für Rayleigh-Wellen, die über ozeanischen und kontinentalen Untergrund gelaufen sind. v_G ist die Gruppengeschwindigkeit. Die Aufteilung in die Einflußbereiche: *Kruste, Mantel, Kern* unter der Abszissenteilung entspricht der mit der Wellenlänge zunehmenden Eindringtiefe. Die Grenzen der Einflußbereiche sind fließend.

Verfahren, das es analog zum Wiechert-Herglotz-Verfahren gestattete, v_t direkt zu berechnen. Daher geht man hier – wie bei vielen entsprechenden Problemen der Geophysik – einen indirekten Weg: Man berechnet physikalische *Modelle*, die gewisse Modellparameter enthalten, und ändert die Modellparameter so lange, bis die berechneten Ergebnisse mit den Beobachtungen übereinstimmen. Dann darf man annehmen, daß das (gerechnete) Modell den natürlichen Verhältnissen entspricht. In unserem Fall besteht das Modell aus einem geschichteten Untergrund, wie er z.B. in Fig. 23 dargestellt ist. Modellparameter sind die v_t-Werte der einzelnen Schichten. Diese werden so lange verändert, bis die berechnete und die beobachtete Dispersionskurve übereinstimmen.

Die *Fig. 23* zeigt Modellkurven, die als Ergebnis einer solchen Anpassung gewonnen wurden. Die hohen Mantelgeschwindigkeiten reichen bei der Modellkurve für den Meeresboden bis dicht unter die Oberfläche. Ein anderes wichtiges Ergebnis war die Notwendigkeit, in beide Modellkurven je eine Schicht geringerer Geschwindigkeit zwischen 70 und 160 km Tiefe einzuführen. Eine solche Schicht war bereits 1926 von

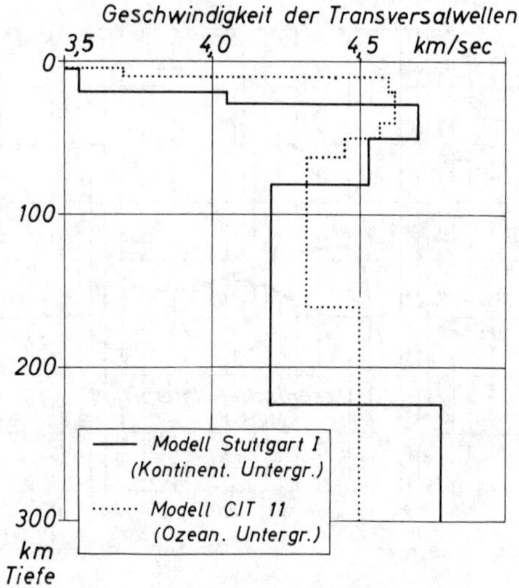

Fig. 23 Modellkurven der Transversalwellengeschwindigkeit in Kruste und Oberem Erdmantel zur Erklärung der beobachteten Dispersion von Rayleigh-Wellen. *Modell Stuttgart I* nach G. SCHNEIDER, ST. MÜLLER und L. KNOPOFF, Z. Geophys. **32** (1966) 33–57. *Modell CIT 11* nach D. L. ANDERSON und M. N. TOKSÖZ, J. Geophys. Res. **68** (1963), 3483–3500. Beide Modelle enthalten eine Schicht verminderter Transversalwellengeschwindigkeit im Oberen Erdmantel.

GUTENBERG zur Erklärung der Amplitudenverteilung von Raumwellen gefordert worden. Im Gegensatz zu den Laufzeiten hängen nämlich die Amplituden der Raumwellen auch bei Fernbeben sehr stark von den oberflächennahen Schichten ab, da Fokussierungs- und Defokussierungseffekte auftreten. Die Gutenbergsche Hypothese wurde durch Auswertung der Dispersionskurven von Oberflächenwellen stark gestützt. Man nennt diese Schicht niedriger seismischer Geschwindigkeit jetzt gewöhnlich *Gutenberg-Schicht*.

Die Oberflächenwellen erlauben es auch, Aussagen über den *Herdmechanismus* (vgl. Kap. 4a) zu gewinnen. Zwar wird der von dem Bruch erzeugte seismische Impuls wegen der Dispersion zeitlich auseinander gezogen, wenn man aber die Eigenschaften des Untergrundes kennt, so kann man durch Rechnung den ganzen Dispersionsprozeß wieder rückgängig machen und den Ausgangsimpuls und daraus Bruchrichtung und Bruchgeschwindigkeit ermitteln. Gegen die Herdlösung aus Beobachtungen von Raumwellen hat man den Vorteil, mit weniger komplizierten Wellenbahnen rechnen zu können.

Dieser gleiche Vorteil gestattet auch eine andere Anwendung der Oberflächenwellen: Will man für Raumwellen den Energieverlust durch *innere Reibung* im Material (unelastisches Verhalten, siehe Kap. 12c) berechnen, so muß man die Absorptionsverluste von der Energieverminderung im Verlauf der komplizierten geometrischen Ausbreitung trennen. Dazu müßte man die Strahlausbreitung einschließlich aller Fokussierungs- und Defokussierungseffekte sehr genau kennen. Bei den Oberflächenwellen ist die Geometrie wesentlich einfacher. Da es Wellengruppen gibt, die die Erde mehrfach umkreisen, kann man sogar durch einfache Differenzenbildung die schwer zu erfassende Anfangsverteilung der Energie eliminieren.

Die innere Reibung ist eine weitere kennzeichnende Eigenschaft für das Material des Untergrundes. Man verwendet den aus der Technik bekannten *Q-Faktor* oder Qualitätsfaktor[1]. Damit bezeichnet man das mit 2π multiplizierte Verhältnis der Gesamtenergie zum mittleren Energieverlust beim Fortschreiten der Welle um eine Wellenlänge. Wenn es gelingt, Q als Funktion der Tiefe zu ermitteln, so erhält man daraus wesentliche Aufschlüsse über das Untergrundmaterial und seine Zustandsgrößen.

Ausgewählte Literatur zur Seismologie

D. NIDDRIE: Wenn die Erde bebt. München 1963. Auch als Taschenbuch erschienen in der Fischer-Bücherei **747** (1966).

Beschreibung von zehn historischen Erdbeben mit zahlreichen Augenzeugenberichten.

K. JUNG: Kleine Erdbebenkunde. Berlin-Göttingen-Heidelberg 1953.

Kurze, allgemeinverständliche Darstellung des Gesamtgebietes.

C. F. RICHTER: Elementary Seismology. San Francisco 1958.

Ausführliche Darstellung, die mit einem Minimum an mathematischen Kenntnissen auskommt.

[1] Vgl. LÜSCHER: Experimentalphysik I. B.I.-Hochschultaschenbücher **114.** Mannheim 1967, 280 und 286.

K. E. BULLEN: An Introduction to the Theory of Seismology. 3. Aufl. Cambridge 1963.

Lehrbuchmäßige Darstellung des Gesamtgebietes einschließlich: Elastizitätstheorie, Theorie der Seismographen und Physik des Erdkörpers.

E. HARDTWIG: Theorien zur mikroseismischen Bodenunruhe. Leipzig 1962.

Monographie über ein wichtiges, in dieser Einführung aus Platzgründen fehlendes Teilgebiet.

5. *Eigenschwingungen des Erdkörpers*

5a) *Historisches*

Die Eigenschwingungen des Erdkörpers gehören wie der Planet Neptun, das chemische Element Germanium und die elektromagnetischen Wellen zu den besonders geistreichen Entdeckungen, die theoretisch vorhergesagt wurden, ehe sie beobachtet werden konnten. POISSON diskutierte bereits 1829 die Eigenschwingungen einer elastischen Kugel. Englische Physiker arbeiteten in der Folgezeit an diesem Problem, und 1911 schätzte A. E. H. LOVE die längste Eigenperiode (vom Schwingungstyp ${}_0S_2$, siehe unten) einer homogenen Kugel mit der gleichen Masse und Ausdehnung wie der Erde und dem Schubmodul von Stahl zu 60 Minuten ab. Es mußten aber noch 50 Jahre vergehen, ehe die Eigenschwingungen der Erde beobachtet und sicher identifiziert werden konnten.

Notwendig war vor allem die Entwicklung von *Seismographen*, die auch für Perioden zwischen 0,5 und 60 Minuten noch genügend empfindlich waren. Dieser Periodenbereich geht noch über den der Oberflächenwellen hinaus. Es müssen horizontale und vertikale Verschiebungen gemessen werden. Zur Aufzeichnung der vertikalen Verschiebungen bei Eigenschwingungen der Erde eignen sich auch Registriergravimeter, also Instrumente, die eigentlich zur Messung der Schwerebeschleunigung (Kap. 6c) gebaut worden sind. Es genügt aber noch nicht, geeignete Registrierinstrumente zur Verfügung zu haben, man muß auch ein Auswerteverfahren kennen, mit dem man die verschiedenen Formen der freien Schwingungen (engl. modes) voneinander und von dem unvermeidlichen Störpegel trennen kann. Das geeignete Hilfsmittel hierzu ist die auf Arbeiten von NORBERT WIENER (1894–1964) zurückgehende *Statistische Frequenzanalyse*. Sie wurde im und nach dem zweiten Weltkrieg zunächst für militärische und nachrichtentechnische Zwecke eingesetzt. Eingang in die Geophysik fand sie im

Jahre 1949. In Kap. 5c werden die wichtigsten Begriffe der Statistischen Frequenzanalyse skizziert. Außer beim Studium der Eigenschwingungen der Erde wurde sie mit großem Erfolg in vielen anderen geophysikalischen Disziplinen angewandt. Auch die *Theorie* der Eigenschwingungen der Erde bedurfte noch vieler Verbesserungen. Zur Ausnutzung der Beobachtungen wurde wieder, wie wir es schon bei den Oberflächenwellen gesehen hatten, die Methode der Berechnung physikalisch-mathematischer Modelle mit anzupassenden Parametern gewählt. Das von Love berechnete Modell war zu simpel. Realistischere Modelle, die den aus der Seismologie gewonnenen Erkenntnissen über den Aufbau des Erdkörpers entsprachen, erforderten jedoch einen sehr hohen Rechenaufwand. Solche Modelle konnten daher erst nach Einführung von Großrechenanlagen durchgerechnet werden. Als längste Periode für die Schwingung eines realistischen Erdmodells ergab sich ein Wert von rund 54 Minuten.

Ende der fünfziger Jahre war alles so weit: Langperiodische Seismographen waren in Betrieb, geeignete Auswerteverfahren standen bereit, und realistische Vergleichsmodelle waren berechnet. Es fehlte nur noch ein Ereignis, das die Erde zu freien Schwingungen – zum Klingen, wie man bei einer Glocke sagen würde – anregte. Dies geschah beim Erdbeben in *Chile* am 22. Mai 1960. Dieses Erdbeben, eines der stärksten seit Beginn der offiziellen seismischen Überwachung Ende des vorigen Jahrhunderts (Magnitude 8), ist vor allem durch die vom Beben ausgelöste Meereswoge *(Tsunami)* bekannt geworden, die auf Hawaii und in Orten und Häfen rund um den Pazifischen Ozean furchtbare Zerstörungen anrichtete[1]. Durch das Chile-Beben wurde die Erde zu freien Schwingungen angeregt, die mehr als 10 Tage lang anhielten und an einer Reihe von Stationen (in Deutschland in Tiefenort bei Bad Salzungen) registriert wurden.

Der Geophysiker ist bei seiner Arbeit auf die Beobachtung solcher Größtversuche, die die Natur ausführt, angewiesen. So gibt es eine Reihe von Daten, die für den Geophysiker – und vermutlich auch allgemein – viel mehr bedeuten als Daten menschlicher Geschichte:

23.–26. August 1883	Ausbruch des Krakatau
30. Juni 1908	Sibirischer Meteor
23. Februar 1956	Ausbruch solarer Kosmischer Strahlung.

Mitunter müssen Geophysiker lange auf solche Ereignisse warten. Die zweite Beobachtung von Eigenschwingungen der Erde nach dem Chile-Beben gelang erst beim *Alaska*-Beben vom 28. März 1964.

[1] Eine Beschreibung dieser Vorgänge findet man in dem am Schluß des Kap. 4 zitierten Buch von D. Niddrie.

5b) *Theorie. Erste Begegnung mit den Kugelfunktionen*

Ein schwingungsfähiges System kann von einer periodisch variierenden Kraft zu Schwingungen angeregt werden. Die Periode der Schwingung wird dabei durch die Periode der erregenden Kraft vorgegeben. Solche Schwingungen nennt man *erzwungene*. Das großartigste Beispiel erzwungener Schwingungen in der Geophysik sind die Gezeiten (Kap. 7). *Freie* Schwingungen können durch eine unperiodische Kraft, etwa einen einmaligen Stoß, angeregt werden. Die auftretenden Perioden werden nicht von außen vorgegeben, sie sind vielmehr Charakteristika des schwingenden Systems selbst. Es sind die *Eigenperioden*. Mathematisch ist der Unterschied zwischen erzwungenen und freien Schwingungen prägnant: Die erzwungenen Schwingungen genügen einer inhomogenen und die freien einer homogenen Differentialgleichung oder einem entsprechenden System von Differentialgleichungen. Die Lösung der homogenen Gleichungen für die freien Schwingungen erfordert die Lösung eines Eigenwertproblems. Die Eigenwerte liefern die Eigenperioden und die Eigenlösungen die Form der dazugehörigen Eigenschwingungen.

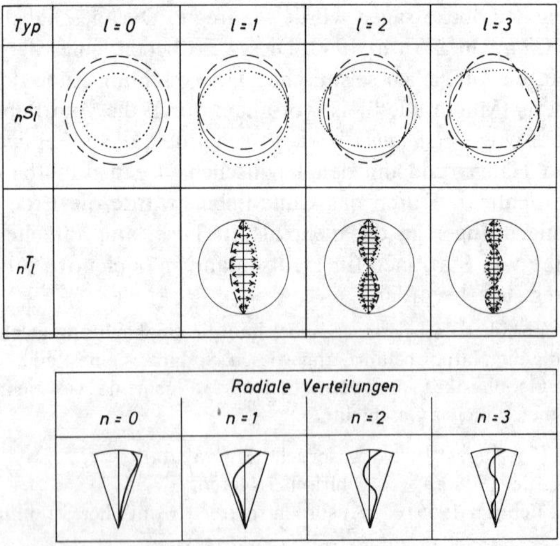

Fig. 24 Sphäroidale (S) und torsionale (T) Eigenschwingungen einer elastischen Kugel, *oben* in Seitenansicht, *unten* im Äquatorschnitt. Angeregt werden normalerweise Schwingungen erst ab $l=2$. ${}_nS_2$ wird in der amerikanischen Literatur "football-mode" genannt. Das amerikanische football-Spiel, eine Art Rugby, wird mit einem eiförmigen Lederball (mit Händen und Füßen) gespielt. (Unserm Fußballspiel entspricht in etwa das amerikanische "soccer".)

Der Erdkörper ist ein schwingungsfähiges Gebilde mit einem elastischen Verhalten, das durch v_l, v_t und ρ als Funktion des Abstandes r vom Erdmittelpunkt beschrieben werden kann. Bei der Berechnung der Eigenperioden und Eigenschwingungen muß man außer den elastischen Kräften auch die Schwerkraft berücksichtigen. Dabei wird natürlich in Rechnung gestellt, daß auch die Schwerebeschleunigung g von r abhängt (siehe Kap. 6a und 12a). g ist darüber hinaus aber auch zeitlich variabel, da sich im Verlauf der Schwingung die Massenverteilung und mit ihr die Anziehung auf jedes Massenelement ändert. Die Rechnungen haben ergeben, daß dieser Effekt der *Selbstanziehung* der verschobenen Massen destabilisierend wirkt.

Es ergeben sich zwei Schwingungstypen: *sphäroidale* und *torsionale*; sie sind in *Fig. 24* veranschaulicht. Bei sphäroidalen Schwingungen (mit S bezeichnet) beobachtet man Deformationen der Kugeloberfläche, während die torsionalen (T) lediglich aus Verdrehungen der Kugelfläche in sich bestehen. Bei beiden Typen sind die einzelnen Schwingungen mit Indizes l und n gekennzeichnet: ${}_{\mathrm{n}}S_{\mathrm{l}}$ und ${}_{\mathrm{n}}T_{\mathrm{l}}$ (ähnlich den Quantenzahlen in der Atomphysik). ${}_{\mathrm{n}}S_{\mathrm{l}}$ hat l und ${}_{\mathrm{n}}T_{\mathrm{l}}$ $(\mathrm{l}-1)$ Breitenkreise als Knotenlinien. n gibt die Anzahl der Nullstellen in radialer Richtung an (Fig. 24 unten). Man kann die Schwingungen mit $\mathrm{n}=0$ als den Grundton und die mit $\mathrm{n}=1,2,\ldots$ als die Obertöne der Schwingungsform auffassen.

Die bisher betrachteten Schwingungen waren *zonal*, d.h. unabhängig von der geographischen Länge. Zur Erfassung von längenabhängigen Schwingungsformen benutzt man einen dritten Index m und bezeichnet die Eigenschwingungen mit ${}_{\mathrm{n}}S_{\mathrm{l}}^{\mathrm{m}}$ und ${}_{\mathrm{n}}T_{\mathrm{l}}^{\mathrm{m}}$. m wird, wie wir sehen werden, bestimmt durch die Zahl der Meridiane, die Knotenlinien sind. Die zonalen Schwingungen erscheinen in dieser Bezeichnung als Spezialfälle

$$ {}_{\mathrm{n}}S_{\mathrm{l}} = {}_{\mathrm{n}}S_{\mathrm{l}}^{0}, \quad {}_{\mathrm{n}}T_{\mathrm{l}} = {}_{\mathrm{n}}T_{\mathrm{l}}^{0}. $$

Die Eigenperioden der längenabhängigen Schwingungen unterscheiden sich nur wenig von der Periode der zugehörigen zonalen Schwingungen. Es tritt also ähnlich wie bei Spektrallinien eine Feinstruktur-Aufspaltung ein.

Für eine quantitative Beschreibung der Eigenschwingungen benötigen wir eine genauere Kenntnis der *Kugelfunktionen.* Für jeden Geophysiker ist es unerläßlich, mit den Kugelfunktionen gründlich vertraut zu sein. Zwar wird auch ein Physiker heute kaum ohne Kenntnisse über Kugelfunktionen auskommen, dabei genügen aber häufig recht pauschale Vorstellungen. Der Geophysiker dagegen, dessen Arbeitsfeld eine Kugel ist, macht viel konkreteren Gebrauch von diesem Handwerkszeug. Es gibt Teilfelder im Schwere- und Magnetfeld der Erde, Strömungsvorgänge im Meer und in der Atmosphäre sowie elastische Schwingungen des Erdkörpers, die in ihrer geographischen Struktur dem Verlauf einzelner Kugelfunktionsterme folgen. Bei dieser großräumigen „Darstellung" der Kugelfunktionen benötigt man ein Flugzeug, um sich von einer Nullstelle zur anderen zu bewegen.

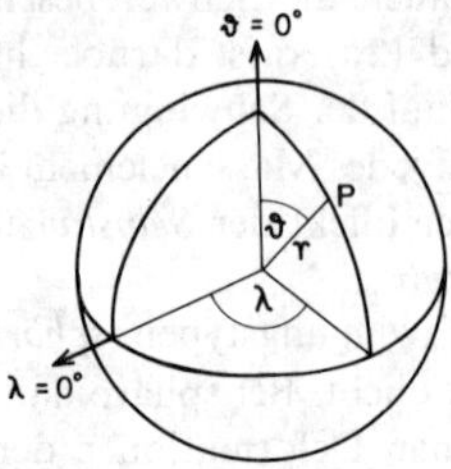

Fig. 25 Kugelkoordinatensystem.

Wir benutzen ein Kugelkoordinatensystem r, ϑ, λ *(Fig. 25)*. Die Achse $\vartheta = 0$ wird häufig mit der Rotationsachse der Erde zusammenfallen, sie kann aber auch anders gewählt werden zur besseren Anpassung an die Problemstellung. Die Kugelfunktionen treten in den Lösungen der Laplaceschen und verwandter Differentialgleichungen auf, wenn diese Gleichungen in r, ϑ, λ notiert sind. Wird zur Lösung der Differentialgleichungen ein *Separationsansatz* für r, ϑ und λ gemacht, so beschreiben die Kugelfunktionen die ϑ-Abhängigkeit. Zur Abkürzung setzen wir

$$\cos\vartheta = \mu .$$

Wenn ϑ seinen Bereich von 0 bis π durchläuft, ändert sich μ zwischen $+1$ und -1.

Die *Legendreschen Polynome* (A. M. LEGENDRE, 1752–1833) oder *zonalen* Kugelfunktionen $P_l(\mu)$ sind Polynome l-ten Grades, die im Intervall $-1 \leq \mu \leq +1$ genau l voneinander verschiedene, reelle Nullstellen haben. Sie entstehen nämlich durch folgende l-malige Differentiation

$$P_l(\mu) = \frac{1}{2^l l!} \frac{d^l}{d\mu^l} (\mu^2 - 1)^l . \tag{5.1}$$

$(\mu^2 - 1)^l$ hat die l-fachen Nullstellen $\mu = +1$ und $\mu = -1$. Die erste Ableitung hat daher je eine $(l-1)$-fache Nullstelle in den Randpunkten und nach dem Satz von ROLLE eine dazwischen. Die zweite Ableitung hat $(l-2)$-fache Nullstellen in den Randpunkten und (wieder nach dem Satz von Rolle) zwei einfache dazwischen, und so hat die l-te Ableitung genau l einfache Nullstellen im Intervall. Die ersten zonalen Kugelfunktionen sind:

$$\left.\begin{aligned} P_0 &= 1, \\ P_1 &= \mu &&= \cos\vartheta, \\ P_2 &= \tfrac{1}{2}(3\mu^2-1) &&= \tfrac{1}{4}(3\cos 2\vartheta+1), \\ P_3 &= \tfrac{1}{2}(5\mu^3-3\mu) &&= \tfrac{1}{8}(5\cos 3\vartheta+3\cos\vartheta). \end{aligned}\right\} \quad (5.2)$$

Die *zugeordneten Kugelfunktionen* $P_l^m(\mu)$ erhält man durch m-malige Differentiation aus den Legendreschen Polynomen:

$$P_l^m(\mu) = p_l^m (1-\mu^2)^{m/2} \frac{d^m}{d\mu^m} P_l(\mu) \quad (5.3)$$

mit

$$p_l^m = \sqrt{2\frac{(l-m)!}{(l+m)!}} \quad (m=1,2,\ldots,l). \quad (5.4)$$

In der Geophysik benutzt man die nach ADOLF SCHMIDT normierten $P_l^m(\mu)$. Diese unterscheiden sich um den Faktor p_l^m (Gleichung 5.4) von den in der Literatur gewöhnlich benutzten (und ebenfalls mit $P_l^m(\mu)$ bezeichneten!). Da $P_l(\mu)$ l unterschiedliche Nullstellen zwischen -1 und $+1$ besitzt, ersieht man aus Gleichung (5.3) unter Benutzung des Satzes von Rolle, daß $P_l^m(\mu)$ im beiderseits offenen Intervall $-1<\mu<+1$ genau $(l-m)$ Nullstellen hat. Die ersten zugeordneten Kugelfunktionen sind:

$$\left.\begin{aligned} P_1^1 &= (1-\mu^2)^{1/2} &&= \sin\vartheta, \\ P_2^1 &= \frac{1}{\sqrt{3}}\,3(1-\mu^2)^{1/2}\mu &&= 0{,}5774\,\tfrac{3}{2}\sin 2\vartheta, \\ P_2^2 &= \frac{1}{\sqrt{12}}\,3(1-\mu^2) &&= 0{,}2887\,\tfrac{3}{2}(1-\cos 2\vartheta), \\ P_3^1 &= \frac{1}{\sqrt{6}}\,\frac{3}{2}(1-\mu^2)^{1/2}(5\mu^2-1) &&= 0{,}4082\,\tfrac{3}{8}(\sin\vartheta+5\sin 3\vartheta), \\ P_3^2 &= \frac{1}{\sqrt{60}}\,15(1-\mu^2)\mu &&= 0{,}1291\,\tfrac{15}{4}\,(\cos\vartheta-\cos 3\vartheta), \\ P_3^3 &= \frac{1}{\sqrt{360}}\,15(1-\mu^2)^{3/2} &&= 0{,}0527\,\tfrac{15}{4}\,(3\sin\vartheta-\sin 3\vartheta). \end{aligned}\right\} \quad (5.5)$$

$P_l^m(\cos\vartheta)$ erscheint gewöhnlich im Produkt mit $\cos(m\lambda)$ und $\sin(m\lambda)$.

Eine Funktion der Form

$$\mathrm{Y}_l^m(\vartheta,\lambda) = (A_l^m \cos(m\lambda) + B_l^m \sin(m\lambda))\,\mathrm{P}_l^m(\cos\vartheta) \tag{5.6}$$

nennt man eine *Kugelflächenfunktion*. Bei den Kugelflächenfunktionen kommen zu den $(l-m)$ Nullstellen oder Knotenlinien in ϑ noch die $2m$ Knotenlinien der trigonometrischen Funktion im Intervall $0 \le \lambda < 2\pi$. Schon aus der Lage der Knotenlinien kann man sich ein anschauliches Bild der Kugelflächenfunktion $\mathrm{Y}_l^m(\vartheta,\lambda)$ auf der Kugel $r = const$ machen.

Kugelflächenfunktionen stehen an wichtiger Stelle der Lösung für die Eigenschwingungen der Erde. So gehören die Indizes l und m der ${}_nS_l^m$ und ${}_nT_l^m$ zu der Kugelflächenfunktion $\mathrm{Y}_l^m(\vartheta,\lambda)$, die das Schwingungsmuster der Erdoberfläche bestimmt. Die Rechnung liefert für die zugehörigen Verschiebungen $\boldsymbol{s} = (s_r, s_\vartheta, s_\lambda)$:

Komponente	${}_nS_l^m$	${}_nT_l^m$
s_r	$U_n(r)\,\mathrm{Y}_l^m(\vartheta,\lambda)$	0
s_ϑ	$V_n(r)\dfrac{\partial}{\partial\vartheta}\mathrm{Y}_l^m(\vartheta,\lambda)$	$W_n(r)\dfrac{1}{\sin\vartheta}\dfrac{\partial}{\partial\lambda}\mathrm{Y}_l^m(\vartheta,\lambda)$
s_λ	$V_n(r)\dfrac{1}{\sin\vartheta}\dfrac{\partial}{\partial\lambda}\mathrm{Y}_l^m(\vartheta,\lambda)$	$-W_n(r)\dfrac{\partial}{\partial\vartheta}\mathrm{Y}_l^m(\vartheta,\lambda)$

Die von r abhängigen Funktionen $U_n(r)$, $V_n(r)$ und $W_n(r)$ werden aus dem Eigenwertproblem bestimmt.

Strenggenommen handelt es sich bei allen Erdbebenwellen um Eigenschwingungen der Erde. Jeder Erdbebenvorgang muß sich folglich auch durch Überlagerung von *S*- und *T*-Schwingungen beschreiben lassen. Da die Herdgebiete nur kleine Teile der Erde bedecken, treten bei den Beben viele Eigenschwingungen mit großen Werten von l, m und n auf. Daher ist diese Bearbeitungsweise recht kompliziert. Die Berechnung nach der Methode der Strahlausbreitung (vgl. Kap. 4d) ist dagegen viel einfacher, liefert aber nur Näherungslösungen.

Der Zusammenhang zwischen den langperiodischen Oberflächenwellen (vgl. Kap. 4g) und interferierenden Eigenschwingungen ist recht deutlich: Die Rayleigh-Wellen entstehen aus den *S*- und die Love-Wellen aus den *T*-Schwingungen.

5c) *Grundbegriffe der Statistischen Frequenzanalyse*

In diesem Abschnitt werden die wichtigsten Formeln der Statistischen Frequenzanalyse zusammengestellt und erläutert. Die Herleitungen und Beweise findet man in der am Schluß des Kapitels angegebenen Literatur.

Für periodische Vorgänge ist die klassische *harmonische Analyse* oder *Fourier-Analyse* ein unentbehrliches Werkzeug des Geophysikers (siehe Kap. 7a und c). Will man – in Analogie dazu – unperiodische Bestandteile, die in vielen geophysikalischen Zeitfunktionen enthalten sind, durch ein *Fourier-Integral* darstellen, so stellen sich Schwierigkeiten ein. Soll nämlich die zu untersuchende Zeitfunktion durch ein Fourier-Integral

$$x(t) = \int_0^\infty C(\omega)\sin(\omega t + \varepsilon(\omega))\,\mathrm{d}\omega \tag{5.7}$$

darstellbar sein, so muß $x(t)$ quadratisch integrierbar sein. Dann muß aber notwendigerweise

$$\lim_{t\to\infty}|x(t)| = \lim_{t\to-\infty}|x(t)| = 0 \tag{5.8}$$

sein.

Denken wir bei $x(t)$ an eine nicht gedämpfte geophysikalische Zeitfunktion, etwa an den Luftdruck an einem Ort oder die Nordkomponente der Bodenverrückung gegen einen Festpunkt, so stört die Bedingung (5.8). $x(t)$ wird nie gegen Null gehen, sondern immer mehr oder weniger regelmäßige Schwankungen ausführen. Modellfunktionen, die (5.8) erfüllen, sind deshalb den geophysikalischen Zeitfunktionen nicht adäquat.

NORBERT WIENER definierte eine allgemeinere Funktionenklasse, die den geophysikalischen Zeitfunktionen auf den Leib geschnitten zu sein scheint. Für diese Funktionen soll statt der quadratischen Integrierbarkeit nur gelten

$$\lim_{T\to\infty}\frac{1}{2T}\int_{-T}^{+T}|x(t)|^2\,\mathrm{d}t < \infty\,. \tag{5.9}$$

D.h. $x(t)$ darf getrost um den Nullpunkt schwanken, nur muß die mittlere quadratische Abweichung von $x=0$ endlich bleiben. Diese Funktionen kann man nach Wiener durch eine *verallgemeinerte harmonische Analyse* (engl. generalized harmonic analysis) darstellen. Zwar existiert keine Spektraldichtefunktion $C(\omega)$ mehr – und somit kein Fourier-Integral –, wohl aber ein *quadratisches Spektrum* $C_{xx}(\omega)$ (engl.

power spectrum[1]), das eine analoge Bedeutung wie $|C(\omega)|^2$ hat. Das quadratische Spektrum berechnet man über die *Kovarianzfunktion*

$$\Phi_{xx}(\tau) = \lim_{T \to \infty} \frac{1}{2T} \int_{-T}^{+T} x(t)\,x(t+\tau)\,\mathrm{d}t. \tag{5.10}$$

Die Kovarianzfunktion spiegelt die inneren Eigenschaften der Zeitfunktion $x(t)$ besonders gut wieder. Sie hat den größten Wert für $\tau = 0$. ($\Phi_{xx}(0)$ gibt die *mittlere quadratische Abweichung* von $x=0$ an.) Mit zunehmender *Retardierung* τ (engl. lag) nimmt die Kovarianz umso schneller ab, je geringer die *Erhaltungsneigung* in $x(t)$ ist. Periodizitäten äußern sich durch einen Wiederanstieg von $\Phi_{xx}(\tau)$, wenn τ sich der Periode nähert. Von daher wird verständlich, daß das quadratische Spektrum $C_{xx}(\omega)$ die *Fourier-Transformierte* von $\Phi_{xx}(\tau)$ ist. Da, wie man leicht zeigen kann, die Kovarianzfunktion eine gerade Funktion der Retardierung τ ist, reduziert sich die Fourier- auf eine Kosinustransformation:

$$C_{xx}(\omega) = \frac{1}{\pi} \int_{0}^{\infty} \Phi_{xx}(\tau) \cos(\omega\tau)\,\mathrm{d}\tau. \tag{5.11}$$

Bei der praktischen Berechnung der Kovarianzfunktion nach Gleichung (5.10) ist man natürlich immer auf ein endliches Beobachtungsintervall beschränkt. Dieses sei

$$-L \leq t \leq +L.$$

Deshalb erhält man für $\Phi_{xx}(\tau)$ auch nur Näherungswerte. Selbstverständlich kann nun auch die Retardierung τ nicht mehr beliebig groß werden. Es muß die Bedingung gelten

$$0 \leq |\tau| < \Lambda < L.$$

Um bei der Rechnung nach Gleichung (5.10) ein hinreichend großes Integrationsintervall zu erhalten, muß man Λ klein gegen L wählen. Den geeigneten Wert Λ/L zu finden, ist eine der Haupaufgaben bei der Statistischen Frequenzanalyse. Je kleiner man den Quotienten macht, desto größer wird die *statistische Sicherheit* der berechneten $C_{xx}(\omega)$, um so kleiner wird aber auch die *Frequenzauflösung*, da die Begrenzung

[1] Bewußt wurde hier nicht die korrekte Übersetzung „Leistungsspektrum" gewählt. Bei den physikalischen Anwendungen handelt es sich nämlich nur selten um Leistungen. Der hier gewählte Ausdruck „quadratisches Spektrum" ist neutral. Auch sonst wurde in diesem Abschnitt versucht, die englischen Ausdrücke durch möglichst treffende deutsche zu ersetzen.

des τ-Intervalls einer Mittelung über benachbarte Frequenzen gleichkommt. Die Größe des Mittelungsintervalls ist dabei etwa $1/\Lambda$. Häufig wird der Wert $\Lambda/L = \frac{1}{10}$ benutzt.

Besonders geeignet ist die Statistische Frequenzanalyse für den Vergleich zweier Beobachtungsfunktionen $x(t)$ und $y(t)$. Man bildet dann die *Kreuzkovarianzfunktion*

$$\Phi_{xy}(\tau) = \lim_{T\to\infty} \frac{1}{2T} \int_{-T}^{+T} x(t)\, y(t+\tau)\, \mathrm{d}t. \tag{5.12}$$

$\Phi_{xy}(\tau)$ ist keine gerade Funktion mehr, deshalb muß man das Integral in (5.12) auch für negative Retardierungen berechnen. Durch eine Fourier-Transformation erhält man das *Kreuzspektrum* mit

$$C_{xy}(\omega) = \frac{1}{2\pi} \int_{-\infty}^{+\infty} \Phi_{xy}(\tau) \cos(\omega\tau)\, \mathrm{d}\tau, \tag{5.13}$$

Wirkspektrum (engl. co-spectrum);

$$S_{xy}(\omega) = \frac{1}{2\pi} \int_{-\infty}^{+\infty} \Phi_{xy}(\tau) \sin(\omega\tau)\, \mathrm{d}\tau, \tag{5.14}$$

Blindspektrum (engl. quadrature spectrum).

Die Ausdrücke Wirk- und Blindspektrum sind der Wechselstromtechnik entlehnt. Sie beschreiben die gleichphasigen und die um 90° phasenverschobenen (in „Quadratur" stehenden, daher der englische Name) Anteile der beiden Beobachtungsreihen. Eine Aussage darüber, ob beide in einem schmalen Frequenzband um ω voneinander abhängig sind oder nicht, erhält man aus der *Kohärenz* (engl. coherency) $H(\omega)$

$$H(\omega) = \sqrt{\frac{C_{xy}^2(\omega) + S_{xy}^2(\omega)}{C_{xx}(\omega) \cdot C_{yy}(\omega)}}. \tag{5.15}$$

Wenn alle in Gleichung (5.15) vorkommenden Größen nach der oben für $C_{xx}(\omega)$ beschriebenen Methode numerisch berechnet werden, ergeben sich für $H(\omega)$ Werte zwischen 0 und 1. $H(\omega)$ ist ein frequenzabhängiger Korrelationskoeffizient (siehe Kap. 22c): $H(\omega)=0$ bedeutet statistische Unabhängigkeit und $H(\omega)=1$ vollständige Abhängigkeit zwischen $x(t)$ und $y(t)$ in einem schmalen Frequenzband um ω. Für abhängige Größen interessiert die *Phasenverschiebung* $\Psi(\omega)$ zwischen x und y:

$$\operatorname{tg}\Psi(\omega) = \frac{S_{xy}(\omega)}{C_{xy}(\omega)}. \tag{5.16}$$

Alle Formeln wurden hier für kontinuierliche Zeitfunktionen (in Analogform) angegeben. Sie lassen sich aber leicht auf Beobachtungen zu diskreten Zeiten (digitalisierte Werte) übertragen. Man muß dazu nur die Integrale durch entsprechende Summen ersetzen.

Wie zu Beginn dieses Abschnittes gesagt, wurden hier nur die wichtigsten Grundbegriffe erläutert. Wenn man die Statistische Frequenzanalyse selbst anwenden will, so muß man unbedingt die maßgebliche Literatur zu Rate ziehen (siehe die Hinweise am Schluß des Kapitels).

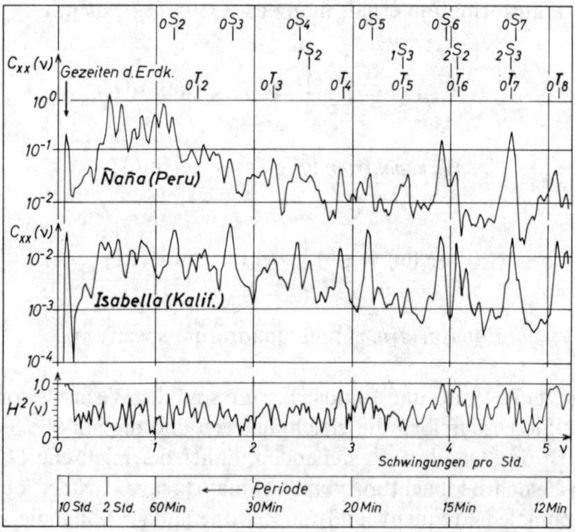

Fig. 26 *Mitte:* Quadratische Spektren C_{xx} langperiodischer Schwingungen der Erde infolge des Chile-Bebens (22. Mai 1960). Die Ordinateneinheiten sind $(\text{inch})^2 \cdot \text{Min} = 10{,}75\,\text{mm}^2 \cdot \text{Std}$. *Oben:* Identifizierung einzelner Spitzen im Spektrum als Eigenschwingungen der Erde. *Unten:* Kohärenz H^2 zwischen den Stationen Ñaña und Isabella (nach H. BENIOFF, F. PRESS und S. SMITH).

5d) *Ergebnisse*

Die *Fig. 26* zeigt die quadratischen Spektren der Bodenbewegungen während der ersten 4,8 Tage nach dem Chile-Beben vom 22. Mai 1960 für je eine Station in Peru und in Kalifornien. Darunter ist die Kohärenz zwischen beiden Beobachtungsreihen aufgetragen. Zu Beginn der Spektren erscheinen sehr große Amplituden, diese gehören zu den Gezeiten des Erdkörpers (siehe Kap. 7d). Weiterhin erkennt man eine

Reihe von Spitzen, die bei beiden Stationen zu gleichen Perioden auftreten: Diese entsprechen den Eigenschwingungen ${}_0S_1$ und ${}_0T_1$. Im allgemeinen, bei höheren l-Werten, ist an diesen Stellen auch die Kohärenz groß.

Die beobachteten Perioden können mit den Eigenperioden berechneter Modelle verglichen werden. Für unsere Kenntnis vom Aufbau des Erdkörpers wichtig ist dabei, daß die *Dichteverteilung* $\rho(r)$ außer über die aus den Beobachtungen der Laufzeitseismik bekannten Verteilungen $v_l(r)$ und $v_t(r)$ noch einmal unabhängig in die Modellrechnungen eingeht. Wie am Schluß von Kap. 4c ausgeführt wurde, liefern die seismischen Beobachtungen einen Parameter zu wenig, um die elastischen Konstanten und die Dichte daraus berechnen zu können. Die Eigenschwingungen der Erde (und für den äußeren Erdbereich auch die Oberflächenwellen) gestatten es daher, theoretisch gewonnene $\rho(r)$-Funktionen (siehe Kap. 12a) zu testen.

Die *Tabelle E* soll einen Einblick in die Übereinstimmung zwischen berechneten und gemessenen Werten vermitteln. Die berechneten Werte beziehen sich dabei auf die Gutenbergsche Geschwindigkeitsverteilung (vgl. Fig. 21). Die Dichtewerte entstammen dem sogenannten *Bullen-A-Modell.* Die beobachteten Perioden wurden durch Mittelung über Registrierungen verschiedener Stationen gewonnen. Die Tabelle gibt nur eine Auswahl der beobachteten Werte. Diese reichen bis ${}_0S_{41}$ (3,40 Min) und ${}_0T_{25}$ (5,10 Min).

Tabelle E: Perioden von Eigenschwingungen der Erde in Min.

l	${}_0S_l$ berechnet	${}_0S_l$ beobachtet	${}_0T_l$ berechnet	${}_0T_l$ beobachtet
2	53,50	53,95	43,61	43,78
3	35,32	35,62	28,23	28,53
4	25,53	25,82	21,62	21,76
5	19,65	19,86	17,84	17,93
6	15,92	16,07	15,36	15,36
7	13,43	13,52	13,57	13,53
8	11,73	11,76	12,22	12,25
9	10,53	10,57	11,15	11,14
10	9,65	9,63	10,28	10,32
11	8,95	8,92	9,55	9,61
12	8,38	8,36	8,93	8,97

In der Sprache der Eigenwerttheorie gehören alle diese Perioden zu (2l+1)-fach entarteten Eigenwerten. Bei einer Reihe von Eigenperioden hat man eine Aufspaltung beobachtet, am deutlichsten bei ${}_0S_2$. Bei der Analyse eines rund 11 Tage umfassenden Beobachtungsintervalls war eine höhere Frequenzauflösung möglich. Dabei fand man die Terme

m[1]	Periode von ${}_0S_2^m$ in Min
−2	?
−1	54,70
0	53,82
+1	53,09
+2	?

Die Aufspaltung der Eigenperiode geschieht unter dem Einfluß der Erdrotation. Der Mechanismus ist analog dem Zeeman-Effekt in der Optik, bei dem das Magnetfeld die Aufspaltung verursacht. Eine Station auf einem der geographischen Pole würde keine Aufspaltung beobachten. Beim Studium der Eigenschwingungen der Erde befindet man sich am Beginn einer *Spektroskopie der Erde.*

Vorsorglich hat man auch schon für Mond, Mars und Venus die Grundperioden zu ${}_0S_2$ abgeschätzt. Sie betragen nach Bolt:

Mond	15 Min.,
Mars	32 Min.,
Venus	51 Min.

Ausführliche Darstellungen der Eigenschwingungen des Erdkörpers

B. A. Bolt: Recent information on the earth's interior form studies of mantle waves and eigenvibrations. Physics and Chemistry of the Earth **5** (1964), 55–119.

F. Press: Long-period waves and free oscillations of the earth. In: RG (Literaturverzeichnis Kap. 29) **2,** 1–26.

Literatur zur Statistischen Frequenzanalyse (Kap. 5c)

Y. W. Lee: Statistical Theory of Communication. New York–London 1960.

Beste Einführung in das Gesamtgebiet.

[1] Man benutzt negative Werte von m in der komplexen Darstellung $P_l^m(\cos\vartheta)\,e^{im\lambda}$. In der reellen Darstellung der trigonometrischen Funktionen in Gleichung (5.6) bleibt m immer positiv. Außer für m = 0 gibt es aber immer ein Cosinus- und ein Sinus-Glied zum gleichen m-Wert.

R. B. BLACKMAN, J. W. TUKEY: The Measurement of Power Spectra. New York 1959.

Unentbehrlich für numerische Rechnungen und wegen der Darstellung der statistischen Gesichtspunkte. Beim Durcharbeiten nicht verzweifeln, es lohnt sich! Leider fehlen noch die Kreuzspektren.

C. W. F. GRANGER, M. HATANKA: Spectral Analysis of Economic Time Series. Princeton 1964.

Auch für geophysikalische Anwendungen brauchbar, sehr auf die Bedürfnisse der Praxis zugeschnittene Darstellung (einschließlich der Kreuzspektren).

E. A. ROBINSON: Multichannel Time Series Analysis with Digital Computer Programs. San Francisco 1967.

Anwendungen vor allem aus der angewandten Geophysik.

6. *Erdfigur, Rotation und Schwerkraft*

6a) *Kugel und Ellipsoid als Erdmodelle*

In erster Näherung kann man die Erde als Kugel ansehen. Die älteste Bestimmung des Erdumfangs durch eine „Gradmessung" schreibt man ERATOSTHENES (ca. 275–214 v. Chr.) zu. Dem Eratosthenes wurde berichtet, in Syene, dem heutigen Assuan, scheine zur Zeit der Sommersonnenwende die Sonne senkrecht in einen Brunnen. Daraufhin maß Eratosthenes die Zenitdistanz der Sonne in Alexandria zur Zeit des höchsten Sonnenstandes und erhielt einen Wert von einem fünfzigstel Kreisumfang. Man glaubte damals, Alexandria und Syene lägen auf dem gleichen Meridian. Ihre Entfernung war bekannt, sie betrug 5000 Stadien. Daraus berechnete Eratosthenes den Erdumfang zu 250000 Stadien. Die Umrechnung der Stadien auf Meter ist unter Altertumsforschern strittig, einige setzen 1 Stadie = 185 m, andere 148,5 m.

Heute gilt als bester Wert für den *Erdradius*

$$\mathsf{R}_\mathsf{E} = 6\,371{,}04\,\mathrm{km}.$$

Gemeint ist hiermit der Radius einer Kugel, die das gleiche Volumen hat wie die Erde.

Zur Berechnung der *Schwerebeschleunigung* einer Kugel im Außen- und Innenraum gehen wir aus von NEWTONS Gravitationsgesetz für die Anziehung, die ein Massenpunkt mit der Masse $\hat{m}$ in $\hat{P}$ auf einen zweiten Massenpunkt m in P ausübt (siehe *Fig. 27*), wenn e die Entfernung zwischen P und $\hat{P}$ ist:

$$K = m b = \gamma \frac{\hat{m} m}{e^2}. \qquad (6.1)$$

Hierin hat die Gravitationskonstante γ den Wert

$$\gamma = 6{,}672 \cdot 10^{-8}\,\mathrm{cm}^3\,\mathrm{gr}^{-1}\,\mathrm{sec}^{-2}.$$

$\boldsymbol{K}$ und $\boldsymbol{b}$ sind Vektoren. Will man die Beschleunigung berechnen, die eine Probemasse m bei Anwesenheit vieler Massenpunkte $\hat{m}_1, \hat{m}_2, \ldots$

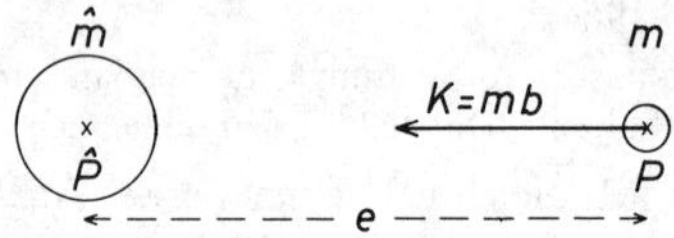

Fig. 27 Anziehung zweier Massenpunkte $\hat{m}$ und m.

erfährt, so muß man alle durch die einzelnen Massenpunkte verursachten Beschleunigungen vektoriell addieren. Diese etwas mühsame Rechnerei kann man sehr vereinfachen, indem man die Beschleunigungen aus einem *Potential* Φ ableitet:

$$\boldsymbol{b} = -\operatorname{grad} \Phi. \tag{6.2}$$

Die Benutzung eines Potentials setzt voraus, daß das Beschleunigungsfeld wirbelfrei ist (rot $\boldsymbol{b} = 0$). Das Potential Φ genügt einer *elliptischen* Differentialgleichung. Im Gegensatz zu den hyperbolischen Differentialgleichungen (vgl. Kap. 4b) sind die Charakteristiken imaginär. Randwertprobleme treten an Stelle der Anfangswertprobleme. Für geophysikalische Anwendungen haben Potentialfelder einen Nachteil: Sie erlauben keine eindeutigen Schlüsse auf ihre Quellen.

Um ein zusammengesetztes Beschleunigungsfeld zu berechnen, braucht man dann nur die Potentialfunktionen skalar zu addieren. Für einen Massenpunkt $\hat{m}$ ist

$$\Phi = -\gamma \frac{\hat{m}}{e}. \tag{6.3}$$

Die Wahl der Vorzeichen in den Gleichungen (6.2) und (6.3) ist in der Geophysik üblich. (Man könnte ja grundsätzlich beide Vorzeichen positiv setzen.) Mit dem so definierten Φ erhält die Potentialdifferenz eine anschauliche Bedeutung: $(\Phi_2 - \Phi_1)$ ist die Arbeit, die man *gegen* das Feld leisten muß, um eine Einheitsmasse vom Punkte 1 zum Punkte 2 zu bewegen (= *potentielle Energie*).

Wir wollen jetzt das Potential im Außenraum einer homogenen Kugel (Dichte $\rho = const.$) mit dem Radius R berechnen. Dazu benutzen wir das Kugelkoordinatensystem der Fig. 25, wobei wir die ϑ-Achse zum Aufpunkt P hin laufen lassen:

$$\Phi(P)=\Phi(r,0,0)=-\gamma\int\frac{\mathrm{d}\hat{m}}{e} \tag{6.4}$$

mit (siehe *Fig. 28a*):

$$\mathrm{d}\hat{m}=\rho\,d\hat{V}=\rho\,\mathrm{d}\hat{r}\cdot\hat{r}\,\mathrm{d}\hat{\vartheta}\cdot\hat{r}\sin\hat{\vartheta}\,\mathrm{d}\hat{\lambda}.$$

So erhält man

$$\Phi(P)=-\gamma\rho\int_0^R\int_0^\pi\int_0^{2\pi}\frac{\hat{r}^2\sin\hat{\vartheta}}{e}\,\mathrm{d}\hat{r}\,\mathrm{d}\hat{\vartheta}\,\mathrm{d}\hat{\lambda}$$

mit

$$e^2=\hat{r}^2+r^2-2\hat{r}r\cos\hat{\vartheta}.$$

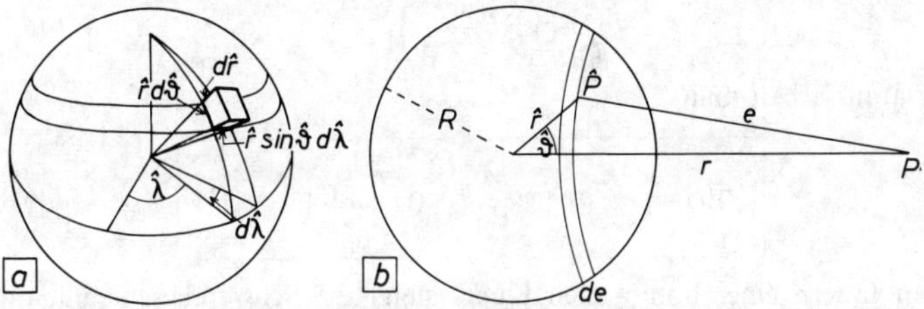

Fig. 28 Berechnung des Schwerepotentials einer Kugel. *a*: Koordinaten und Volumenelement. *b*: Zur Vertauschung der Integrationsvariablen.

Durch einen Kunstgriff kann man sich die Berechnung des Integrals erleichtern: Man verwendet e als Integrationsvariable an Stelle von $\hat{\vartheta}$ *(Fig. 28b)*. Dabei gilt:

$$2e\,\mathrm{d}e=2\hat{r}r\sin\hat{\vartheta}\,\mathrm{d}\hat{\vartheta}.$$

Für $r\geq R$ wird

$$\Phi(P)=-\gamma\frac{2\pi\rho}{r}\int_0^R\hat{r}\left(\int_{r-\hat{r}}^{r+\hat{r}}\mathrm{d}e\right)\mathrm{d}\hat{r}=-\gamma\frac{4\pi\rho R^3}{3r}=-\gamma\frac{M}{r}, \tag{6.5}$$

$M=$ Masse der Kugel.

Außerhalb der Kugel ist das Beschleunigungsfeld also gleich dem eines einzigen Massenpunktes im Zentrum der Kugel. **b** hat nur eine Radialkomponente. Wir wollen die nach innen gerichtete (Vorzeichenwechsel!) Radialkomponente mit g bezeichnen. Dann gilt:

$$\mathrm{g}(r) = \frac{\partial \Phi}{\partial r} = \gamma \frac{M}{r^2} = \mathrm{g_s}\left(\frac{\mathrm{R}}{r}\right)^2 \quad \text{für} \quad r \geq \mathrm{R} \tag{6.6}$$

$\mathrm{g_s}$ ist der Wert von g auf der Kugeloberfläche (von engl. surface). Bevor wir Anwendungen der Gleichung (6.6) betrachten, wollen wir Φ im Innern der Kugel ($r \leq \mathrm{R}$) berechnen. Dazu zerlegen wir die R-Kugel in eine r-Kugel und die Kugelschale zwischen r und R. Für die r-Kugel benutzen wir das Ergebnis der Gleichung (6.5).

$$\Phi(P) = -\gamma\left(\frac{4\pi\rho r^2}{3} + \frac{2\pi\rho}{r}\int_r^{\mathrm{R}} \hat{r}\left(\int_{\hat{r}-r}^{\hat{r}+r} \mathrm{d}e\right)\mathrm{d}\hat{r}\right)$$

$$= -\gamma 2\pi\rho\left(\mathrm{R}^2 - \frac{r^2}{3}\right). \tag{6.7}$$

Daraus erhält man

$$\mathrm{g}(r) = \gamma\frac{4\pi}{3}\rho r = \gamma\frac{M}{\mathrm{R}^3} r = \mathrm{g_s}\frac{r}{\mathrm{R}} \quad \text{für} \quad r \leq \mathrm{R} \tag{6.8}$$

Im Innern einer homogenen Kugel steigt die Schwerebeschleunigung also linear mit r an. Für $r = \mathrm{R}$ ergeben die Formeln (6.6) und (6.8) den gleichen Wert. (Kenner der Potentialtheorie werden bemerken, daß $\mathrm{dg}/\mathrm{d}r$ beim Durchgang durch $r = \mathrm{R}$ um $4\pi\gamma\rho$ springt.)

Zur Erinnerung an G. Galilei (1564–1642) nennt man in der Geophysik die cgs-Einheit der Beschleunigung

$$1\,\frac{\mathrm{cm}}{\mathrm{sec}^2} = 1\,\mathrm{Gal} = 1\,000\,\mathrm{mgal}.$$

Aus $\mathrm{g_s}$ kann man die mittlere Dichte der Erde bestimmen. Dazu muß man aber einen auf die volumen- und massegleiche Kugel reduzierten Wert benutzen, der darüber hinaus vom Einfluß der Erdrotation (siehe unten) befreit ist. Dieser Wert ist $\mathrm{g_s} = 982\,\mathrm{Gal}$. Daraus erhält man für die Erde

$$\textit{Masse} \quad M_{\mathrm{E}} = 5{,}977 \cdot 10^{27}\,\mathrm{gr},$$
$$\textit{mittlere Dichte} \quad \bar{\rho}_{\mathrm{E}} = 5{,}52\,\mathrm{gr\,cm^{-3}}.$$

Die mittlere Dichte liegt erheblich über der Dichte der Gesteine in der Erdkruste ($\rho = 2{,}8\ \mathrm{gr\,cm^{-3}}$). Um den Einfluß der Krustengesteine zu kompensieren, muß die Dichte im tiefen Erdinneren noch über $5{,}5\ \mathrm{gr\,cm^{-3}}$ hinausgehen.

NEWTONS (1643–1727) gedankliche Leistung bestand in der Erkenntnis, daß die gleiche Schwerkraft, die auf die Körper am Erdboden wirkt (fallender Apfel!), auch den Mond auf seiner Bahn um die Erde und die Planeten auf ihrer Bahn um die Sonne hält. γ war vor Newton natürlich noch nicht bekannt. Deshalb stellte Newton folgende Rechnung zur Prüfung seiner Theorie an: Aus Beobachtungen von Mondfinsternissen kannte man den Abstand des Mondes von der Erde: $e_L \approx 60\,\mathrm{R_E}$. Aus dem von ihm entdeckten Trägheitsgesetz bestimmte Newton die Zentripetalbeschleunigung des Mondes zu

$$\omega_L^2 e_L = \frac{4\pi^2}{\mathrm{T}_L^2}\, e_L \quad \text{mit} \quad \mathrm{T}_L = 27{,}322\ \text{Tage} = 2{,}3606 \cdot 10^6\ \text{sec}.$$

Diese sollte von der Schwerebeschleunigung der Erde am Ort des Mondes geliefert werden, also müßte nach Gleichung (6.6) sein

$$\mathrm{g_s} = 3600\,\frac{4\pi^2}{\mathrm{T}_L^2} \cdot 60 \cdot \mathrm{R_E} = \frac{\mathrm{R_E}}{6\,529\ \text{km}} \cdot 10^3\ \text{Gal}.$$

Bei seinen ersten Überlegungen war Newton nur der zu kleine Wert für $\mathrm{R_E} = 5\,500$ km bekannt, deshalb legte er das Ergebnis als unbefriedigend beiseite. Erst als er 1670 von der Neubestimmung durch J. PICARD (1620–1682) erfuhr ($\mathrm{R_E} = 6\,372$ km), stimmten die Werte. 1687 veröffentlichte Newton sein Ergebnis[1].

Wenn man einen künstlichen *Satelliten* ganz dicht an der Erdoberfläche auf eine Kreisbahn bringen könnte, so müßte für seine Bahngeschwindigkeit v gelten.

$$v^2/\mathrm{R_E} = \mathrm{g_s}.$$

Daraus folgt $v = 7{,}91$ km/sec. In 400 km Höhe wäre $v = 7{,}67$ km/sec und für den Mond gilt $v = 1{,}02$ km/sec.

[1] Unsere Erzählung der Geschichte von Newtons Entdeckung folgt dem Berichte VOLTAIRES. Dieser hörte sie vermutlich von Newtons Stiefnichte CATHERINE BARTON. Neue Newton-Forscher zweifeln an der historischen Wahrheit der Darstellung. Ihnen erscheint es als wenig wahrscheinlich, daß Newton schon mit 22 Jahren die erforderlichen Kenntnisse und mathematischen Fähigkeiten zur Aufstellung des Gravitationsgesetzes besaß. Im Gegensatz zu manchen anderen großen Naturforschern hat Newton erst in reiferen Jahren seine großen Werke vollbracht. Vgl. R. LAEMMEL: Isaac Newton. Zürich 1957.

Will man die *Schwereänderung mit der Höhe* in der Nähe der Erdoberfläche berechnen, so ist die Benutzung der Formel (6.6) zu umständlich. Man setzt $r = \mathrm{R_E} + h$ und entwickelt:

$$\mathrm{g}(\mathrm{R_E}+h) = \mathrm{g_s}\left(\frac{\mathrm{R_E}}{\mathrm{R_E}+h}\right)^2 = \mathrm{g_s}\frac{1}{(1+h/\mathrm{R_E})^2} \approx \mathrm{g_s}\left(1 - 2\frac{h}{\mathrm{R_E}} + - \cdots\right) \quad (6.9)$$

Mit den Zahlenwerten für $\mathrm{g_s}$ und $\mathrm{R_E}$ ergibt sich eine Verkleinerung von g um *0,3086 mgal pro Meter Erhebung.* Da die Meßgenauigkeit moderner Gravimeter einige 0,01 mgal beträgt, muß die Höhe des Meßpunktes sehr genau bekannt sein, wenn die Messung sinnvoll sein soll.

Infolge der Erdrotation wirkt außer an den Polen auf jeden Punkt der Erdoberfläche eine *Zentrifugalbeschleunigung* $\boldsymbol{b}_Z$. Da an jedem Massenpunkt sowohl die Schwerkraft als auch die Zentrifugalkraft angreift, kann man die beiden nicht voneinander trennen. Die Schwerkraft überwiegt jedoch, deshalb nennt man auch das zusammengesetzte Feld kurz Schwerefeld und bezeichnet mit g den Absolutbetrag der (vektoriellen) Summe beider Beschleunigungen.

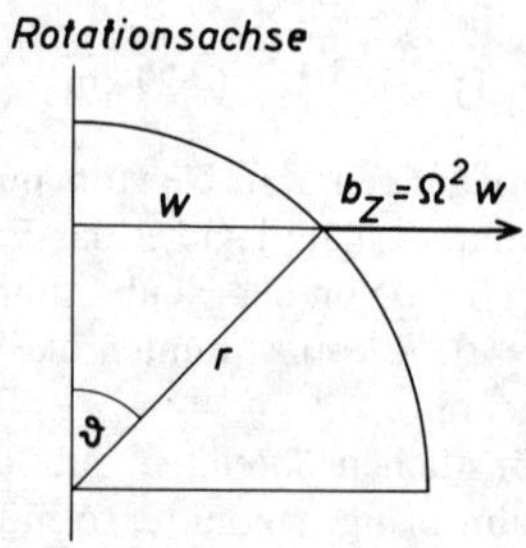

Fig. 29 Zentrifugalbeschleunigung $\boldsymbol{b}_Z$ auf einer rotierenden Kugel.

Die Zentrifugalbeschleunigung $\boldsymbol{b}_Z$ ist senkrecht von der Rotationsachse weg gerichtet *(Fig. 29)* und hat den Betrag

$$\boldsymbol{b}_Z = \Omega^2 w = \Omega^2 r \sin\vartheta$$

$$\text{mit} \quad \Omega = \textit{Winkelgeschwindigkeit der Erdrotation}$$

$$= \frac{2\pi}{1\,\text{Sterntag}} = 7{,}292\,115\,08 \cdot 10^{-5}\,\text{sec}^{-1}.$$

Da $\boldsymbol{b}_Z$ linear mit w zunimmt und auch die Richtung von w hat, besitzt $\boldsymbol{b}_Z$ das Potential

$$\Phi_Z = -\tfrac{1}{2}\Omega^2 w^2 = -\tfrac{1}{2}\Omega^2 r^2 \sin^2\vartheta. \tag{6.10}$$

Das zusammengesetzte Feld hat also das Potential

$$\boxed{\Phi = -\gamma\frac{M}{r} - \frac{1}{2}\Omega^2 r^2 \sin^2\vartheta} \tag{6.11}$$

Daraus erhält man die Komponenten

$$\boldsymbol{b}_r = -\frac{\partial\Phi}{\partial r} = -\gamma\frac{M}{r^2} + \Omega^2 r \sin^2\vartheta, \tag{6.12}$$

$$\boldsymbol{b}_\vartheta = -\frac{1}{r}\frac{\partial\Phi}{\partial\vartheta} = \Omega^2 r \sin\vartheta\cos\vartheta = \frac{1}{2}\Omega^2 r \sin 2\vartheta. \tag{6.13}$$

Für $r = \mathrm{R_E}$ ergibt sich

$$\boldsymbol{b}_r = (-982{,}037 + 3{,}389\,\sin^2\vartheta)\,\mathrm{Gal}, \tag{6.14}$$

$$\boldsymbol{b}_\vartheta = \qquad 1{,}695\,\sin 2\vartheta\,\mathrm{Gal}. \tag{6.15}$$

Der erste Term in Gleichung (6.14) überragt alle anderen Beiträge zu $\boldsymbol{b}$. Man macht daher keinen großen Fehler, wenn man für den Absolutbetrag des Schwerefeldes $\mathrm{g} = -\boldsymbol{b}_r$ setzt. g wird allerdings abhängig von ϑ. Es nimmt am Äquator den kleinsten Wert an. $\boldsymbol{b}_\vartheta$ ist die Komponente des Schwerefeldes tangential zur Erdoberfläche. Sie ist stets auf den Äquator hin gerichtet, hat ihren größten Wert bei $\vartheta = 45°$ und 135° und verschwindet an den Polen und am Äquator. Die Tangentialkraft hat im Laufe der Erdgeschichte äußere Teile der Erde zum Äquator hin verschoben, so daß dort ein *Wulst* (engl. bulge) entstanden ist.

Wegen dieses Äquatorwulstes ist ein abgeplattetes Rotationsellipsoid *(Fig. 30)* eine bessere Annäherung an die wirkliche Erdfigur als die Kugel. Nach neuen Berechnungen aus der Beobachtung von Bahnen künstlicher Satelliten gelten für das Erdellipsoid folgende Größen:

Äquatorradius $\mathrm{a} = 6\,378{,}20 \pm 0{,}10$ km,
Polradius $\mathrm{c} = 6\,356{,}80 \pm 0{,}10$ km.

Daraus ergibt sich die Abplattung (engl. oblateness)

$$\mathrm{f} = \frac{\mathrm{a}-\mathrm{c}}{\mathrm{a}} = \frac{21{,}40\ \mathrm{km}}{6\,378{,}20\ \mathrm{km}} = \frac{1}{298{,}2} = 0{,}003\,354.$$

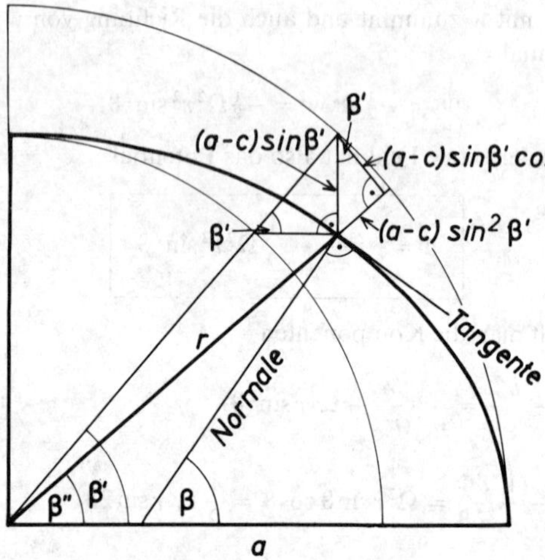

Fig. 30 Geographische (β), reduzierte (β′) und geozentrische (β″) Breite beim Erdellipsoid. Zur Herleitung der Näherungsformeln (6.17) und (6.18).

Nach diesen aus Satellitenbeobachtungen gewonnenen Werten ist die Erde etwas weniger abgeplattet als man früher angenommen hatte. Für das Internationale Erdellipsoid (1924) war f = 1/297 (genau) gesetzt worden.

Beim Ellipsoid muß man verschiedene Definitionen der Breite unterscheiden (Fig. 30):

Geographische Breite β (zwischen der Normalen und der Äquatorebene),
Reduzierte Breite β′ (Parameterdarstellung $x = a\cos\beta'$, $y = c\sin\beta'$),
Geozentrische Breite β″ (zwischen dem Radiusvektor und der Äquatorebene).

Die geographische Breite ist die wichtigste für alle Messungen von der Erdoberfläche aus, weil sie gleich der Polhöhe des Ortes ist. Aus der Parameterdarstellung einerseits und durch Differentiation der Ellipsengleichung andererseits findet man die Beziehungen

$$\operatorname{tg}\beta = \left(\frac{a}{c}\right)\operatorname{tg}\beta' = \left(\frac{a}{c}\right)^2 \operatorname{tg}\beta''. \qquad (6.16)$$

Für kleine Werte der Abplattung f gelten die folgenden nützlichen Näherungsformeln, deren Richtigkeit man aus Fig. 30 erkennen kann:

$$\beta'' \approx \beta - f\sin 2\beta \quad = \beta - 0{,}19\,\sin 2\beta \qquad [\text{in Grad}], \qquad (6.17)$$

$$r \approx a(1 - f\sin^2\beta) = 6\,378{,}16 - 21{,}38\,\sin^2\beta \qquad [\text{in km}]. \qquad (6.18)$$

In der Potentialtheorie lernt man, das Potential eines *homogenen abgeplatteten Rotationsellipsoides* der Masse M zu berechnen. Es ergibt sich zu

$$\Phi(r,\mu) = -\frac{\gamma M}{r}\left[1 - \frac{2}{5}\mathrm{f}\cdot\left(\frac{\mathrm{a}}{r}\right)^2 \mathrm{P}_2(\mu) + \frac{12}{35}\mathrm{f}^2\cdot\left(\frac{\mathrm{a}}{r}\right)^4 \mathrm{P}_4(\mu) - + \cdots\right]. \tag{6.19}$$

Die $\mathrm{P}_l(\mu)$ sind dabei wieder die zonalen Kugelfunktionen. Hier bedeutet jetzt

$$\mu = \cos(90° - \beta'').$$

Aus Gleichung (6.19) kann man g berechnen:

$$\mathrm{g} = \frac{\partial \Phi}{\partial r} = +\frac{\gamma M}{r^2}\left[1 - \frac{6}{5}\mathrm{f}\cdot\left(\frac{\mathrm{a}}{r}\right)^2 \mathrm{P}_2(\mu) + - \cdots\right].$$

Daraus erhält man für den Äquator $(r = \mathrm{a},\ \mathrm{P}_2(0) = -\frac{1}{2})$

$$\mathrm{g}_{\text{Äq}} = \frac{\gamma M}{\mathrm{a}^2}\left[1 + \frac{3}{5}\mathrm{f}\right] \tag{6.20}$$

und für die Pole $(r = \mathrm{c},\ (\mathrm{a}/\mathrm{c})^2 \approx 1 + 2\mathrm{f},\ \mathrm{P}_2(\pm 1) = 1)$

$$\mathrm{g}_{\text{Pol}} \approx \frac{\gamma M}{\mathrm{a}^2}(1 + 2\mathrm{f})\left[1 - \frac{6}{5}\mathrm{f}\right] \approx \frac{\gamma M}{\mathrm{a}^2}\left[1 + \frac{4}{5}\mathrm{f}\right]. \tag{6.21}$$

Als Normalwerte wurden an den Polen und am Äquator gemessen

	$\mathrm{g}_{\text{Pol}} =$	983 221 mgal
	$\mathrm{g}_{\text{Äq}} =$	978 049 mgal
	$\mathrm{g}_{\text{Pol}} - \mathrm{g}_{\text{Äq}} =$	5 172 mgal
Zentrifugalbeschl.	$\Omega^2 \mathrm{a} =$	3 392 mgal
	Rest	1 780 mgal

Wäre die Erde ein homogenes Ellipsoid, so ergäbe sich nach den Gleichungen (6.20) und (6.21) nur ein Rest von $\frac{1}{5}\mathrm{f}\,\mathrm{g}_{\text{Äq}} = 655\,\mathrm{mgal}$. Die Größe des beobachteten Restes weist wieder auf die Dichtezunahme im Zentrum der Erde hin. Wäre die ganze Masse im Mittelpunkt vereinigt, so wäre die Differenz allein durch den unterschiedlichen Abstand vom Erdmittelpunkt bedingt und hätte den Wert $2\mathrm{f}\,\mathrm{g}_{\text{Äq}} = 6\,550\,\mathrm{mgal}$.

Das Schwerefeld gibt viele Informationen über die Gestalt und den inneren Aufbau des Erdkörpers. In Kap. 6b werden klassische und neue Beobachtungsergebnisse über das Feld im Außenraum sowie die Schlüsse, die man daraus für den großräumigen Aufbau des Erdkörpers ziehen kann, zusammengestellt. In Kap. 6c werden das Schwerefeld an der Erdoberfläche und die daraus gewonnenen Erkenntnisse für die Erdkruste behandelt. In Kap. 6d beschäftigen wir uns eingehender mit der Erdrotation und ihren Schwankungen.

6b) *Das Schwerefeld der Erde im Außenraum*

In diesem Abschnitt lernen wir weitere Anwendungen der Kugelfunktionen kennen, zusätzlich zu den schon aus Kap. 5b bekannten. Dazu benötigen wir die Entwicklung des reziproken Abstandes $1/e$ (Gleichung 6.24) und das Additionstheorem der Kugelfunktionen (Gleichung 6.27).

Im Gegensatz zu den Modellen des vorigen Abschnittes soll jetzt das Potential für einen Körper mit *variabler Dichte* ρ und *beliebigem Volumen* V berechnet werden. Analog zur Gleichung (6.4) gilt

$$\Phi(P) = -\gamma \int \frac{\rho(\hat{P})}{e(P,\hat{P})} \, \mathrm{d}\hat{V}. \tag{6.22}$$

Wir wählen wieder Polarkoordinaten, lassen jetzt aber zu, daß der Aufpunkt P und der Integrationspunkt $\hat{P}$ beliebig zu den Koordinatenachsen liegen. Der Winkel zwischen den Vektoren vom Ursprung zu P und $\hat{P}$ sei χ, so daß nun

$$e^2 = \hat{r}^2 + r^2 - 2\hat{r}r\cos\chi. \tag{6.23}$$

Wenn man $1/e$ in eine Potenzreihe nach $\hat{r}$ oder r entwickelt, so treten die zonalen Kugelfunktionen $P_l(\cos\chi)$ als Koeffizienten auf:

$$\frac{1}{e} = \begin{cases} \dfrac{1}{r}\sum\limits_{l=0}^{\infty} P_l(\cos\chi)\left(\dfrac{\hat{r}}{r}\right)^l & \text{für} \quad \hat{r} \le r, \quad (6.24\text{a}) \\[2ex] \dfrac{1}{\hat{r}}\sum\limits_{l=0}^{\infty} P_l(\cos\chi)\left(\dfrac{r}{\hat{r}}\right)^l & \text{für} \quad r \le \hat{r}. \quad (6.24\text{b}) \end{cases}$$

Da P außerhalb des Körpers V liegen soll, benutzen wir die Gleichung (6.24a) und erhalten

$$\Phi(P) = -\frac{\gamma}{r}\sum_{l=0}^{\infty}\int_V \rho(\hat{P})\left(\frac{\hat{r}}{r}\right)^l P_l(\cos\chi)\,\mathrm{d}\hat{V}. \tag{6.25}$$

Nach dem Kosinussatz der sphärischen Trigonometrie ist

$$\cos\chi = \cos\hat{\vartheta}\cos\vartheta + \sin\hat{\vartheta}\sin\vartheta\cos(\hat{\lambda}-\lambda). \qquad (6.26)$$

Alle $P_l(\cos\chi)$ müssen sich nach Gleichung (6.26) durch Funktionen der Winkel $\hat{\vartheta}$, ϑ und $(\hat{\lambda}-\lambda)$ ausdrücken lassen. Diese Transformation leistet das *Additionstheorem der Kugelfunktionen:*

$$P_l(\cos\chi) = \sum_{m=0}^{l} P_l^m(\cos\hat{\vartheta})\, P_l^m(\cos\vartheta)\cos m(\hat{\lambda}-\lambda). \qquad (6.27)$$

An dieser Formel zeigt sich ein Vorteil der Schmidtschen Normierung der zugeordneten Kugelfunktionen P_l^m (vgl. Kap. 5b). Ihretwegen treten in der Gleichung (6.27) keine Zahlenfaktoren auf. Setzt man (6.27) in (6.25) ein, so erhält man

$$\Phi(P) = -\frac{\gamma}{r}\sum_{l=0}^{\infty}\sum_{m=0}^{l} P_l^m(\cos\vartheta)\int_V \rho(\hat{P})\left(\frac{\hat{r}}{r}\right)^l P_l^m(\cos\hat{\vartheta})\cos m(\hat{\lambda}-\lambda)\,d\hat{V}. \qquad (6.28)$$

Der Term mit $l=0$ ergibt

$$-\frac{\gamma}{r}\int_V \rho(\hat{P})\,d\hat{V} = -\frac{\gamma M}{r},$$

also das Potential eines Massenpunktes, der die Gesamtmasse M im Koordinatenursprung vereinigt. Dieser Wert soll als Faktor herausgezogen werden.

Wir denken uns nun den ganzen Körper von einer Kugel mit dem Radius a eingeschlossen (z.B. a = Äquatorradius bei der Erde). Wenden wir noch das Additionstheorem der trigonometrischen Funktionen an,

$$\cos m(\hat{\lambda}-\lambda) = \cos m\hat{\lambda}\cos m\lambda + \sin m\hat{\lambda}\sin m\lambda,$$

so können wir schreiben

$$\boxed{\Phi(r,\vartheta,\lambda) = -\frac{\gamma M}{r}\left[1-\sum_{l=1}^{\infty}\sum_{m=0}^{l}\left(\frac{a}{r}\right)^l P_l^m(\cos\vartheta)(C_l^m\cos m\lambda + S_l^m\sin m\lambda)\right]} \qquad (6.29)$$

wobei

$$\begin{Bmatrix} C_l^m \\ S_l^m \end{Bmatrix} = \frac{-1}{a^l M}\int_0^a d\hat{r}\int_0^\pi d\hat{\vartheta}\int_0^{2\pi} d\hat{\lambda}\,\rho(\hat{r},\hat{\vartheta},\hat{\lambda})\,\hat{r}^{l+2}\,P_l^m(\cos\hat{\vartheta})\sin\hat{\vartheta}\begin{Bmatrix}\cos \\ \sin\end{Bmatrix} m\hat{\lambda}. \qquad (6.30)$$

In den geschweiften Klammern gehören $\cos m\hat{\lambda}$ zu C_l^m und $\sin m\hat{\lambda}$ zu S_l^m. Bei der Integration über $\hat{r}$ von 0 bis a ist natürlich außerhalb des Körpers $\rho=0$ zu setzen.

Die Gleichung (6.29) gibt das Potential im Außenraum der Kugel vom Radius $r=\mathrm{a}$ an. Die dimensionslosen Konstanten C_l^m und S_l^m werden nach Gleichung (6.30) durch die Verteilung der Dichte im Innern des Volumens V bestimmt.

Zu einigen Koeffizienten des Schwerepotentials kann man noch nähere Angaben machen: Zunächst verschwinden die Terme mit $l=1$, wenn man den Koordinatenursprung in den Schwerpunkt der Masse legt. Ferner kann man von den Gliedern $l=2$ C_2^1 und S_2^1 zu Null machen, indem man die Achse größten Trägheitsmomentes (Rotationsachse der Erde) als $\hat{\vartheta}$-Bezugsachse wählt. Man könnte auch noch S_2^2 zum Verschwinden bringen, wenn man auch die $\hat{\lambda}$-Bezugsachse in die Richtung einer Hauptträgheitsachse legen würde. Da sich aber die beiden Hauptträgheitsmomente der Erde um Achsen in der Äquatorebene nur ganz geringfügig voneinander unterscheiden, ist es besser, die übliche, mit dem Greenwich-Meridian beginnende $\hat{\lambda}$-Zählung beizubehalten und mit Hilfe von C_2^2 und S_2^2 die Richtungen der verbleibenden Hauptträgheitsachsen zu bestimmen.

Der weitaus größte Entwicklungskoeffizient in Gleichung (6.29) ist C_2^0 (vgl. den entsprechenden Term in der Gleichung 6.19). Dieser Term entsteht durch den Äquatorwulst der Erde und läßt sich durch die *Hauptträgheitsmomente* A, B und C der Erde ausdrücken. Dabei sind A und B die Momente um Äquatordurchmesser, C das um die Rotationsachse. (Für einen Rotationskörper gilt A = B.) Die Beziehung lautet

$$C_2^0 = \frac{\mathrm{C}-\frac{1}{2}(\mathrm{A}+\mathrm{B})}{\mathrm{a}^2 M}. \tag{6.31}$$

Experimentell kann man das Feld eines Körpers (oder Teilchens) auf zwei Weisen untersuchen: 1. Man beobachtet das Verhalten des Körpers in einem großräumigen Testfeld. So macht man es z.B. bei der Bestimmung des elektrischen *Quadrupolmomentes* von Atomkernen[1] ($2\mathrm{a}^2 M\cdot C_2^0$ ist ebenfalls ein Quadrupolmoment). 2. Man untersucht das Feld des Körpers in seiner Umgebung mit Meßsonden, die viel kleiner sind als der Körper. Die Natur bietet die Möglichkeit, beide Methoden auf das Schwerefeld der Erde anzuwenden.

Ein geeignetes inhomogenes Testfeld, dessen Ausmaße groß im Vergleich zum Volumen der Erde sind, ist das Schwerefeld von Sonne und

[1] Vgl. L. EISENBUD und E. P. WIGNER: Einführung in die Kernphysik. B.I.-Hochschultaschenbücher **16.** Mannheim 1961, 17ff.

Mond. Es übt über den Äquatorwulst ein Drehmoment auf die rotierende Erde aus und veranlaßt sie zu einer langsamen *Präzessionsbewegung*, wobei die Erdachse auf einem Kegel mit 23,5° Öffnungswinkel in 25735 Jahren einmal um den Ekliptikpol kreist. Aus der Winkelgeschwindigkeit der Präzession kann man (C−A)/C bestimmen[1]. Es er-

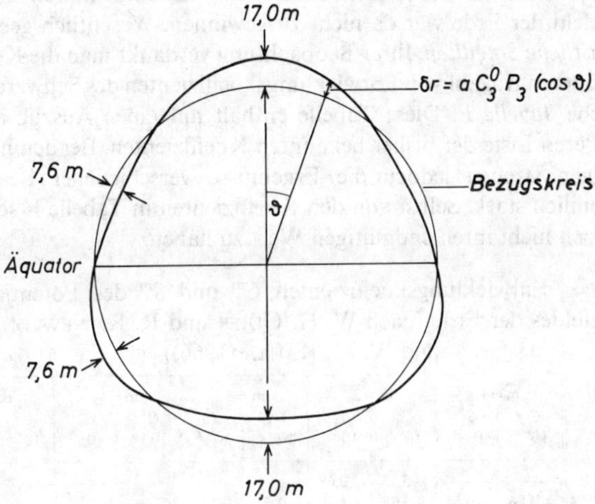

Fig. 31 C_3^0-Term in der Entwicklung des Geoids, sogenannte „Birnengestalt" der Erde. Der Einfachheit halber sind in dieser Zeichnung die Abweichungen auf einen Kreis (statt auf eine Ellipse) bezogen. Neue Bestimmungen von C_3^0 (Tabelle F) ergaben einen etwas kleineren Wert. Demnach beträgt die Abweichung an den Polen 16.5 und unter ±37° Breite 7,3 m.

gibt sich (C−A)/C = 1/305,8. Aus dem aus Satellitenbeobachtungen erschlossenen Wert von C_2^0 (für A = B) erhält man $(C-A)/a^2 M = 0{,}001083$, aus beiden Werten: $C/a^2 M = 0{,}331$. Für eine homogene Erde wäre $C/a^2 M = 2/5 = 0{,}4$. Die Verkleinerung deutet wieder auf die Konzentration der Masse im Erdzentrum hin.

Für die Untersuchung des Schwerefeldes in der Erdumgebung eignen sich Satelliten. Die Theorie der Bewegung von Satelliten im Schwerefeld der Erde soll hier nicht behandelt werden, da sie in der Reihe der Hochschultaschenbücher an anderer Stelle ausführlich dargestellt ist[2].

[1] Eine sorgfältige mathematische Behandlung der Präzession und Nutation der Erde findet man in H. Bucerius und M. Schneider: Himmelsmechanik II. B.I.-Hochschultaschenbücher **144.** Mannheim 1967, 123–140.

[2] A. Bohrmann: Bahnen künstlicher Satelliten. B.I.-Hochschultaschenbücher **40.** 2. Aufl. Mannheim 1966, Kap. V.

Früher konnte man die durch die Erdabplattung verursachten Störungen nur an der *Mondbahn* beobachten. Da sowohl die Masse des Mondes als auch der Durchmesser seiner Bahn verhältnismäßig groß sind, beträgt die Drehung der Bahnellipse jedoch nur 6 Bogensekunden pro Jahr. Außerdem gibt es einige kleine, von der unregelmäßigen Massenverteilung in der Erde herrührende periodische Störungen, deren größte eine Amplitude von 8 Bogensekunden hat. Viel Information über das Schwerefeld der Erde war da nicht zu gewinnen. Wesentlich geeigneter sind *künstliche Satelliten.* Ihrer Beobachtung verdankt man die Kenntnis einer größeren Anzahl von Entwicklungskoeffizienten des Schwerepotentials, siehe *Tabelle F.* Diese Tabelle enthält nur einen Auszug aus der viel größeren Liste der bisher bekannten Koeffizienten. Bei den höheren Ordnungen streuen jedoch die Ergebnisse verschiedener Bearbeiter noch ziemlich stark. Selbst von den Koeffizienten in Tabelle F scheinen einige noch nicht ihren endgültigen Wert zu haben.

Tabelle F: Entwicklungskoeffizienten C_l^m und S_l^m des Potentials des Schwerefeldes der Erde (nach W. H. Guier und R. R. Newton (1965) und W. M. Kaula (1966))

l	m=0 C_l^0 10^{-6}	m=1 C_l^1 10^{-6}	S_l^1 10^{-6}	m=2 C_l^2 10^{-6}	S_l^2 10^{-6}	m=3 C_l^3 10^{-6}	S_l^3 10^{-6}	m=4 C_l^4 10^{-6}	S_l^4 10^{-6}	m=5 C_l^5 10^{-6}	S_l^5 10^{-6}
2	+1082,2			−5,33	+2,68						
3	− 2,58	−4,86	−0,55	−3,23	+1,80	−1,75	−2,60				
4	− 1,62	+1,68	+1,32	−1,26	−1,32	−2,52	0,00	+0,63	−0,57		
5	− 0,13	−0,46	+0,55	−0,89	+1,13	−0,30	−0,33	+1,62	+0,86	+0,10	+2,22

Man hatte erwartet, daß die zonalen (m=0) und unter ihnen die geraden Ordnungen ($l=2,4,6,\ldots$) am größten würden, da sie zu Kugelfunktionen gehören, die symmetrisch zum Äquator sind (vgl. auch die Entwicklung 6.19). Man war daher vor einigen Jahren sehr überrascht, als sich der Term C_3^0 als relativ groß erwies. Die zugehörige Äquipotentialfläche ist in *Fig. 31* dargestellt. Dieses Ergebnis führte dazu, daß die Kunde von der *Birnengestalt* der Erde damals durch alle Zeitungen ging. Man muß sich aber vor Augen halten, daß die Erhebungen des P_3-Gliedes von 17 Metern verschwindend klein sind gegenüber dem Unterschied zwischen dem Äquator- und dem Polradius (21,4 km).

Über die Gleichungen (6.30) sind die Entwicklungskoeffizienten mit der Dichteverteilung in der Erde verknüpft. Daher erhält man mit den Werten der Tabelle F eine neue Testmöglichkeit für Dichtemodelle der Erde. Die nichtzonalen Glieder (m>0) deuten auf Abweichungen der Massenverteilung von der Rotationssymmetrie hin. Zur Aufrechterhaltung von Massenverteilungen, die unsymmetrisch zum Äquator und nicht zonal sind, müssen Kruste und Mantel starke innere Spannungen ertragen. Wahrscheinlicher ist es noch, daß solche Spannungen durch dynamische Vorgänge im Erdinneren kompensiert werden.

6c) *Geoid, Normalschwere und Schwereanomalien*

Die wirkliche Erdoberfläche ist ein vielkantiges, unregelmäßiges Gebilde, das sich nur schwer zusammenfassend beschreiben läßt. Man ersetzt sie deshalb durch eine Äquipotentialfläche in der Nähe der Meeresoberfläche, die man *Geoid* nennt[1]. Das Geoid ist eine geschlossene, stetige Fläche ohne Ecken und Kanten. Aber auch das Geoid ist noch zu kompliziert: Wirken doch jeder Berg und jedes Tal sowie jede Massenunregelmäßigkeit im Untergrund auf die Gestalt des Geoides ein, wenn auch in stark geglätteter Form. Deshalb benutzt man eine angenäherte Äquipotentialfläche, die nur aus den ersten Gliedern der Potentialentwicklung berechnet wird. Eine solche Fläche nennt man *Niveausphäroid*, weil sie einem Rotationsellipsoid ähnlich sieht. Ein *Erdellipsoid* schließlich ist eine (geometrisch einfache) Annäherung an das Niveausphäroid.

Die größten Terme in der Potentialentwicklung der Erde entnehmen wir den Gleichungen (6.10) und (6.29):

$$\Phi(r,\vartheta) = -\frac{\gamma M}{r}\left[1 - C_2\left(\frac{\mathrm{a}}{r}\right)^2 \mathrm{P}_2(\cos\vartheta) + \frac{1}{2}\,\frac{\Omega^2 r^3}{\gamma M}\sin^2\vartheta\right]. \tag{6.32}$$

Da die Abweichungen der Äquipotentialflächen von der Kugelgestalt nur klein sind, können wir die Ableitung in Normalenrichtung n durch Differentiation nach r ersetzen und bilden

$$\mathrm{g} = \frac{\partial\Phi}{\partial n} \approx \frac{\partial\Phi}{\partial r} = \frac{\gamma M}{r^2}\left[1 - 3C_2\left(\frac{\mathrm{a}}{r}\right)^2 \mathrm{P}_2(\cos\vartheta) - \frac{\Omega^2 r^3}{\gamma M}\sin^2\vartheta\right]. \tag{6.33}$$

Für Aufpunkte in der Nähe der Erdoberfläche darf man bei den kleinen Korrekturgrößen in der Klammer r durch den Äquatorradius a ersetzen:

$$\mathrm{g} \approx \frac{\gamma M}{r^2}\left[1 - 3C_2\,\mathrm{P}_2(\cos\vartheta) - \frac{\Omega^2 \mathrm{a}^3}{\gamma M}\sin^2\vartheta\right]. \tag{6.34}$$

Das Niveausphäroid soll jetzt festgelegt werden durch

$$\Phi = const = -\Phi_{\mathrm{s}} \quad \text{(s von engl. surface).}$$

[1] Die Arbeiten der modernen Geodäsie zielen allerdings immer mehr darauf hin, die Erdoberfläche unabhängig vom Schwerefeld rein geometrisch durch Polyeder zu beschreiben.

Aus Gleichung (6.32) erhält man dann nach entsprechender Vereinfachung

$$r_s \approx \frac{\gamma M}{\Phi_s}\left[1 - C_2 P_2(\cos\vartheta) + \frac{1}{2}\,\frac{\Omega^2 a^3}{\gamma M}\sin^2\vartheta\right]. \tag{6.35}$$

Trägt man den Wert für r_s aus (6.35) in die Gleichung (6.34) ein, entwickelt den Nenner in eine Reihe und vernachlässigt die nichtlinearen Glieder, so ergibt sich

$$g_s \approx \frac{\Phi_s^2}{\gamma M}\left[1 - C_2 P_2(\cos\vartheta) - 2\,\frac{\Omega^2 a^3}{\gamma M}\sin^2\vartheta\right]. \tag{6.36}$$

Anstelle von ϑ führen wir die geographische Breite β ein:

$$\beta = 90° - \vartheta, \quad P_2(\cos\vartheta) = \tfrac{3}{2}\sin^2\beta - \tfrac{1}{2}, \quad \sin^2\vartheta = 1 - \sin^2\beta.$$

Dann wird aus der Gleichung (6.35)

$$\begin{aligned} r_s &= \frac{\gamma M}{\Phi_s}\left[\left(1 + \frac{1}{2}\,\frac{\Omega^2 a^3}{\gamma M} + \frac{1}{2}C_2\right) - \left(\frac{1}{2}\,\frac{\Omega^2 a^3}{\gamma M} + \frac{3}{2}C_2\right)\sin^2\beta\right] \\ &= a\,(1 - f\sin^2\beta), \end{aligned} \tag{6.37}$$

wobei

$$f = \frac{r_{\ddot{A}q} - r_{Pol}}{r_{\ddot{A}q}} = \frac{a - c}{a} \quad \text{(vgl. Gleichung 6.18).}$$

Aus der Gleichung (6.36) wird

$$\begin{aligned} g_s &= \frac{\Phi_s^2}{\gamma M}\left[\left(1 - 2\frac{\Omega^2 a^3}{\gamma M} + \frac{1}{2}C_2\right) + \left(2\frac{\Omega^2 a^3}{\gamma M} - \frac{3}{2}C_2\right)\sin^2\beta\right] \\ &= g_{\ddot{A}q}(1 + \alpha\sin^2\beta) \end{aligned} \tag{6.38}$$

mit

$$\alpha = \frac{g_{Pol} - g_{\ddot{A}q}}{g_{\ddot{A}q}}.$$

In der gleichen Näherung gilt

$$f \approx \frac{1}{2}\,\frac{\Omega^2 a^3}{\gamma M} + \frac{3}{2}C_2, \tag{6.39a}$$

$$\alpha \approx 2\,\frac{\Omega^2 a^3}{\gamma M} - \frac{3}{2}C_2. \tag{6.39b}$$

Bei der Betrachtung des Schwerefeldes im Außenraum haben wir gesehen, daß man C_2 aus der Präzessionsbewegung der Erde und aus den Bahnstörungen von Erdsatelliten bestimmen kann. Die Formeln (6.39 a) und (6.39 b) eröffnen zwei weitere Möglichkeiten, C_2 zu berechnen, diesmal durch Messungen an der Erdoberfläche: Entweder bestimmt man f aus der Länge von Meridianstücken, deren Endpunkte konstante Breitendifferenz aufweisen, und berechnet C_2 aus Gleichung (6.39 a) – oder man mißt α mit einem Gravimeter und berechnet C_2 aus (6.39 b). Man kann aber auch C_2 aus den Gleichungen (6.39 a) und (6.39 b) eliminieren und erhält

$$\frac{a-c}{a}+\frac{g_{Pol}-g_{Äq}}{g_{Äq}}=f+\alpha=\frac{5}{2}\frac{\Omega^2 a^3}{\gamma M}=\frac{5}{2}\frac{\Omega^2 a}{\gamma M/a^2} \tag{6.40}$$

Theorem von A. C. Clairaut (1713–1765).

Ganz rechts steht das Verhältnis zwischen der Zentrifugalbeschleunigung und der Massenanziehung am Äquator. Im Clairautschen Theorem werden die wichtigsten geometrischen und dynamischen Größen, die die Figur der Erde bestimmen, miteinander verknüpft. Das Theorem, wie es hier abgeleitet wurde, ist jedoch nur eine in f, α usw. lineare Näherung. Wenn man der heute erzielten Beobachtungsgenauigkeit gerecht werden will, muß man auch Glieder höherer Ordnung berücksichtigen[1].

Für den praktischen Gebrauch ist es wichtig, g als Funktion der Breite zu kennen. Eine gegenüber der obigen etwas verfeinerte Näherungsrechnung führt auf

$$g(\beta)=978{,}0490\,(1+0{,}005\,2884\sin^2\beta-0{,}000\,0059\sin^2 2\beta)\ \mathrm{Gal} \tag{6.41}$$

Internationale Schwereformel

Die aus Gleichung (6.41) berechneten Schwerewerte nennt man *Normalschwere.* Unter 50° Breite nimmt die Normalschwere um 0,79 mgal/km zu, wenn man sich nach Norden bewegt – gegenüber −0,3086 mgal/m bei Erhebung von der Oberfläche (Gleichung 6.9).

Dieser globalen Schwereänderung sind kleinräumige *Schwereanomalien* überlagert, die auf Abweichungen von der gleichförmigen Massenverteilung in der Erdkruste zurückzuführen sind. Schwereanomalien äußern sich sowohl im Betrag als auch in der Richtung des Beschleuni-

[1] Siehe hierzu den vorzüglichen Handbuchartikel von K. Jung. Zitat am Ende des Kapitels.

gungsvektors. Änderungen des Betrages mißt man mit *Gravimetern*, das sind sehr empfindliche Federwaagen mit einer konstanten Probemasse. Richtungsanomalien werden *Lotabweichungen* genannt. Man erkennt sie mit Hilfe astronomisch-geodätischer Messungen.

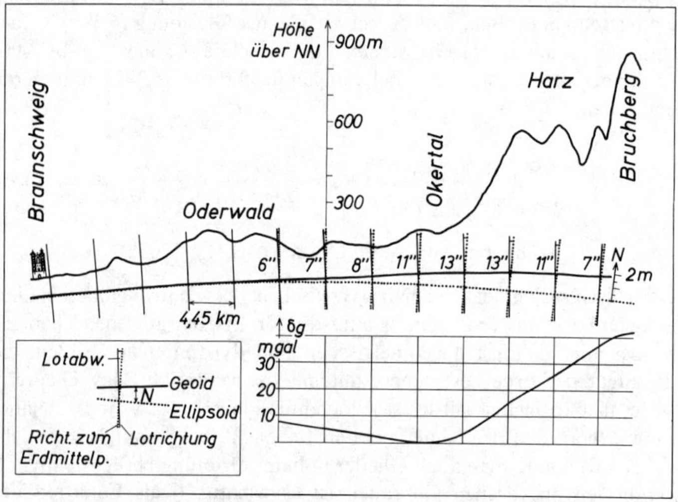

Fig. 32 Lotabweichung und Schwereanomalie am Nordrand des Harzes. Das Profil läuft von Braunschweig nach Süden bis zum Bruchberg. *Oben:* Topographisches Profil (24,7fache Überhöhung). *Links:* Geoid, Ellipsoid, Lotabweichungen (617,5fache Überhöhung). *Unten rechts:* Anomalie des Betrages der Schwere δg. Lotabweichungen und Schwereanomalie sind nur für den südlichen Teil des Profils eingetragen. In größerem Abstand vom Harz sind sie für diese Darstellung zu klein.

Die *Fig. 32* zeigt das berühmte Beispiel der Schwereanomalie, die durch den Harz hervorgerufen wird. Am Nordrand des Harzes werden Lotabweichungen von mehr als 10 Bogensekunden beobachtet. Dementsprechend erhebt sich das Geoid um rund 2 m über des Ellipsoid, dem es sich sonst anschmiegt. Die gleiche Anomalie äußert sich in einer positiven Schwerestörung von etwa 40 mgal. Schwereanomalien in der Nähe von Gebirgen sind natürlich, da Gebirge ja sichtbare Abweichungen von der ellipsoidförmigen Massenverteilung darstellen. Der Harz war das erste Gebirge, in dessen Nachbarschaft solche Messungen vorgenommen wurden.

Eigenartigerweise zeigen große Gebirge, wie z.B. der Himalaja und die Anden, keine ihrer Größe entsprechende Störung des Schwerefeldes. Man erklärt dies als Auswirkung einer *Gebirgswurzel*, die weniger dicht ist als das Material der Umgebung. Man stellt sich vor, die Gebirge schwämmen gewissermaßen auf dem dichteren Material des Erdmantels. Dann brauchen sie einen größeren Unterbau leichteren Materials, der mit seinem Auftrieb die herausragenden Gebirgsteile trägt. Man nennt diesen Gleichgewichtszustand *Isostasie*.

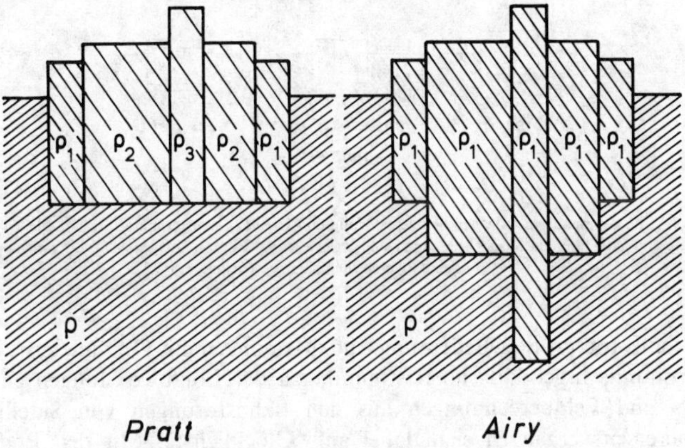

Fig. 33 Isostasie nach PRATT (unterschiedliche Dichte des Krustenmaterials, konstanter „Tiefgang") und AIRY (gleiche Dichte, unterschiedlicher „Tiefgang").

Seit über 100 Jahren konkurrieren zwei Vorstellungen über die Form der isostatischen Kompensation miteinander *(Fig. 33)*: Nach J. H. PRATT (1809–1871) besitzt das weniger dichte Gebirgsmaterial eine einheitliche Basis *(Ausgleichsfläche)*. Die unterschiedliche Höhe einzelner Gebirgsteile beruht auf Dichteunterschieden im Material. G.B. AIRY (1801–1892) dagegen nimmt einheitliche Dichte für das Gebirgsmaterial an. Höheres Herausragen wird durch tieferes Eintauchen der Säule kompensiert (wie bei Eisbergen). Man kann heute immer noch nicht sagen, welche der beiden Vorstellungen richtig und welche falsch ist. Wahrscheinlich sind beide zu stark idealisiert. Von den Alpen wissen wir, daß ihre Wurzel bis in 50 – 60 km Tiefe reicht.

Eine isostatisch kompensierte Masseneinlagerung verursacht keine Schwereanomalie an der Oberfläche *(Fig. 34)*. Anomalien weisen immer darauf hin, daß eine Einlagerung entweder zu hoch (Harzgranite) oder zu tief (Tiefseegräben) im Mantelmaterial liegt. Die Bestimmung der Anomalien des Schwerefeldes gestattet daher Aussagen, die für die Geo-

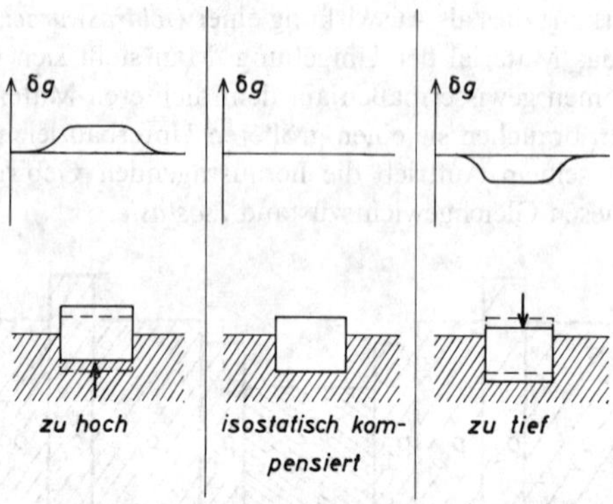

Fig. 34 Zusammenhang zwischen Schwerestörung und Lage des Krustenmaterials. Die Pfeile sollen Kräfte andeuten, die den Krustenblock in seine gegenwärtige Position (ausgezogene Linien) gebracht haben. Gleichgewichtslage gestrichelt.

tektonik von größter Bedeutung sind. Messungen mit Gravimetern oder astronomisch-geodätische Bestimmungen der Lotabweichungen einerseits und Feldberechnungen aus den Bahnstörungen von Satelliten andererseits ergänzen sich dabei aufs Glücklichste: Mit den Bodenmessungen kann man leicht kleinräumige Anomalien erfassen, aber wegen auftretender Nullpunktfehler nur schwer großräumige. Bei den Auswertungen von Satelliten-Bahnstörungen ist es umgekehrt, die Feldberechnungen sind umso einfacher und zuverlässiger, je ausgedehnter die Anomalie ist.

6d) *Erdrotation und Rotationsschwankungen*

In ihrer Rotation besitzt die Erde einen unvorstellbar großen Vorrat an gespeicherter *kinetischer Energie*:

$$E_{kin} = \tfrac{1}{2} C\Omega^2 = 2{,}16 \cdot 10^{36}\,\mathrm{erg} \tag{6.42}$$

mit C = Hauptträgheitsmoment der Erde (wie in Gleichung 6.31)
$= 8{,}118 \cdot 10^{44}\,\mathrm{gr\,cm^2}$,
Ω = Winkelgeschwindigkeit der Erdrotation (vgl. Kap. 6a).

Auch bei Benutzung der größten Energieeinheiten erhält man noch keinen vorstellbaren Zahlenwert für diese Energie; denn der Betrag entspricht 10^{14}(!) Megatonnen TNT. Die jährlich von Erdbeben freigesetzte Energie (Kap. 4a) und die anderen in der Geophysik auftretenden

Energieraten, die wir in den folgenden Kapiteln noch kennenlernen werden, sind klein, verglichen mit diesem Betrag. Entsprechend groß ist auch der *Drehimpuls* der Erde:

$$C\Omega = 5{,}9 \cdot 10^{40}\ \mathrm{gr\,cm^2/sec}.$$

K. JUNG hat abgeschätzt[1], daß ein Meteorit mit einer Masse von 2000 Megatonnen (das entspricht einem Durchmesser von rund 1 km), der von Westen kommend mit einer Geschwindigkeit von 25 km/sec steil unter einem Winkel von 60° am Äquator einschlüge, nur die unmerkliche Impulsvergrößerung von 10^{30} gr cm^2/sec bewirken würde. Wegen der großen Werte von Energie und Impuls ist die Erdrotation nicht leicht zu stören und verläuft so gleichförmig, daß man sie jahrhundertelang als Eichmaßstab für alle Uhren benutzen konnte. Mit zunehmender Verfeinerung der Meßtechnik erkannte man aber, daß die Erdrotation eine ganze Reihe von Schwankungen zeigt. Eine Winkelgeschwindigkeit stellt man zweckmäßigerweise durch einen Vektor dar, der parallel zur Drehachse gerichtet ist und die Länge Ω hat. Variationen der Winkelgeschwindigkeit können daher aus Schwankungen der Drehachse und aus Änderungen der Rotationsgeschwindigkeit bestehen. Beide Effekte werden bei der Erdrotation beobachtet.

Bei den Schwankungen der Achse muß man zwischen der in Kap. 6b genannten Präzession und der Breitenschwankung (auch Polhöhenschwankung genannt; engl. wobble) unterscheiden. Bei der *Präzession* wandert die (verlängerte) Rotationsachse um den Himmelspol. Dementsprechend verschiebt sich ein erdbezogenes Koordinatensystem insgesamt gegenüber dem Ekliptiksystem.

Bei der *Breitenschwankung* dagegen beschreibt der Rotationspol eine zyklische Bahn auf der Erdoberfläche. Ein Beobachter an einem festen Ort auf der Erde schließt daraus auf eine Veränderung der Breite des Ortes. Die Breitenschwankungen werden seit dem Jahre 1900 von fünf im *internationalen Breitendienst* vereinigten Sternwarten (alle unter 39° 8′ nördlicher Breite) verfolgt. Ein typisches Stück der Polbahn zeigt *Fig. 35.* Wie man sieht, enthält die Bahn einen nahezu periodischen Anteil mit einer Periode, die etwas länger als ein Jahr ist.

Nach L. EULER (1707–1783) kann die momentane Rotationsachse in einem starren Rotationskörper auf dem Polhodiekegel (Gangpolkegel) um die Figurenachse umlaufen. Bezeichnet man die Hauptträgheitsmomente wieder mit A, B und C, so ist für den Rotationskörper $A = B$. Nach Euler beträgt die Umlaufperiode $A/(C-A)$ Rotationsperioden.

[1] Z. Vermessungswesen **91** (1966), 349–358.

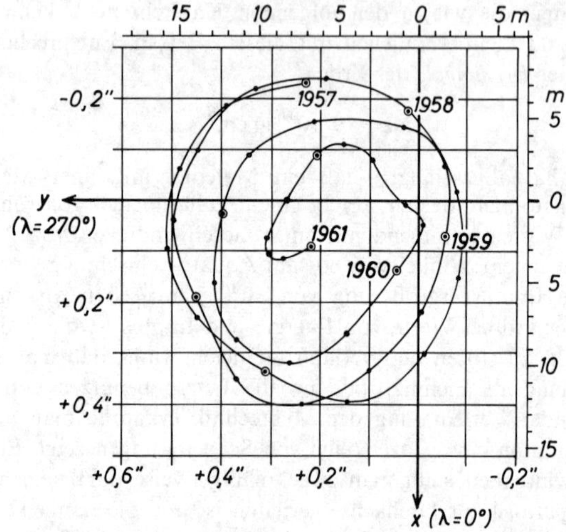

Fig. 35 Bahn des Nordpols der Erdachse 1957–1961 nach Beobachtungen des Internationalen Breitendienstes. Jahreszehntel sind durch Punkte und Jahreshälften durch eingekreiste Punkte markiert. Die x-Achse läuft in Richtung des Greenwich-Meridians ($\lambda = 0°$) und die y-Achse in Richtung $\lambda = 270°$. Beschriftung *unten* und *links* in Bogensekunden, *oben* und *rechts* in Metern.

Die Umlaufperiode ist also umso kürzer, je stärker A und C voneinander abweichen. Für die Erde ergibt sich

$$\frac{\mathrm{A}}{\mathrm{C}-\mathrm{A}} \text{ Sterntage} = 304{,}8 \text{ Sterntage}, \qquad (6.43)$$

Eulersche Periode.

Empirisch fand man statt dessen

438,2 Sterntage = 437 mittlere Sonnentage,

Chandlersche Periode,

nach dem amerikanischen Kaufmann und Liebhaberastronomen S. C. CHANDLER (1846–1913). Die Periodenverlängerung beruht auf der Nachgiebigkeit der Erde. Es ergibt sich so eine Möglichkeit, die (pauschale) Deformierbarkeit der Erde zu berechnen. Die Rotationsachse bewegt sich innerhalb eines Kreises von etwa 10 m Radius. Es sieht so aus, als sei dieser zyklischen Bewegung eine langperiodische *Polwanderung* überlagert – der Koordinatenursprung in Fig. 35 entspricht der mittleren Pollage zu Beginn dieses Jahrhunderts. Auf Polwanderungen über große Entfernungen der Erde weisen paläoklimatologische und gesteinsmagnetische (siehe Kap. 8 f) Untersuchungen hin.

Man unterscheidet drei Typen von *Änderungen der Rotationsgeschwindigkeit* Ω der Erde:

1. Eine säkulare Verlangsamung der Erddrehung: Sie bewirkt eine Verlängerung des Tages um etwa 1 msec/Jahrhundert. Ihre Hauptursache ist die Gezeitenreibung (siehe Kap. 7 e). Außerdem mögen aber noch Hebungen und Senkungen größerer Krustenabschnitte (Epirogenese) über die dadurch verursachte Änderung des Trägheitsmomentes der Erde beteiligt sein[1].

2. Unregelmäßige Änderungen, die in Jahrzehnten und Jahrhunderten ablaufen: Diese bewirken eine Verspätung oder Verfrühung der Meridiandurchgänge gegenüber einer gleichförmig laufenden Uhr um bis zu 30 sec. Man kennt verschiedene Ursachen: Große Massenverlagerungen im Zusammenhang mit Gebirgsbildung (Orogenese), Abschmelzung und Bildung von Inlandeis sowie Materieströmungen im Erdkern mit Änderungen der magnetohydrodynamischen Kopplung zwischen der Materie des Erdkerns und der des unteren Mantels. Bei Sonneneruptionen mit starken erdmagnetischen Stürmen (am 23. Februar 1956 und im Juli 1959) wurden Verlängerungen des Tages um 2 msec beobachtet. Es dauerte etwa ein halbes Jahr, bis sich der Normalwert wieder eingestellt hatte.

3. Periodische Änderungen, bei denen die Jahres- und die Chandler-Periode hervortreten: Die jährlichen Änderungen bestehen in einer Verspätung im Frühling und Sommer (der Nordhalbkugel) und einer Verfrühung im Herbst und Winter um $\pm 0{,}03$ sec. Hier spielen Gezeiten, Meeresströmungen, Grundwasserverschiebungen, Winde und Luftmassenverlagerungen eine Rolle.

Viele dieser Untersuchungen sind erst durch den Bau von Quarz- und Atomuhren möglich geworden. Heutige Uhren bieten eine Meßgenauigkeit von 10^{-14}. Dagegen ist der astronomische Zeitvergleich viel ungenauer. Nur in sehr langen Beobachtungsintervallen kann man die Genauigkeit der Uhren ausnutzen. Eine wesentliche Steigerung der Genauigkeit der astronomischen Zeitbestimmung verspricht man sich durch radiointerferometrische Messungen an sehr eng begrenzten astronomischen Radioquellen. Man denkt auch an die Aufstellung eines

[1] In den letzten Jahren hat man gelernt, durch Untersuchungen von Korallen die Tageslänge in vorgeschichtlicher Zeit zu bestimmen. Die Ergebnisse deuten darauf hin, daß sich der Tag im Verlauf der Erdgeschichte verlängert hat. Vgl. J. W. Wells, Nature **197** (1963), 948–950.

optischen Winkelspiegels auf dem Mond, der von der Erde aus mit Laserlicht bestrahlt werden soll[1].

Beim Schreiben dieses Abschnittes war der Zwang, den Stoff zu beschränken – um nicht den Rahmen der „Einführung" zu sprengen – besonders schmerzlich. Gelindert wird der Schmerz durch die Tatsache, daß auf das ganz vorzügliche Buch von MUNK und MACDONALD zum Weiterstudium verwiesen werden kann. Der Leser wird staunen, wie viele geophysikalische Erkenntnisse dieses Grenzgebiet zwischen Astronomie und Geophysik bietet.

Ergänzende Literatur zu den Themen des Kapitels 6

K. JUNG: Figur der Erde. In PH (Literaturverzeichnis Kap. 29) **47** (1956), 534–639.

W. A. HEISKANEN und F. A. VENING MEINESZ: The Earth and Its Gravity Field. New York 1958.

W. A. HEISKANEN und H. MORITZ: Physical Geodesy. San Francisco-London 1967.

W. A. MAGNIZKI, W. W. BROWAR und B. P. SCHIMBIREW: Theorie der Figur der Erde. (Übersetzung aus dem Russischen.) Berlin 1964.

W. H. MUNK und G. J. F. MACDONALD: The Rotation of the Earth. Cambridge 1960.

W. TORGE: Geodäsie. Sammlung Göschen. Berlin 1975.

7. *Gezeiten*

Das Auf und Ab der Gezeiten (engl. tides) wirkt tagaus tagein auf alle Teile der Erde ein: den flüssigen Ozean, die gasförmige Atmosphäre und den festen Erdkörper. Den Küstenbewohner braucht man nicht erst auf die Bedeutung der Gezeiten aufmerksam zu machen, dem Binnenländer liegen sie oft sehr fern. Für den Geophysiker, wo immer er arbeitet, bildet die Beobachtung dieser großartigen Experimente, die Mond und Sonne mit der Erde anstellen, eine schier unerschöpfliche Quelle von Erkenntnissen über das Objekt seiner Forschung.

Die Gezeiten werden an dieser Stelle im Zusammenhang mit der Physik des Erdkörpers dargestellt, weil sie wie ein zeitlich variabler Anteil der Schwerkraft wirken und erzwungene Schwingungen des ganzen Erdkörpers anregen (Kap. 7d). Wegen der Gleichheit der Anregung und der Ähnlichkeit der Beobachtungsmethoden sollen die Gezeiten des Meeres (Kap. 7b) und der Atmosphäre (Kap. 7c) im gleichen Kapitel behandelt werden.

[1] MACDONALD, Science **157** (1967), 304.

7a) *Gezeitenpotential und -beschleunigungen*

Die Gezeitenbeschleunigungen entstehen durch das Zusammenspiel von Gravitations- und Zentrifugalkräften. Sie beruhen auf dem Unterschied in der Anziehung, die verschiedene Punkte auf und in der Erde durch ein Gestirn (Mond oder Sonne) erfahren. Diese verhältnismäßig kleinen Differenzkräfte haben einen so großen Einfluß, weil der (konstante) Hauptanteil der Anziehung durch eine Zentrifugalkraft kompensiert wird: beim Erde-Sonne-System infolge der Bahnbewegung der Erde und beim Erde-Mond-System als Folge des Umlaufs um den gemeinsamen Schwerpunkt. Die Zentrifugalbeschleunigung ist, da alle Punkte der Erde bei dieser Bewegung kongruente Bahnen beschreiben, in allen Punkten nach Betrag und Richtung gleich groß. Sie kompensiert gerade die Anziehungskraft im Schwerpunkt der Erde. Auf alle übrigen Punkte der Erde wirken die nichtkompensierten *Differenzkräfte* ein: das sind die Gezeitenbeschleunigungen. Bei der Ableitung ihres Potentials muß man deshalb die Ausdehnung der Erde unbedingt berücksichtigen, das anziehende Gestirn kann dagegen als Massenpunkt angesehen werden.

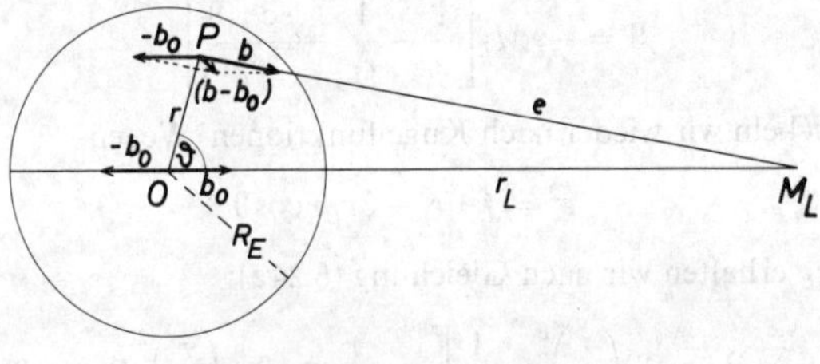

Fig. 36 Zur Ableitung des Gezeitenpotentials.

Wir benutzen ein Koordinatensystem *(Fig. 36)*, dessen Ursprung O sich mit dem Schwerpunkt der Erde bewegt und das keine Rotation ausführt *(Revolution ohne Rotation)*. Der Aufpunkt P kann im Innern der Erde oder auf der Oberfläche ($r = \mathrm{R_E}$) liegen. M_L sei die Masse des Mondes (von *l*unar). Die Beschleunigung $\boldsymbol{b}$, die ein Punkt durch die Anziehung des Mondes erfährt, ist

$$\boldsymbol{b} = -\operatorname{grad}\left(-\gamma \frac{M_L}{e}\right).$$

Im Erdschwerpunkt hat **b** den Betrag

$$b_0 = \gamma \frac{M_L}{r_L^2}.$$

Diese Beschleunigung wird durch die Zentrifugalkraft beim Bahnumlauf nach Betrag und Richtung kompensiert. Das Beschleunigungsfeld der Zentrifugalkraft ist in der ganzen Erde homogen. Um sein Potential abzuleiten, führen wir vorübergehend ein rechtwinkliges Koordinatensystem um O ein, dessen z-Achse auf den Mond zeigt. Dann ist das Potential des homogenen Feldes $\boldsymbol{b}_0$

$$-b_0 z = -b_0 r \cos\vartheta = -\gamma \frac{M_L}{r_L^2} r \cos\vartheta.$$

Die *Gezeitenbeschleunigung* $\bar{\boldsymbol{b}}$ ist gleich der Differenz

$$\bar{\boldsymbol{b}} = \boldsymbol{b} - \boldsymbol{b}_0.$$

Zur Differenz der Potentiale addieren wir noch den konstanten Wert $\gamma M_L/r_L$, damit das *Gezeitenpotential* Ψ im Punkte $r=0$ verschwindet. (Ein konstanter Summand ändert ja nichts am Beschleunigungsfeld.) Es ist also

$$\Psi = -\gamma M_L \left[\frac{1}{e} - \frac{1}{r_L} - \frac{r \cos\vartheta}{r_L^2} \right]. \tag{7.1}$$

$1/e$ entwickeln wir wieder nach Kugelfunktionen. Wegen

$$e^2 = r_L^2 + r^2 - 2 r_L r \cos\vartheta$$

und $r < r_L$ erhalten wir nach Gleichung (6.24a):

$$\frac{1}{e} = \frac{1}{r_L} \sum_{l=0}^{\infty} \mathrm{P}_l(\cos\vartheta) \left(\frac{r}{r_L}\right)^l = \frac{1}{r_L} \left[1 + \frac{r}{r_L} \cos\vartheta + \left(\frac{r}{r_L}\right)^2 \mathrm{P}_2(\cos\vartheta) + \cdots \right].$$

Wenn man diesen Ausdruck in Gleichung (7.1) einsetzt, fallen die beiden ersten Glieder fort, und es bleibt:

$$\Psi = -\frac{\gamma M_L r^2}{r_L^3} \left[\mathrm{P}_2(\cos\vartheta) + \frac{r}{r_L} \mathrm{P}_3(\cos\vartheta) + \cdots \right]. \tag{7.2}$$

Wegen des Faktors r/r_L ist das erste Glied das weitaus bedeutendste. Wir wollen daher für das Folgende die Entwicklung nach P_2 abbrechen. Man führt als *Gezeitenkonstante* ein:

$$\mathrm{G}_L = \frac{3}{4} \frac{\gamma M_L \mathrm{R}_E^2}{r_L^3} \tag{7.3}$$

und entsprechend G_S für die Sonne. Wie man aus den Gleichungen (7.2) und (7.3) ersieht, nehmen die Gezeitenbeschleunigungen mit der Entfernung vom anziehenden Gestirn wie $1/r_L^3$ bzw. $1/r_S^3$ ab. Setzt man Zahlenwerte in Gleichung (7.3) ein, so erhält man:

	G	$\frac{2G}{R_E}$ (Gl. 7.5)	$\frac{G}{g}$ (Gl. 7.7)
Mond	$2{,}621 \cdot 10^4\,cm^2\,sec^{-2}$	0,0823 mgal	26,7 cm
Sonne	$1{,}207 \cdot 10^4\,cm^2\,sec^{-2}$	0,0379 mgal	12,3 cm

Die Gezeitenkonstante der Sonne verhält sich zu der des Mondes wie 0,46 zu 1. Das ist auch ungefähr das Verhältnis der mittleren Dichten ρ von Sonne und Mond, was durch die folgende Umformung verdeutlicht wird

$$\frac{G_S}{G_L} = \frac{M_S}{M_L}\left(\frac{r_L}{r_S}\right)^3 = \frac{\rho_S}{\rho_L}\left(\frac{R_S/r_S}{R_L/r_L}\right)^3. \tag{7.4}$$

Darin sind R_S und R_L die mittleren Radien von Sonne bzw. Mond. Der Klammerausdruck rechts enthält die *scheinbaren Radien* R/r, unter denen man Sonne und Mond von der Erde aus sieht. Die scheinbaren Radien von Sonne und Mond sind aber nahezu gleich, weshalb auch der Mond die Sonne bei Sonnenfinsternissen gerade abdeckt. Der Unterschied in den Gezeitenkonstanten rührt deshalb von ρ_S/ρ_L her. Bei Voll- und Neumond addieren sich die Gezeitenwirkungen von Sonne und Mond *(Springflut)*. Zur Zeit der Quadraturen wirken sie gegeneinander *(Nipptide)*. Die Anregungen verhalten sich wie

$$(1+0{,}46)/(1-0{,}46) = 2{,}7:1.$$

Nach Differentiation erhält man für $r = R_E$ die Beschleunigungskomponenten an der Erdoberfläche

$$\boxed{\begin{aligned} \bar{b}_r &= -\left.\frac{\partial \Psi}{\partial r}\right]_{r=R_E} = \frac{2G}{R_E}\,\frac{4}{3}\,P_2(\cos\vartheta) = \frac{2G}{R_E}\left(\cos 2\vartheta + \frac{1}{3}\right) \\ \bar{b}_\vartheta &= -\left.\frac{\partial \Psi}{r\,\partial \vartheta}\right]_{r=R_E} = -\frac{2G}{R_E}\sin 2\vartheta \end{aligned}} \tag{7.5}$$

$\bar{b}_r = -\delta g$ kann man auffassen als zeitlich variablen Anteil der Schwerebeschleunigung g. Mit einem Gravimeter kann man diese Variation direkt bestimmen[1]. Die Amplituden ersieht man aus der mittleren Spalte der obigen Tabelle. Die andere Komponente $\bar{b}_\vartheta$ hingegen verursacht eine Schwankung der Lotrichtung. Sie wird am größten für $\vartheta = 45°$. Wenn man dort $\mathfrak{g}$ und $\bar{b}_\vartheta$ zusammensetzt, erhält man für die lunare Schwankung der Lotrichtung einen Wert von

$$0{,}823 \cdot 10^{-4}/980 = 0{,}84 \cdot 10^{-7} \quad \text{oder} \quad 0{,}017 \text{ Bogensekunden.}$$

Ein 119 km (!) langes Pendel würde unter der Wirkung der Gezeiten um ± 1 cm ausschlagen. Trotz ihrer geringen Größe läßt sich diese *Lotschwankung* mit empfindlichen Pendelapparaten einwandfrei registieren (siehe Kap. 7d).

Eine zweckmäßige Größe zur Veranschaulichung der Gezeitenkräfte ist die Höhe $\bar{\zeta}$ der *Gleichgewichtsflut* (engl. equilibrium-elevation). Als Gleichgewichtsflut bezeichnet man die Verteilung, die eine die ganze Erde bedeckende Flüssigkeit annehmen würde, wenn das gezeitenerzeugende Gestirn wie ein stationärer Satellit[2] relativ zur Erdoberfläche still stände. Die Gleichgewichtsflut ist eine Äquipotentialfläche; sie wird durch die Gleichung

$$\Phi + \Psi = const \tag{7.6}$$

beschrieben, wobei Ψ das Gezeiten- und Φ das Schwerepotential (Gleichung 6.32) sind. Durch die Wirkung von Ψ werden die Niveauflächen von Φ um $\bar{\zeta}$ gehoben. Da $\bar{\zeta}$ eine kleine Größe ist, gilt in guter Näherung

$$\Phi = const + \bar{\zeta}\frac{\partial \Phi}{\partial r} = const + \bar{\zeta}\mathfrak{g}\,.$$

Der Vergleich mit Gleichung (7.6) ergibt

$$\boxed{\bar{\zeta} = -\frac{\Psi}{\mathfrak{g}} = \frac{G}{\mathfrak{g}}\,\frac{4}{3}\,P_2(\cos\vartheta) = \frac{G}{\mathfrak{g}}\left(\cos 2\vartheta + \frac{1}{3}\right)} \tag{7.7}$$

Die *Fig. 37* zeigt die Form von $\bar{\zeta}$ zusammen mit den Beschleunigungsvektoren. $\bar{\zeta}$ besitzt zwei Flutberge, einen an der dem Mond zugewandten und einen an der abgewandten Seite der Erde. Deshalb erlebt man die lunaren Gezeitenfluten alle 12 h 25 Min, die solaren alle 12 h. Die zugehörigen Maximalerhebungen sind in der letzten Spalte der obigen Tabelle angegeben. Die wirklichen Gezeiten haben wegen der störenden

[1] Seit 1954 werden diese Werte für jedes Jahr vorausberechnet und in der Zeitschrift *Geophysical Prospecting* veröffentlicht, damit sie zur Korrektur von Gravimetermessungen zur Verfügung stehen.

[2] Z. B. Syncom I–III (1963/64), Early Bird (1965).

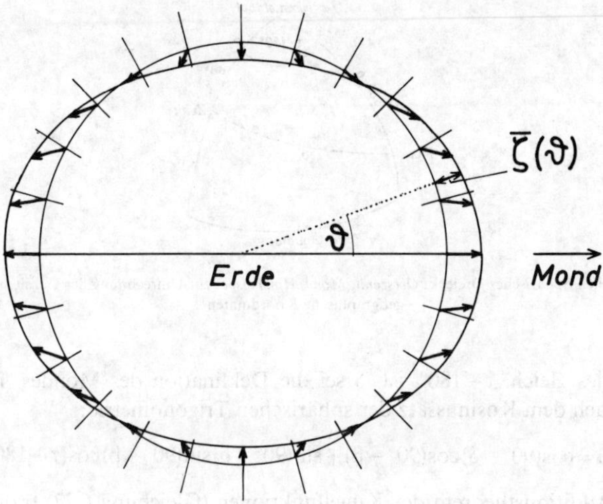

Fig. 37 Gezeitenbeschleunigungen *(Pfeile)* und Gleichgewichtsflut $\bar{\zeta}$ (etwa 3,8 millionenfach überhöht).

Landmassen, aber auch wegen der vernachlässigten Beschleunigungsglieder, nicht einmal entfernte Ähnlichkeit mit der Gleichgewichtsflut. Trotzdem ist sie als anschauliches Denkmodell von Wert.

Eine Größe, die wir bisher stillschweigend vernachlässigt haben, ist die Änderung des Schwerepotentials Φ durch die Verschiebung der Massen. Schon im Kap. 5b über die Theorie der Eigenschwingungen des Erdkörpers wurde darauf hingewiesen, daß dieser „Sekundäreffekt" berücksichtigt werden muß. Rechnerisch ist das nicht allzu schwierig. Man findet die entsprechende Herleitung in Lehrbüchern der Hydrodynamik[1]. Es zeigt sich – wie so oft in der Geophysik – daß der angebliche Sekundäreffekt die gleiche Größenordnung hat wie die primären Gezeiten.

Bisher haben wir die Gezeitenverteilung immer auf die Richtung zum Mond bezogen. Weil der Mond wandert, ist das aber unpraktisch. Wir wollen jetzt die üblichen geographischen Koordinaten einführen *(Fig. 38)*. β sei die geographische Breite und τ sei die wahre Mondzeit, von der unteren Kulmination an gerechnet, so daß der Stundenwinkel des

[1] Z.B. bei H. Lamb: Hydrodynamics. 6. Aufl. 1932 – Deutsche Übersetzung von E. Helly („Lehrbuch der Hydrodynamik"), Leipzig und Berlin 1931.

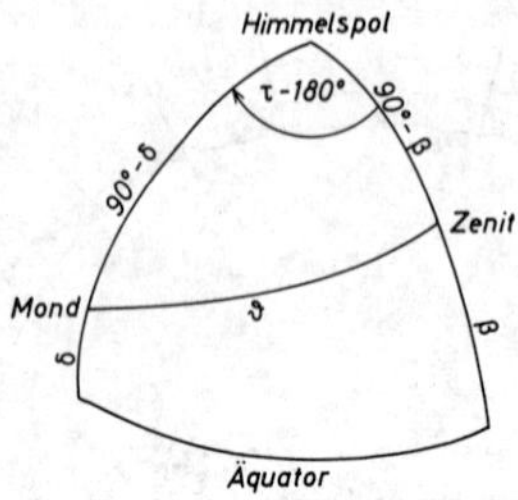

Fig. 38 Sphärisches Dreieck: *Ortszenit, Mond, Himmelspol* zur Umrechnung der Gezeiten auf geographische Koordinaten.

Mondes gleich $\tau-180°$ ist. δ sei die Deklination des Mondes. Dann gilt nach dem Kosinussatz der sphärischen Trigonometrie:

$$\cos\vartheta=\cos(90°-\delta)\cos(90°-\beta)+\sin(90°-\delta)\sin(90°-\beta)\cos(\tau-180°).$$

Das Additionstheorem der Kugelfunktionen (Gleichung 6.27) transformiert die Gleichung (7.7) in

$$\begin{aligned}\bar{\zeta} &= \frac{G}{g}\,\frac{4}{3}\Big\{P_2(90°-\delta)P_2(90°-\beta)+P_2^1(90°-\delta)P_2^1(90°-\beta)\cos(\tau-180°)\\ &\qquad +P_2^2(90°-\delta)P_2^2(90°-\beta)\cos 2(\tau-180°)\Big\}\\ &= \frac{G}{g}\Big\{3\left(\frac{1}{3}-\sin^2\delta\right)\left(\frac{1}{3}-\sin^2\beta\right)-\sin 2\delta\sin 2\beta\cos\tau\\ &\qquad +\cos^2\delta\cos^2\beta\cos 2\tau\Big\}\\ &=\bar{\zeta}_0+\bar{\zeta}_1+\bar{\zeta}_2. \end{aligned} \tag{7.8}$$

$\bar{\zeta}_2$ ist das *Hauptglied* in der Entwicklung nach τ. Es stellt zwei Flutberge mit den zugehörigen Tälern *(Ebbe)* dar, die längs des Äquators mit dem Mond um die Erde wandern. $\bar{\zeta}_1$ ist ein *ganztägiges* Glied mit Knotenlinien am Äquator und Maxima in $\pm 45°$ Breite. Es tritt nur auf, wenn der Mond sich außerhalb der Äquatorebene befindet ($\delta\neq 0$). $\bar{\zeta}_0$ schließlich ist ein *langperiodisches* Glied, welches zeitlich nur mit δ variiert (halbmonatlich bzw. halbjährlich für die Sonne). Knotenlinien hat ζ_0 bei $\beta=\pm 35{,}3°$. Alles für den Mond Gesagte gilt analog für die von der Sonne verursachten Gezeiten.

Die Gezeiten sind das eindruckvollste geophysikalische Beispiel für das Auftreten periodischer Funktionen. Bei der Überlagerung der Gezeitenpotentiale von Mond und Sonne, die beide komplizierte Bahnen am Himmel beschreiben, kommt es zur Addition von Termen mit unterschiedlichen Perioden. Das wichtigste Hilfsmittel zur Beschreibung solcher Vorgänge ist die *harmonische Analyse.* A. T. DOODSEN hat 1922 eine harmonische Analyse des Gezeitenpotentials nach folgenden gleichförmig fortschreitenden astronomischen Zeitvariablen angegeben:

Variable	*Periode*
Mittlere Sonnenzeit	1,00000 Tage
Mittlere Mondzeit	1,03505 Tage
Mittlere Länge des Mondes	27,32158 Tage
Mittlere Länge der Sonne	365,24220 Tage
Mittlere Länge des Perigäums des Mondes	8,847 Jahre
Mittlere Länge des aufsteigenden Knotens der Mondbahn	18,613 Jahre
Mittlere Länge des Perigäums der Sonne	20940 Jahre

Für eine hinreichend genaue Darstellung des Gezeitenpotentials braucht man 15 Sonnen- und etwa 65 Mondglieder[1].

Gezeitenbeobachtungen werden in der Regel durch trigonometrische (Zeit-)Funktionen dargestellt. Zu ihrer Veranschaulichung benutzt man in der Geophysik die *Periodenuhr* (engl. harmonic dial). Eine Schwingung der Form

$$A\cos\omega t + B\sin\omega t = C\sin(\omega t + \varepsilon) \tag{7.9}$$

wird in der in *Fig. 39* gezeigten Form (A-Achse nach oben!) durch einen Vektor dargestellt. Bei einer Schwingung der Periode $\mathrm{T} = 12$ Stunden zeigt der Vektor auf die Uhrzeit des Maximums, wenn als Randskala das Zifferblatt (engl. dial) einer gewöhnlichen Uhr angebracht wird. Für andere Perioden muß man die Randbezifferung entsprechend ändern.

Aus der Periodenuhr kann man mühelos die Beziehungen zwischen A, B, C und ε ablesen. Einer Änderung des Zeitanfangs (z. B. Übergang von Orts- auf Weltzeit) entspricht eine einfache Drehung des Koordinatensystems. Die Superposition mehrerer Schwingungen der gleichen Periode erhält man durch Addition ihrer Vektoren. Es genügt, die End-

[1] Eine vollständige Liste aller Partialtiden, zusammengestellt von J. BARTELS und W. HORN, findet man in LB (Literaturverzeichnis Kap. 29) **3** (1952), 271–283.

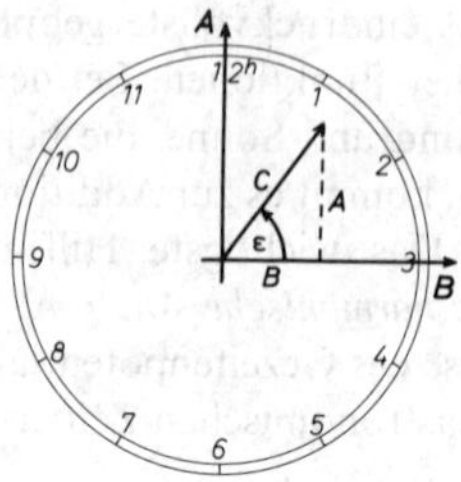

Fig. 39 Periodenuhr zur Veranschaulichung harmonischer Schwingungen der Periode T = 12 h. Der aus *A* und *B* konstruierte Vektor weist auf die Zeit des Maximums. Seine Länge ist gleich der Amplitude *C*, der Winkel gegen die *B*-Achse gleich dem Phasenwinkel ε.

punkte der Vektoren in der Periodenuhr zu markieren, da diese Punkte alle Information enthalten. So kann man Ergebnisse verschiedener Beobachtungen durch *Punktwolken* in der Periodenuhr darstellen und erreicht dadurch eine sehr große Informationsdichte; auch gestattet es diese Methode, statistische Beziehungen besser zu überblicken. Schließlich lassen sich auch Schwingungen anderer Frequenz ω^* darstellen:

$$\underbrace{C^*}_{C}\sin(\omega^* t+\varepsilon^*) = C^*\sin[\omega t+\underbrace{(\omega^*-\omega)t+\varepsilon^*}_{\varepsilon(t)}] = C\sin[\omega t+\varepsilon(t)]. \quad (7.10)$$

In der Periodenuhr ist das ein Kreis mit dem Radius $C=C^*$, der für $\omega^*<\omega$ im Uhrzeigersinn durchlaufen wird, da ja $\varepsilon=\varepsilon(t)$ ist. Auf diese Weise lassen sich Schwebungen und dergleichen besonders gut veranschaulichen.

7b) *Gezeiten in Meeren und Meeresteilen*

Am Anfang dieses Abschnittes muß der Name eines Mannes stehen: Pierre Simon Laplace. Den Physikstudenten ist er meist nur vom „Laplace-Operator“ und der „Laplace-Transformation“ her bekannt. Die Nichtnaturwissenschaftler wissen, daß er auf Napoleons kritische Bemerkung, in der Mécanique Céleste (*Himmels*mechanik) komme der Name Gottes nicht vor, erwidert haben soll: „Sire, ich bedurfte dieser Hypothese nicht.“ Vielleicht wird deshalb Laplace in modernen Lexika so kurz abgehandelt.

Geboren wurde Laplace 1749 in der Normandie zu Beaumont-en-Auge im Regierungsbezirk Calvados. (Für die Leser, die hier aufmerken: Das nächste Glas zur Erinnerung an Laplace!) Er war Mathematiklehrer an der Militärschule von Beaumont, später für kurze Zeit Innenminister unter Napoleon, dann Mitglied, Vizepräsident und Kanzler des Erhaltungssenates. Nach Napoleons Kaiserkrönung wurde er in den Grafenstand erhoben. 1814 stimmte er für die Wiedereinsetzung der Bourbonen. Während der 100 Tage nach Napoleons Rückkehr nahm er kein Amt an und wurde dafür 1817 von Ludwig XVIII. zum Marquis ernannt. Er starb 1827 in Paris. Laplace hat in seiner Théorie analytique des probabilités (!) in anschaulichster Form die Konsequenz aus dem Kausalitätsprinzip der klassischen Mechanik beschrieben: „Ein Geist, der für einen Augenblick alle Kräfte kennte, welche die Natur beleben, sowie die gegenseitige Lage aller Wesenheiten, aus denen sie besteht, müßte, wenn er umfassend genug wäre, um alle diese Daten der mathematischen Analyse unterwerfen zu können, in einer einzigen Formel die Bewegung der größten Himmelskörper und des leichtesten Atoms begreifen, nichts wäre ungewiß für ihn, und Zukunft wie Vergangenheit lägen seinem Auge offen dar." Kein Wunder, daß Laplace die Gleichgewichtstheorie der Gezeiten nicht befriedigte.

Im vorigen Abschnitt hatten wir zur Veranschaulichung der Gezeitenkräfte das Denkmodell der Gleichgewichtsflut eingeführt. Die wirkliche Gestalt der Wasseroberfläche ist von der Gleichgewichtsflut aber sehr verschieden. Daran sind vor allem die störenden Landmassen schuld. Dazu kommt, daß auch die folgenden Einflüsse vernachlässigt sind: (a) Die Trägheitskräfte, die die Resonanzeigenschaften des Systems bestimmen. (b) Die Corioliskraft[1], die durch die Erdrotation hervorgerufen wird. (c) Reibungskräfte im Innern der Flüssigkeit und am Meeresboden.

Es war Laplace, der als erster eine dynamische Theorie der Gezeiten entwickelte, und zwar berücksichtigte er die Effekte (a) und (b). Es ist hier nicht möglich, die ausführlichen Rechnungen wiederzugeben. Einen Einblick kann man aber an Hand eines sehr einfachen Modells gewinnen, welches *Kanaltheorie* genannt wird. Wir beginnen mit der allgemeinen Bewegungsgleichung für eine Flüssigkeit auf rotierender Erde:

$$\frac{\partial \boldsymbol{v}}{\partial t} + (\boldsymbol{v}\cdot\operatorname{grad})\boldsymbol{v} - 2[\boldsymbol{v}\times\boldsymbol{\Omega}] = -\frac{1}{\rho}\operatorname{grad} p - \operatorname{grad}(\Phi+\Psi). \qquad (7.11)$$

$\boldsymbol{v}$ = Geschwindigkeit der Flüssigkeit,
ρ = Dichte der Flüssigkeit,
p = Druck,
$\boldsymbol{\Omega}$ = Winkelgeschwindigkeit der Erdrotation (vektoriell),
Φ = Schwerepotential,
Ψ = Gezeitenpotential.

[1] G. G. de Coriolis (1792–1843), französischer Ingenieur. Nach A. T. Doodsen (Advances in Geophysics **5** (1958), 122–123) ist der Name „Corioliskraft" eine Erfindung der Neuzeit. Bei Coriolis wird diese Kraft erstmalig 1835 erwähnt, bei Laplace schon 1776.

Das zweite (nichtlineare) Glied auf der linken Seite kann man bei nicht zu großen Geschwindigkeiten vernachlässigen. Wir benötigen weiterhin die Kontinuitätsgleichung

$$\frac{\partial \rho}{\partial t} + \operatorname{div}(\rho \boldsymbol{v}) = 0. \tag{7.12}$$

Für eine inkompressible Flüssigkeit wird daraus in einem rechtwinkligen x-y-z-Koordinatensystem

$$\operatorname{div} \boldsymbol{v} = \frac{\partial \boldsymbol{v}_x}{\partial x} + \frac{\partial \boldsymbol{v}_y}{\partial y} + \frac{\partial \boldsymbol{v}_z}{\partial z} = 0. \tag{7.12a}$$

Wir wollen jetzt die Wasserbewegungen in einem in x-Richtung verlaufenden engen Kanal der Tiefe h berechnen. Die Wände des Kanals bewirken, daß $\boldsymbol{v}_y \equiv 0$. Für Anwendungen auf der Erdoberfläche stellen wir uns vor, die x-Achse laufe nach Westen. $z=0$ sei der Kanalboden und $z=h$ die ungestörte Wasseroberfläche. Die gestörte Oberfläche dagegen sei $z=h+\zeta(x)$. Für kleine h ist immer $\boldsymbol{v}_z \ll \boldsymbol{v}_x$. Dann kann man die Corioliskraft $2[\boldsymbol{v} \times \boldsymbol{\Omega}]$ in Gleichung (7.11) vernachlässigen. grad Φ hat nur eine Komponente in z-Richtung. Für $\boldsymbol{v}_x$ erhalten wir aus Gleichung (7.11)

$$\frac{\partial \boldsymbol{v}_x}{\partial t} = -\frac{1}{\rho}\frac{\partial p}{\partial x} - \frac{\partial \Psi}{\partial x}. \tag{7.13}$$

In der z-Komponente der Bewegungsgleichung (7.11) überwiegt das Glied

$$-\frac{\partial \Phi}{\partial z} = \mathrm{g}.$$

Dagegen sind alle anderen Glieder außer dem Druckterm klein. Den Druck an einem Punkt (x,z) berechnet man deshalb einfach aus dem Gewicht der darüberliegenden Flüssigkeitssäule zu

$$p = \mathrm{g}\,\rho(h+\zeta-z). \tag{7.14}$$

Führt man noch die Höhe der Gleichgewichtsflut $\bar{\zeta} = -\Psi/\mathrm{g}$ nach Gleichung (7.7) ein, so ergibt sich aus (7.13)

$$\boxed{\frac{\partial \boldsymbol{v}_x}{\partial t} = -\mathrm{g}\frac{\partial}{\partial x}(\zeta-\bar{\zeta})} \tag{7.15}$$

Da die rechte Seite unabhängig von z ist, kann auch $\boldsymbol{v}_x$ nicht von z abhängen, d.h. die ganze Wassersäule von $z=0$ bis $z=h+\zeta$ hat die gleiche Geschwindigkeit $\boldsymbol{v}_x$. Wenn wir daher die Kontinuitätsgleichung (7.12a) über die Höhe integrieren, erhalten wir

$$0=\int_0^{h+\zeta}\left(\frac{\partial \boldsymbol{v}_x}{\partial x}+\frac{\partial \boldsymbol{v}_z}{\partial z}\right)\mathrm{d}z=(h+\zeta)\frac{\partial \boldsymbol{v}_x}{\partial x}+\frac{\partial \zeta}{\partial t}=0,$$

da $\boldsymbol{v}_z=0$ für $z=0$ und gleich $\dfrac{\partial \zeta}{\partial t}$ für $z=h+\zeta$ ist. In dem Klammerausdruck können wir ζ gegen h vernachlässigen und erhalten

$$\boxed{\frac{\partial \zeta}{\partial t}=-h\frac{\partial \boldsymbol{v}_x}{\partial x}} \qquad (7.16)$$

Durch Differentiation der Gleichungen (7.15) nach x und (7.16) nach t kann man $\boldsymbol{v}_x$ eliminieren und erhält

$$\frac{\partial^2 \zeta}{\partial t^2}=\mathrm{g}h\frac{\partial^2}{\partial x^2}(\zeta-\bar{\zeta}). \qquad (7.17)$$

Für freie Schwingungen $(\bar{\zeta}=0)$ ist das die eindimensionale *Wellengleichung* (4.6). Für die Wellengeschwindigkeit v erhalten wir

$$v=\sqrt{\mathrm{g}h}. \qquad (7.18)$$

Obwohl wir diese Formel für ein sehr spezielles Modell hergeleitet haben, hat sie allgemeine Bedeutung für *lange Wellen* im Meer (Wellenlänge $\lambda \gg h$). Als Geschwindigkeit ergibt sich 113 km/Std. bei $h=100$ m und 800 km/Std. bei $h=5000$ m. Wasserwellen dieser Art werden gelegentlich von Erdbeben erzeugt und laufen als seismische Wogen *(Tsunamis)* durch die Meere (z.B. beim Chile-Beben vgl. Kap. 5a). Den langen Wellen fehlt eine charakteristische Eigenschaft, die man bei (kurzen) Wellen an der Meeresoberfläche beobachtet, sie zeigen keine Dispersion.

Für unser Kanalmodell würde die Gleichgewichtsflut die Form einer von Ost nach West wandernden Welle annehmen

$$\bar{\zeta}=\bar{A}\sin k(x-\bar{v}t). \qquad (7.19)$$

Die Lösung der Gleichung (7.17) unterscheidet sich nur in der Amplitude von dieser Welle:

$$\zeta=A\sin k(x-\bar{v}t).$$

Einsetzen in Gleichung (7.17) liefert

$$A = \frac{gh}{gh - \bar{v}^2}\,\bar{A} = \frac{v^2}{v^2 - \bar{v}^2}\,\bar{A}. \tag{7.20}$$

In einem Kanal längs des Äquators bewegt sich die lunare Gleichgewichtsflut mit der Geschwindigkeit

$$\bar{v} = 40\,000\,\text{km}/1{,}035\ \text{Tage} = 1\,610\,\text{km/Std.}$$

Solange der Kanal weniger als 22 km tief ist, ist $v < \bar{v}$, d.h. aber ζ hat gerade das entgegengesetzte Vorzeichen von $\bar{\zeta}$. Man sagt, die Gezeiten sind *indirekt*. Für höhere geographische Breiten verkürzt sich der Weg, und $\bar{v}$ ist entsprechend geringer. Dort können bei Meerestiefen von nur einigen Kilometern auch *direkte* Gezeiten auftreten. Dazwischen gäbe es einen Kanal mit einer Resonanzstelle $\bar{v} = \sqrt{gh}$.

Analoge Ergebnisse erhielt LAPLACE für die Gezeiten auf einer ganz von Wasser bedeckten Kugel. Solange man von der Rotation absieht, ergeben sich als Eigenschwingungen gerade die Kugelflächenfunktionen $Y_l^m(\vartheta, \lambda)$ von Gleichung (5.6). Allerdings tritt Dispersion auf; denn es gilt z.B. für die Ausbreitung längs des Äquators

$$v = \sqrt{\frac{l(l+1)}{m^2}\,gh}\,.$$

Die Erdrotation bewirkt eine Veränderung der Eigenschwingungsperioden und -formen. An die Stelle der Y_l^m treten Linearkombinationen von Kugelflächenfunktionen.

Auch die Ergebnisse der dynamischen Gezeitentheorie für einen Ozean, der die ganze Erde bedeckt, waren enttäuschend für Laplace; denn sie stimmten mit den Beobachtungen sehr schlecht überein. Ganz wesentlich werden die Meeresgezeiten durch die Land-Wasser-Verteilung auf der Erde bestimmt. Nur in dem verhältnismäßig freien ringförmigen Meeresgebiet um die Antarktis können sich die Gezeiten ungestört ausbilden. Von dort breiten sie sich dann in die verschiedenen Ozeane und Randmeere aus. Dabei kommt es zu komplizierten Interferenz- und Resonanzerscheinungen.

Unser Kanalmodell eignet sich auch dazu, das Verhalten von *Gezeiten in Nebenmeeren* zu illustrieren. Nehmen wir an, der Kanal reiche nur von $x=0$ bis $x=q$; dann muß gelten

$$\boldsymbol{v}_x(0) = \boldsymbol{v}_x(q) = 0\,.$$

Daher können sich keine laufenden, sondern nur noch stehende Wellen ausbilden

$$v_x = A_n \sin(k_n x) \sin(\omega_n t)$$

mit

$$k_n = \frac{n\pi}{q} \quad \text{und} \quad \omega_n = \sqrt{gh}\; k_n \quad (n = 1, 2, \ldots).$$

Daraus ergeben sich Eigenperioden T_n

$$T_n = \frac{2\pi}{\omega_n} = \frac{2q}{n\sqrt{gh}}. \tag{7.21}$$

ζ hat an den Kanalenden $x=0$ und $x=q$ Schwingungsbäuche. Eigenschwingungen dieser Art von Nebenmeeren und Seen nennt man *Seiches* (frz. Aussprache lt. DUDEN: *ßäsch*); dieser Name wurde von der Uferbevölkerung des Genfer Sees für dessen Schwingungen geprägt. Entsprechende Eigenschwingungen gibt es auch in einseitig offenen Kanälen oder anders gestalteten Randmeeren. Die Ostsee z.B. hat Grundschwingungen mit einer Periode von 27,5 Std. Die Gezeiten der Nordsee dagegen sind ganz verwickelt. Dort bildet sich eine Drehtide *(Amphidromie)* aus; bei ihr sind die Linien gleichen Hochwassereintritts strahlenförmig angeordnet.

Gezeitenvorgänge in kompliziert gestalteten Meeren konnten nach der vollen dynamischen Theorie (bei der nun auch die Reibung nicht mehr vernachlässigt wird) erst im letzten Jahrzehnt berechnet werden: mit Hilfe der neueren Großrechenanlagen. Solche dienstbaren Geister standen Laplace noch nicht zu Gebote.

7c) *Atmosphärische Gezeiten*

Für Schwingungen des Luftmeeres hat die Land-Wasser-Verteilung eine wesentlich geringere Bedeutung. So lag es für LAPLACE nahe, nachzusehen, ob die Atmosphäre Gezeitenbewegungen ausführt, die seiner dynamischen Theorie entsprachen. Atmosphärische Gezeiten erleben wir Menschen so, wie Tiefseebewohner die ozeanischen Gezeiten erfahren, nämlich von der Unterseite des schwingenden Mediums aus. Dabei bemerkt man die Erhebungen der freien Oberfläche nur an Änderungen des Druckes.

Zur quantitativen Erfassung muß man zunächst die Größe der Anregung, d.h. die Auswirkung der atmosphärischen Gleichgewichtsflut auf den Luftdruck am Erdboden bestimmen. Zu diesem Zweck denken wir uns die wirkliche Atmosphäre durch eine Modellatmosphäre konstanter Dichte (homogene Atmosphäre) ersetzt. Die Dichte soll überall diejenige der Luft am Boden ($\rho_0 = 1{,}226\,\mathrm{kg/m^3}$) sein, die Höhe H so groß, daß der Druck am Boden gleich dem mittleren Luftdruck $p_0 = 1\,\mathrm{bar} = 1000\,\mathrm{mbar}$ ist. Dann beträgt

$H = \frac{p_0}{g\,\rho_0} = 8{,}3\,\mathrm{km}$ = *Skalenhöhe* am Erdboden (engl. scale height).

Die zur Gleichgewichtsflut gehörige Druckschwankung ist

$$\overline{\delta p} = \frac{\bar{\zeta}}{H} p_0 = g\,\rho_0 \bar{\zeta} = -\rho_0 \Psi. \tag{7.22}$$

Mit der lunaren Amplitude $\bar{\zeta} = 26{,}7\,\mathrm{cm}$ (Tabelle zu Gleichung 7.3) wird $\overline{\delta p} = 0{,}032\,\mathrm{mbar}$.

In mittleren Breiten haben die unperiodischen Druckschwankungen, die mit Wetteränderungen einhergehen, Amplituden von etwa 20 mbar. Deshalb ist es schwierig, die lunare Druckschwankung aus den unperiodischen Variationen herauszupräparieren, da ja das *Signal/Rausch-Verhältnis* 1/625 ist. Das Verhältnis ist für mittlere Breiten sogar noch ungünstiger, da $\overline{\delta p}$ mit zunehmender Breite abnimmt. Am besten verwendet man deshalb die Beobachtungswerte von Äquatorstationen. Solche Beobachtungen standen Laplace 1774 noch nicht zur Verfügung. Er versuchte es mit einer achtjährigen Beobachtungsreihe von Brest, mußte aber erkennen, daß die Daten nicht ausreichten. Es dauerte fast 150 Jahre, bis es S. Chapman 1918 an Hand einer 64jährigen Reihe für Greenwich gelang, die halbmondentägige Druckwelle für eine außertropische Station nachzuweisen. Die Amplitude betrug 0,013 mbar.

Das Herauspräparieren eines kleinen periodischen Anteils aus Zeitreihen mit sehr großen unperiodischen Schwankungen demonstriert den großen Nutzen der mathematischen Statistik. In Kap. 5c haben wir die Statistische Frequenzanalyse kennengelernt. Mit ihrer Hilfe berechnet man das Quadratische Spektrum einer Funktion. Häufig geschieht das mit dem Ziel, die *Perioden* von Schwingungen zu bestimmen, deren Amplituden besonders groß sind. Die Phasen werden im Quadratischen Spektrum nicht erfaßt. In diesem Abschnitt soll die Lösung einer anderen geophysikalischen Aufgabe der Statistik vorgeführt werden: Gesucht sind *Amplitude* und *Phase* einer Schwingung mit bekannter Periode. Dieser Schwingung sind große unperiodische Schwankungen oder periodische Vorgänge überlagert, deren Periode verschieden ist von der der gesuchten Schwingung.

Man zerlegt die Beobachtungsreihe in Abschnitte von der Länge der zu untersuchenden Periode, schreibt diese Abschnitte zeilenweise untereinander und bildet spaltenweise (etwa für jede Stunde des Mondtages)

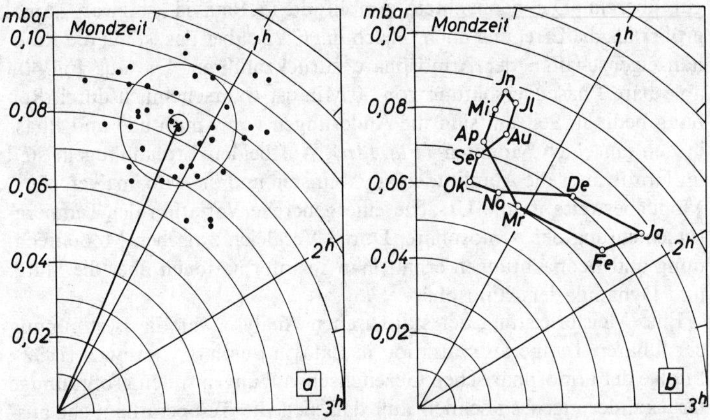

Fig. 40 Periodenuhr für die halbmondentägige Luftdruckwelle in Batavia, jetzt Djakarta (nach J. BARTELS). *a*: Punkte für jedes der 40 Jahre 1866–1905. Der Vektor geht zum 40jährigen Mittelwert. Der große Kreis um den Mittelwert gibt die Streuung der Einzeljahre an, der kleine die daraus berechnete Streuung des Mittelwertes. *b*: Monatsmittelwerte für die 40jährige Beobachtungszeit. Die (nicht gezeichneten) Fehlerkreise der Monatswittelwerte haben Radien von etwa 0,003 mbar.

Mittelwerte. Ist N die Anzahl der Zeilen (Perioden), so schrumpfen bei der Mittelung die unperiodischen Streuungen (und fremdperiodischen Anteile) wie $1/\sqrt{N}$. Der periodische Anteil dagegen bleibt in voller Größe erhalten. Das $1/\sqrt{N}$*-Gesetz* erlaubt es, die statistische Sicherheit des Ergebnisses abzuschätzen. Die *Fig. 40a* zeigt das am Beispiel der halbmondentägigen Luftdruckschwankung in Batavia. In der Periodenuhr sind als Punkte die Ergebnisse der Analysen für die vierzig Jahre 1866 bis 1905 einzeln eingetragen. Der eingezeichnete Vektor ist ihr Mittelwert, und der größere Kreis markiert die mittlere Streuung der Einzelwerte. Daraus berechnet man den $1/\sqrt{40}$-fachen Radius der Streuung des Mittelwertes aus 40 Einzelwerten. Dieser ist durch den kleinen Kreis um den Mittelwert dargestellt und gibt die Fehlergrenzen des Ergebnisses an.

Warnung: Ähnlich wie bei der Statistischen Frequenzanalyse (vgl. den Schluß von Kap. 5c) muß man, bevor man selbst periodische Funktionen mit Hilfe der Statistik untersucht, die Fachliteratur (Zitate am Schluß des Kapitels) zu Rate ziehen. Die Natur hält eine Fülle von Fallstricken (Krümmungseffekt, Erhaltungsneigung u.a.) bereit, um Amateur-Statistiker zum Stolpern zu bringen.

Die Ergebnisse der Laplaceschen Gezeitentheorie und die Beobachtungen der atmosphärischen Gezeiten stimmen im großen und ganzen gut überein. Die beobachtete Amplitude in Batavia ist zwar 2,6mal größer als die Erregung nach Gleichung (7.22), aber das ist auf die Resonanzeigenschaften der Atmosphäre zurückzuführen. Die aus Fig. 40a ablesbare Phasenverspätung von 50 Min. ist wahrscheinlich durch Reibung bedingt. Seltsam sind die Änderungen von Amplitude und Phase in den einzelnen Monaten *(Fig. 40b)*. Auf beiden Erdhalbkugeln sind im Nordwinter die Amplituden am kleinsten und die Maxima verspätet. Möglicherweise ist die Ursache eine generelle Variation der Temperaturschichtung der Atmosphäre. Durch Vergleich zwischen Modellrechnung und Beobachtungen erhält man so Informationen über die Statik und Dynamik der Atmosphäre.

Eine Meisterleistung der statistischen Analyse war die Bestimmung der lunaren Temperaturvariation in Batavia durch S. Chapman (1932): Infolge der atmosphärischen Gezeitenschwingungen treten großräumige Druckänderungen so schnell auf, daß sich die Temperatur nicht ausgleichen kann. Die Zustandsänderungen verlaufen vielmehr *adiabatisch;* also sind mit den Druckänderungen auch Temperaturänderungen δT verbunden:

$$\frac{\delta T}{T_0} = \frac{\varkappa - 1}{\varkappa} \frac{\delta p}{p_0}, \quad \text{wobei} \quad \varkappa = \frac{c_p}{c_v} = 1{,}40.^{1} \qquad (7.23)$$

Mit den für Batavia gefundenen Werten für die Druckwelle berechnet man eine theoretische Temperaturwelle von 0,0072 °C Amplitude. Tatsächlich fand Chapman aus 63jährigen Beobachtungen eine lunare halbtägliche Welle mit 0,0086 °C, auch stimmte der Phasenwinkel bis auf 2° mit dem errechneten überein.

Außer den lunaren Gezeiten gibt es in der Atmosphäre eine Reihe von *solaren* gezeitenartigen Schwingungen. Ihre Amplituden sind zehnmal größer als die der lunaren Gezeiten. Schon das deutet darauf hin, daß sie nicht durch Gravitation, sondern thermisch durch die Strahlung der Sonne angeregt werden[2].

In der oberen Atmosphäre (in einer Höhe von etwa 100 km) gibt es lunare Schwingungen. Das weiß man aus den Registrierungen erdmagnetischer Variationen (siehe Kap. 19f) und der Beobachtung von Radiowellen. Man weiß aber noch nicht, ob diese Schwankungen mit den Gezeitenschwingungen der unteren Atmosphäre verbunden sind oder ob sie selbständig angeregt werden.

[1] Siehe Lüscher: Experimentalphysik I. B.I.-Hochschultaschenbücher **114.** Mannheim 1967, 432.

[2] Eine Zeitlang hatte man geglaubt, auch die halbtägigen Schwingungen nach Sonnenzeit würden (wenigstens zum großen Teil) durch die (Gravitations-)Gezeiten hervorgerufen. Die beobachtete Amplitudenvergrößerung erklärte man durch Resonanz der Atmosphäre. Diese mehr qualitative „Resonanztheorie" hielt aber einer quantitativen Berechnung nicht stand (siehe den am Schluß des Kapitels zitierten Reviewartikel von M. Siebert).

7d) *Gezeiten des Erdkörpers*

Es gibt verschiedene Möglichkeiten, die Gezeitenbeschleunigungen an einem Punkt der Erdoberfläche zu beobachten (einige Methoden wurden schon in Kap. 7a erwähnt): Beschleunigungen in *radialer* Richtung ($\boldsymbol{b}_r = -\delta \mathrm{g}$) kann man mit einem Gravimeter messen oder aus der Gangdifferenz zwischen einer Pendel- und einer Quarzuhr berechnen. Beschleunigungen in *tangentialer* Richtung ($\boldsymbol{b}_\vartheta$) beobachtet man entweder mit einem Horizontalpendel (einem Pendel mit fast lotrechter Drehachse und daher großer Neigungsempfindlichkeit) oder an den Pegelstandsänderungen einer Flüssigkeit an beiden Enden eines langen horizontalen Meßrohrs. Bei den $\boldsymbol{b}_r$-Messungen erhält man etwas größere und bei den $\boldsymbol{b}_\vartheta$-Messungen etwas kleinere Werte, als man sie nach den Gleichgewichtsgezeiten für eine starre Erde erwartet (Gleichung 7.5).

Der Grund liegt in der Nachgiebigkeit der Unterlage: Der Erdkörper selbst wird durch die Gezeitenkräfte deformiert. Wenn sich dabei die Erdoberfläche hebt, wird g wegen der zunehmenden Entfernung vom Massenzentrum kleiner und $\boldsymbol{b}_r$ scheinbar vergrößert. Andererseits neigt sich die Erdoberfläche so, daß die durch $\boldsymbol{b}_\vartheta$ verursachte Lotschwankung scheinbar kleiner wird. Würde die Erde den Gezeiten völlig nachgeben und zu einer Niveaufläche von $(\Phi + \Psi)$ werden, so könnte man überhaupt keine Schwankung der Lotrichtung beobachten. Die durch die Gezeiten bewirkten Deformationen der Erde nennt man kurz *Gezeiten des Erdkörpers.* (Weniger schön ist der Ausdruck „Gezeiten der festen(!) Erde".)

Die Gleichgewichtstheorie ist auf die Gezeiten des Erdkörpers gut anwendbar. Da alle Eigenperioden des Erdkörpers kürzer sind als eine Stunde (vgl. *Tabelle E*), hat die Erde genügend Zeit, sich den Gezeitenkräften entsprechend einzustellen: Trägheitskräfte spielen keine Rolle mehr. Ein Vergleich der Beobachtungen mit der Theorie liefert Aussagen über die Nachgiebigkeit des Materials und über den Dichteverlauf in der Erde. Das aus den Beobachtungen erschlossene Verhalten der Erde wird üblicherweise ausgedrückt durch die von A. E. H. LOVE eingeführten Zahlen h und k.

In *Fig. 41* sei ζ die durch die Gezeiten bewirkte Erhebung über die ungestörte Niveaufläche ($\Phi = -\Phi_s$, Gleichung 6.35). Love nimmt an, daß die Erde dabei der Gleichgewichtserhebung $\bar{\zeta}$ um einen Bruchteil h folgt:

$$\zeta = \mathrm{h}\bar{\zeta} = -\mathrm{h}\frac{\Psi}{\mathrm{g}}. \tag{7.24}$$

Für eine starre Erde wäre $h=0$, für eine völlig nachgiebige $h=1$. Die durch $h\bar{\zeta}$ ausgedrückte Deformation des Erdkörpers verändert das Potential der Massenanziehung. Zu Φ tritt ein Zusatzglied Ψ'. Die entsprechende zusätzliche Erhebung der Niveaufläche sei $\bar{\zeta}' = -\Psi'/g$. Um

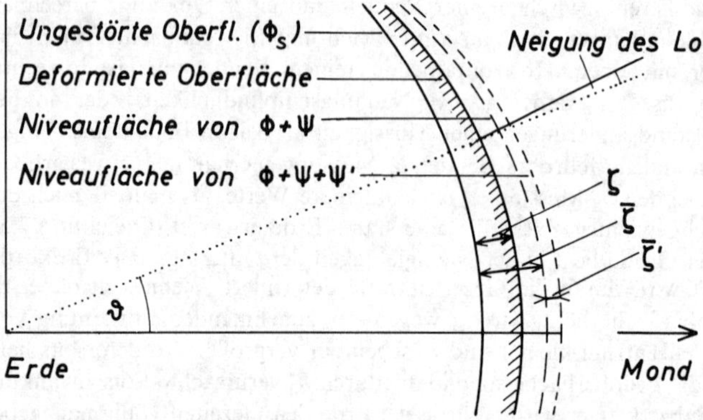

Fig. 41 Gezeiten des Erdkörpers: Deformation der Erdoberfläche und der Äquipotentialflächen. Bei der zum Teil nachgiebigen Erde verringert sich die beobachtete Lotschwankung gegen den nach Fig. 37 zu erwartenden Wert, da sich wegen der Neigung der deformierten Äquipotentialfläche die Bezugsrichtung geändert hat.

das Potential Ψ' berechnen zu können, müßte man außer ζ die Dichteverteilung im Erdinnern kennen. Für eine homogene Erde ergibt sich aus der Potentialtheorie (wenn $\bar{\zeta}$ die Gestalt einer Kugelfunktion mit $l=2$ hat)

$$\bar{\zeta}' = \frac{3}{2l+1}\zeta = \frac{3}{5}\zeta = \frac{3}{5}h\bar{\zeta}. \tag{7.25}$$

Nun ist aber die Dichte in der Erde keineswegs homogen. Deshalb führt Love einen zweiten aus den Beobachtungen zu bestimmenden Koeffizienten k ein:

$$\bar{\zeta}' = k\bar{\zeta}, \quad \text{d. h.} \quad \Psi' = k\Psi. \tag{7.26}$$

Wieder wäre für eine starre Erde $k=0$. Eine obere Grenze für k kann man aber nicht so einfach angeben. Für eine homogene Kugel folgt aus Gleichung (7.25) $k=0{,}6\,h$. Da die Erde innen dichter ist als außen, kann man schließen, daß k kleiner als dieser Wert sein muß, woraus $k<0{,}6$ folgt.

An der Oberfläche der starren Erde würde man nach Gleichung (7.5) die *radiale* Gezeitenbeschleunigung

$$\bar{\boldsymbol{b}}_r = -\frac{\partial \Psi}{\partial r} \tag{7.27}$$

beobachten. Auf der deformierten Erdoberfläche hat man dagegen

$$\boldsymbol{b}_r = -\frac{\partial}{\partial r}\left\{\Psi + \Psi' + \zeta \frac{\partial \Phi}{\partial r}\right\}. \tag{7.28}$$

Hierin ist Ψ das Gezeitenpotential, Ψ' das Potential der verschobenen Massen und das dritte Glied die Änderung des Schwerepotentials bei Erhebung um ζ. Für die einzelnen Terme gilt

$$\begin{aligned} &\Psi \sim r^2 \quad \text{nach Gleichung (7.2), deshalb} \quad \frac{\partial \Psi}{\partial r} = +\frac{2}{r}\Psi; \\ &\Psi' \sim r^{-3} \quad \text{wie das 2. Glied in (6.32), deshalb} \quad \frac{\partial \Psi'}{\partial r} = -\frac{3}{r}\Psi'; \\ &\Phi \sim r^{-1} \quad \text{wie das 1. Glied in (6.32), deshalb} \quad \frac{\partial^2 \Phi}{\partial r^2} = -\frac{2}{r}\frac{\partial \Phi}{\partial r} = -\frac{2}{r}\mathsf{g}. \end{aligned} \tag{7.29}$$

Damit ergibt sich aus Gleichung (7.28)

$$\begin{aligned} \boldsymbol{b}_r &= -\left(\frac{2}{r}\Psi - \frac{3}{r}\Psi' - \frac{2}{r}\mathsf{g}\zeta\right) = -(2 - 3\mathsf{k} + 2\mathsf{h})\frac{\Psi}{r} \\ &= -(2 - 3\mathsf{k} + 2\mathsf{h})\frac{1}{2}\frac{\partial \Psi}{\partial r} = \left(1 - \frac{3}{2}\mathsf{k} + \mathsf{h}\right)\bar{\boldsymbol{b}}_r \end{aligned} \tag{7.30}$$

Nach den Beobachtungen ist $\mathsf{h} > 3\mathsf{k}/2$, also ist auch immer $\boldsymbol{b}_r > \bar{\boldsymbol{b}}_r$.

Die *Lotschwankung* entsteht durch die tangentiale Komponente der Gezeitenkraft. Auf der starren Erde erwartet man, wieder nach Gleichung (7.5),

$$\bar{\boldsymbol{b}}_\vartheta = -\frac{1}{r}\frac{\partial \Psi}{\partial \vartheta}. \tag{7.31}$$

Auf der deformierten Erde gilt dagegen

$$\boldsymbol{b}_\vartheta = -\frac{1}{r}\frac{\partial}{\partial \vartheta}(\Psi + \Psi' + \mathsf{g}\zeta) = (1 + \mathsf{k} - \mathsf{h})\bar{\boldsymbol{b}}_\vartheta \tag{7.32}$$

Der Faktor in dieser Gleichung bewirkt eine Verkleinerung der Lotschwankung (vgl. Fig. 41).

Die Vergrößerungs- bzw. Verkleinerungsfaktoren in den Gleichungen (7.30) und (7.32) können durch Vergleich der beobachteten Beschleunigungen mit den berechneten Gleichgewichtsbeschleunigungen bestimmt werden. Die Werte zeigen örtliche Unterschiede. Im Mittel gilt

$$\boldsymbol{b}_r = 1{,}20\,\bar{\boldsymbol{b}}_r, \qquad \boldsymbol{b}_\vartheta = 0{,}72\,\bar{\boldsymbol{b}}_\vartheta. \tag{7.33}$$

Daraus berechnet man $\mathsf{h}=0{,}44$ und $\mathsf{k}=0{,}16$. Der Wert von k ist vermutlich viel zu klein. So stark dürfte k von seinem Wert für eine homogene Erde $(\mathsf{k}=0{,}6\cdot\mathsf{h}=0{,}26)$ schwerlich abweichen.

Lord Kelvin (W. Thomson 1824–1907) hat h für ein homogenes, aber nachgiebiges Erdmodell berechnet zu

$$\mathsf{h} = \frac{5}{2}\,\frac{1}{1+\dfrac{19}{2}\,\dfrac{G}{\mathsf{g}\rho\mathsf{R_E}}} \tag{7.34}$$

mit G = Schubmodul,
g = Schwerebeschleunigung,
ρ = Dichte,
$\mathsf{R_E}$ = mittlerer Erdradius.

Für $\mathsf{h}=0{,}44$ ergibt sich $G=1{,}7\cdot10^{12}\,\mathrm{dyn/cm^2}=1\,700\,\mathrm{kbar}$. Danach ist der Schubmodul der Gesamterde größer als der von Stahl (vgl. Tabelle D). Man hat inzwischen h und k auch für realistischere Erdmodelle berechnet und plausible Werte erhalten $(\mathsf{h}=0{,}46;\ \mathsf{k}=0{,}29)$. Bestehen bleibt die Unstimmigkeit in der Berechnung von k aus den in Gleichung (7.33) angegebenen empirischen Beziehungen.

Beobachtungen der Gezeiten des Erdkörpers werden nicht nur angestellt, um globale Aussagen über den Erdkörper zu gewinnen, sondern auch um die Struktur der Erdkruste zu erforschen. Diesem Ziel galten vor allem die Arbeiten von R. Tomaschek (1895–1966). (Siehe seinen am Schluß des Kapitels zitierten Handbuchartikel.)

7e) *Gezeitenreibung*[1]

Ein hochinteressanter Gezeiteneffekt ist die Gezeitenreibung. Gezeitenreibung tritt auf, wenn ein Himmelskörper (a) unter dem Einfluß von Gezeitenkräften sich elastisch verformt, wenn (b) infolge von innerer Reibung (= Viskosität) die Verformung sich erst nach einer gewissen

[1] Die vorliegende Fassung dieses Abschnittes stammt von N. Skopke.

Zeit voll ausbildet (und entsprechend langsam zurückgeht) und wenn (c) dieser Himmelskörper vergleichsweise schnell rotiert. Die Erde erfüllt alle drei Voraussetzungen, sowohl hinsichtlich der lunaren als auch der solaren Gezeiten. Wir wollen uns den Mechanismus an Hand des Erde-Mond-Systems veranschaulichen – das wir als abgeschlossen, unbeeinflußt vom störenden Einfluß der Sonne, betrachten.

Die Verformung der Erde (Voraussetzung a) ist uns aus Kap. 7d wohlbekannt. Die beiden Flutberge würden sich genau längs der Verbindungslinie Erde–Mond ausbilden, wenn sie nicht dazu eine endliche Zeit brauchten (b) und wenn sich die Erde nicht in eben dieser Zeit schon ein Stück um ihre Achse gedreht hätte (c). Statt dessen ist die Verbindungslinie der Flutberge gegenüber dem Fahrstrahl zum Mond leicht gedreht, und zwar eilt sie ihm unter den heutigen Verhältnissen etwas voraus, da die Erde wesentlich schneller rotiert, als der Mond auf seiner Bahn umläuft. Infolgedessen übt der Mond mit seiner Gravitation auf die beiden Flutberge ein Drehmoment aus, das den Rotationsdrehimpuls der Erde verringert und somit zu einer Verlängerung des Tages führt (um etwa 1 msec/Jahrhundert, vgl. Kap. 6d). Wegen der Erhaltung des Gesamtdrehimpulses des Systems erhöht sich in gleichem Maß der Bahndrehimpuls des Mondes (der Rotationsdrehimpuls des Mondes ist vernachlässigbar klein und praktisch konstant). Es wächst also nicht nur die Taglänge, sondern gleichzeitig auch die siderische Umlaufperiode des Mondes, die wir kurz „Monat" nennen wollen; desgleichen der Abstand Mond–Erde.

Die Gezeitenreibung wurde von G. H. Darwin (1845–1912, Sohn des Biologen Charles Robert Darwin) zuerst genauer in all ihren Konsequenzen untersucht. In seinem 1908 gemeinsam mit S. S. Hough geschriebenen Artikel in der Enzyklopädie der Mathematischen Wissenschaften VI 1,6 behandelte er sie unter der Überschrift „Flutreibung und spekulative Astronomie".

„Spekulative Astronomie" ist sie auch in unseren Tagen. Man vermutet z.B. schon lange, daß der Mond früher einmal eine Eigenrotation besessen hat, daß diese aber infolge der Gezeitenreibung so weit abgebremst worden ist, daß der Mond heute der Erde immer die gleiche Seite zukehrt. Infolgedessen ist der Mond heute keiner Gezeitenreibung seitens der Erde mehr unterworfen; auf ihm dauert ein „Tag" genau so lange wie ein „Monat". In jüngerer Zeit hat nun Gerstenkorn[1] die Geschichte des Erde-Mond-Systems genauer untersucht. In der fernen Zukunft wird auch die Erde das heutige Schicksal des Mondes erleiden:

[1] Z. Astrophysik **36** (1955), 245–274.

Sterntag und „Monat“ sollen nach seinen Berechnungen für das abgeschlossene System Erde–Mond gegen den gemeinsamen Grenzwert 45,5 (heutige) Tage streben. Der Mondbahnradius soll dann um rund $\frac{1}{3}$ größer sein als heute. Noch interessanter ist Gerstenkorns Verfolgung des Erde-Mond-Systems in die ferne Vergangenheit. Danach soll der Mond vor 1,5–2 Milliarden Jahren der Erde sehr nahe gewesen sein. Zur gleichen Zeit habe er auch eine Polbahn beschrieben, noch früher gar eine rückläufige Bahn.

Der Gezeitenreibungseffekt der Sonne beträgt etwa 20 % der heutigen lunaren Gezeitenreibung. Entsprechend findet auch ein Drehimpulsaustausch zwischen dem Rotationsdrehimpuls der Erde und ihrem Bahndrehimpuls statt. Allerdings verhalten sich die beiden Drehimpulse etwa wie $1:10^6$, deshalb hat die solare Gezeitenreibung nur einen verschwindend geringen Einfluß auf die Bahnelemente der Erde (wohl aber auf die Tageslänge). Entsprechendes gilt auch für die anderen Planeten, immer ist die Gezeitenreibung zwischen Planet und Satellit für das System folgenreicher als der Einfluß der Sonne auf den Planeten.

Bei Jupiter und Saturn müßte der Gezeitenreibungseinfluß ihrer Satelliten zu beobachtbaren Veränderungen geführt haben, falls diese beiden Planeten ähnlich der Erde aufgebaut wären. Aus dem Ausbleiben solcher Veränderungen schließt man, daß beide wesentlich elastischer sind als die Erde. Merkur unterliegt einer starken Gezeitenwirkung der Sonne, und zwar so, daß er wohl eine Eigenrotation behalten hat, daß seine Bahn aber gerade bezüglich der Gezeitenreibung stabil ist. Die Venus hat ihre langsame rückläufige Eigenrotation vielleicht durch Gezeiteneinwirkung von der Erde erhalten. Man sieht hier ein weites und wahrhaft spannendes Feld vor sich. Obwohl die Gezeiten hinsichtlich der Kepler-Bewegungen Effekte höherer Ordnung sind, können sie eine große Rolle bei der Entstehung des Planetensystems gespielt haben.

Literatur über Gezeiten

In einem Band vereinigt findet man in PH (Literaturverzeichnis Kap. 29) **48** (1957) die folgenden Artikel:

J. Bartels: Gezeitenkräfte. 734–774.

R. Tomaschek: Tides of the Solid Earth. 775–845.

A. Defant: Flutwellen und Gezeiten des Meeres. 846–927.

W. Kertz Atmosphärische Gezeiten. 928–981.

Neuere Darstellungen der Atmosphärischen Gezeiten sind:

M. Siebert: Atmospheric Tides. Advances Geophys. **7** (1961) 105–187.

B. Haurwitz: Atmospheric Tides. Science **144** (1964) 1415–1422.

Literatur über die Statistik periodischer Funktionen

J. BARTELS: Periodicities and Harmonic Analysis in Geophysics. CB (Literaturverzeichnis Kap. 29) Chapt. 16, 545–605.

K. STUMPFF: Grundlagen und Methoden der Periodenforschung. Berlin 1937.

Literatur über Gezeitenreibung

G. J. F. MACDONALD: Tidal Friction. Rev. Geophys. **2** (1964) 467–541.

A. G. W. CAMERON und B. G. MARSDEN (Herausg.): The Earth-Moon System. New York 1966.

8. *Erdmagnetisches Innenfeld*

Die Wissenschaft vom Erdmagnetismus begann 1600 mit dem Erscheinen des Buches „De Magnete“ von WILLIAM GILBERT. Gilbert wurde 1544 in Colchester (England) geboren, studierte in Cambridge, wurde praktischer Arzt und später Leibarzt der Königin Elisabeth. In „De Magnete“ stellte er, wie es damals in der Gelehrtenwelt üblich war, alles zusammen, was vorher von irgendwem zu irgendeiner Zeit über den Magnetismus geschrieben worden war. Aber dann berichtete Gilbert auch über eigene Experimente mit einem kugelförmigen Magneteisenstein, einer kleinen Nachbildung der Erde, welche er *Terrella* nannte. An ihr beobachtete er die gleichen Kräfte, die man von der Erde her kannte, und schloß, daß die Erde selbst ein Magnet sei. Man hat dieses Buch die erste, moderne wissenschaftliche Abhandlung genannt. (Es begründet zugleich die Lehre von der Elektrostatik.) Gilbert starb 1603 in London. Eine wohlfeile englische Übersetzung von De Magnete erschien 1958 bei Dover Publications, New York.

Das Magnetfeld fehlt im natürlichen Erfahrungsschatz des Menschen. Er besitzt weder ein Sinnesorgan, mit dem er Magnetfelder wahrnehmen könnte, noch beeinflußt das ihn umgebende Erdmagnetfeld irgendwelche Vorgänge in seiner Erlebniswelt in ähnlich auffälliger Weise, wie es z.B. das elektrische Feld während eines Gewitters tut. Unsere grundlegenden Erfahrungen stammen alle von Beobachtungen her, die wir mit Hilfe von eigens angefertigten Instrumenten (Kompaß, Magnetometer) erlangt haben.

Im Kosmos dagegen, im Innern der Sterne wie auch in den Weiten des interstellaren Raumes spielen Magnetfelder eine wichtige, ja oft die wichtigste Rolle. Immer dort nämlich, wo die Materie aus elektrisch geladenen Teilchen, aus Ionen und Elektronen besteht (ein im Kosmos äußerst häufig anzutreffender Zustand), ist die Magnetfeldrichtung gegenüber anderen Richtungen ausgezeichnet; und dort, wo das Magnetfeld vergleichsweise stark ist, zwingt es den Teilchenbewegungen auch seine Richtung auf.

In unserer näheren Umgebung trifft das für das tiefe Erdinnere wie auch für die Ionosphäre und Magnetosphäre zu. In diesen Gebieten haben auch die natürlichen Magnetfelder, die wir in unserem neutralen Bereich nahe der Erdoberfläche beobachten, ihre Quellen. C. F. GAUSS verdanken wir ein Verfahren, das uns gestattet – mit Hilfe einer Entwicklung nach Kugelfunktionen –, das an der Erdoberfläche gemessene Magnetfeld zu zerlegen: in einen Anteil, dessen Quellen außen, und einen, dessen Quellen innen liegen (Kap. 8c). Im vorliegenden Kapitel soll uns nur der innere Anteil, das *Innenfeld*, beschäftigen.

Der magnetische Dipol (Kap. 8a) – ein Elementarmagnet dient zu seiner Veranschaulichung – ist ein unentbehrliches Modell für den Hauptanteil des Innenfeldes (Kap. 8b). Zum Innenfeld gehört auch die Säkularvariation (Kap. 8d), die unter anderem die zeitliche Änderung der *Mißweisung* von Kompassen bewirkt. Es gibt keine *einfache* theoretische Erklärung für die Ursache des Innenfeldes. Von den vorhandenen theoretischen Modellen (Kap. 8e) weiß man nicht, ob sie für die Erde zutreffen. Neben den Hauptquellen des Erdmagnetfeldes im tiefen Erdinneren und in der oberen Atmosphäre und Magnetosphäre gibt es als weitere Quelle die magnetithaltigen Gesteine der Erdkruste. Zwar beschränkt sich der so erzeugte Feldanteil auf lokale Störungen, doch liefert der Gesteinsmagnetismus (Kap. 8f) wichtige Informationen sowohl für die Lagerstättensuche (Kap. 13c) als auch für Fragen der Erdgeschichte (vgl. Fig. 4).

8a) *Der magnetische Dipol*

Die Magnetfelder von Stabmagneten unterschiedlicher Länge und Form zeigen große Ähnlichkeiten, wenn man die unmittelbare Nachbarschaft der Magneten (bis zu 2–3 Stablängen) ausschließt. Als idealisiertes Modell denkt man sich einen Stabmagneten, dessen Pole beliebig nahe zusammengerückt sind, einen *Dipol*. GAUSS führte 1832[1], um ein reproduzierbares Maß für die Intensität des magnetischen Feldes zu gewinnen, die magnetischen Kenngrößen auf mechanische zurück. Als Träger des Magnetismus nahm er magnetische Polstärken ($\hat{p}$ und p) an,

[1] In seiner Arbeit „Intensitas vis magneticae terrestris ad mensuram absolutam revocata" (Werke **5**, 79–118. Deutsche Übersetzung in Ostwalds Klassikern der exakt. Wissensch. Nr. 53). Mit seiner Methode schuf Gauß auch die Möglichkeit, elektrische Ströme in absoluten Einheiten, d.h. unabhängig von anderen Einflüssen, zu messen. Daran sind nicht nur Geophysiker und Physiker interessiert, sondern alle Menschen, die Elektrizität als Energiequelle benutzen (unter anderen die Besitzer von Elektrizitätswerken!). Ähnlich wichtig wurde die Entdeckung des Telegraphen, die bei den erdmagnetischen Arbeiten von GAUSS und WEBER nebenher abfiel.

die sich formal analog dem Newtonschen Gravitationsgesetz (Gleichung 6.1) mit einer Kraft ***K*** abstoßen oder anziehen, je nachdem, ob sie gleiches oder ungleiches Vorzeichen haben. Nur setzte GAUSS (im elektromagnetischen cgs-System) die der allgemeinen Gravitationskonstante (γ) entsprechende Konstante gleich Eins. (Im MKSA-System hat sie den Wert $1/4\pi\mu_0$.)

$$K = \frac{\hat{p} \cdot p}{e^2}, \tag{8.1}$$

$e =$ Abstand zwischen $\hat{p}$ und p.

Dadurch wurde die Einheit der Polstärke festgelegt zu $\mathrm{cm}^{3/2}\,\mathrm{gr}^{1/2}\,\mathrm{sec}^{-1}$. Magnetische Einzelpole sind nach unseren bisherigen Erkenntnissen eine mathematische Fiktion. In der makroskopischen Natur treten immer zwei Pole entgegengesetzten Vorzeichens zusammen auf. Wir betrachten die Kraftwirkung, die solch ein Paar $+p$ und $-p$ auf einen positiven Einheitspol im Aufpunkt P ausübt *(Fig. 42)*. Die resultierende Kraft nennt man *magnetische Feldstärke* ***H***. Sie läßt sich aus einem Potential Φ ableiten (vgl. Gleichung 6.3, allerdings muß das Vorzeichen geändert werden, da sich gleichnamige Polstärken abstoßen):

$$\boldsymbol{H} = -\operatorname{grad}\left(\frac{p}{e_+} - \frac{p}{e_-}\right) = -\operatorname{grad}\Phi. \tag{8.2}$$

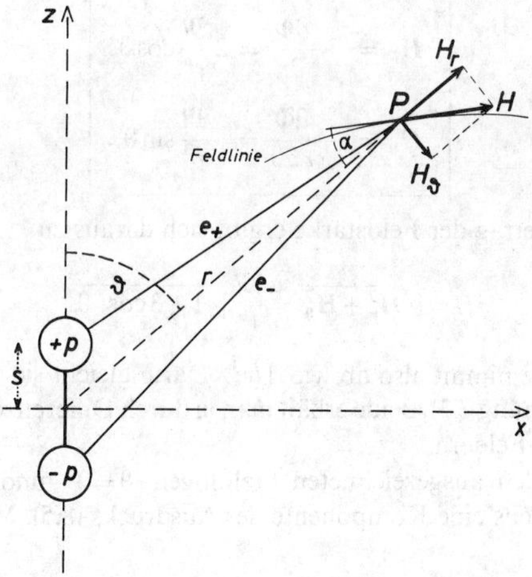

Fig. 42 Zur Herleitung des Dipolfeldes im Aufpunkt *P*.

Das Dipolfeld erhalten wir, wenn wir den Polabstand $2s$ gegen Null gehen lassen. Zur Vorbereitung dieses Grenzübergangs führen wir die Koordinaten (x,z) und (r,ϑ) ein – die wir als die für Fig. 42 wesentlichen Koordinaten des kartesischen bzw. des Polarkoordinatensystems erkennen – mit dem gemeinsamen Ursprung zwischen $+p$ und $-p$. Dann erhalten wir durch Entwicklung

$$\frac{1}{e_+} = \left[\frac{1}{r}\right]_0 - s\left[\frac{\partial}{\partial z}\left(\frac{1}{r}\right)\right]_0 + - \cdots,$$

$$\frac{1}{e_-} = \left[\frac{1}{r}\right]_0 + s\left[\frac{\partial}{\partial z}\left(\frac{1}{r}\right)\right]_0 + \cdots.$$

Damit ergibt sich für kleine Werte von s das Potential

$$\Phi = -2ps\left[\frac{\partial}{\partial z}\left(\frac{1}{r}\right)\right]_0 = 2ps\frac{z}{r^3} = 2ps\frac{\cos\vartheta}{r^2}. \tag{8.3}$$

Ließe man hierin s gegen Null gehen, so würden Potential und Feldstärke verschwinden. Deshalb müssen die Polstärken p gleichzeitig über alle Grenzen wachsen, so daß das Produkt $p \cdot s$ endlich bleibt. Wir setzen

$$2ps = \mathfrak{M} = \textit{Dipolmoment}. \tag{8.4}$$

Für die Komponenten des Feldes bekommt man

$$\boxed{\begin{aligned} \boldsymbol{H}_r &= -\frac{\partial\Phi}{\partial r} = 2\frac{\mathfrak{M}}{r^3}\cos\vartheta \\ \boldsymbol{H}_\vartheta &= -\frac{\partial\Phi}{r\partial\vartheta} = \frac{\mathfrak{M}}{r^3}\sin\vartheta \end{aligned}} \tag{8.5}$$

Der Absolutbetrag der Feldstärke ergibt sich daraus zu

$$H = \sqrt{\boldsymbol{H}_r^2 + \boldsymbol{H}_\vartheta^2} = \frac{\mathfrak{M}}{r^3}\sqrt{1+3\cos^2\vartheta}. \tag{8.6}$$

Die Feldstärke nimmt also ab wie $1/r^3$. Darin gleicht sie den Gezeitenkräften (Gleichung 7.3). Beide erhält man ja durch Differenzenbildung aus Newtonschen Feldern.

In den beiden ausgezeichneten Stellungen $\vartheta = 0°$ und $\vartheta = 90°$ verschwindet jeweils eine Komponente des Ausdrucks (8.5). Man nennt

$$\vartheta = 0°\colon \quad \textit{1. Gaußsche Hauptlage} \quad \boldsymbol{H}_\vartheta = 0, \quad H = \boldsymbol{H}_r = 2\frac{\mathfrak{M}}{r^3},$$

$\vartheta=90°$: *2. Gaußsche Hauptlage* $\boldsymbol{H}_r=0, \quad H=\boldsymbol{H}_\vartheta=\dfrac{\mathfrak{M}}{r^3}$

(siehe Fig. 52).

Zur Herleitung der *Gleichung der Feldlinien* $(r=r(\vartheta))$ benutzen wir den Winkel α (Fig. 42) zwischen $\boldsymbol{H}$ und dem Radiusvektor $\boldsymbol{r}$. Die $\boldsymbol{H}$-Richtung ist die Tangente an die gesuchte Feldlinie. Für den Winkel zwischen Kurventangente und Radiusvektor gilt allgemein in Polarkoordinaten

$$\operatorname{tg}\alpha = \frac{r\,\mathrm{d}\vartheta}{\mathrm{d}r} = \frac{\boldsymbol{H}_\vartheta}{\boldsymbol{H}_r} = \frac{1}{2}\operatorname{tg}\vartheta,$$

$$\frac{\mathrm{d}r}{r} = \frac{2\,\mathrm{d}\vartheta}{\operatorname{tg}\vartheta} = \frac{2\cos\vartheta}{\sin\vartheta}\,\mathrm{d}\vartheta = 2\,\frac{\mathrm{d}(\sin\vartheta)}{\sin\vartheta},$$

$$\ln r = 2\ln(\sin\vartheta) + const$$

$$\boxed{r = r_0 \sin^2\vartheta} \tag{8.7}$$

Die Integrationskonstante r_0 ist dabei der Maximalwert von r für $\vartheta=90°$. Dipolfeldlinien sind in den letzten Jahren durch Whistlerausbreitung (siehe Kap. 25) und als Begrenzung der Van-Allen-Gürtel

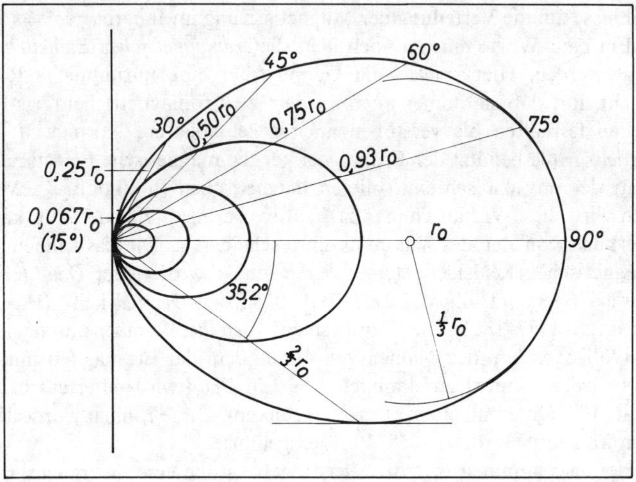

Fig. 43 Dipolfeldlinien mit Konstruktionsanleitung. Die *obere* Hälfte des Bildes enthält Zahlenwerte für die Radiusvektoren in 15°-Abständen. Im Scheitelpunkt ($\vartheta=90°$) beträgt der Krümmungsradius $r_0/3$. Im Punkt $\vartheta=90°-35{,}2°$ und $r=2r_0/3$ ist die Tangente horizontal.

(siehe Kap. 26) auch Laien bekannt geworden. In Büchern und Zeitschriften sieht man allerdings häufig Phantasiegebilde, die für Feldlinien ausgegeben werden. Ein Geophysiker sollte richtige Dipolfeldlinien zeichnen können. Die *Fig. 43* gibt dazu Hilfestellung.

Im Gegensatz zu den Einzelpolen ist das Dipolmoment $\mathfrak{M}$ eine meßbare Größe. Die magnetischen Eigenschaften von Körpern kennzeichnet man oft durch die *Magnetisierung* $\mathfrak{J}$, die aufs Volumen V bezogene Momentendichte:

$$\mathfrak{J} = \frac{\mathfrak{M}}{V}. \tag{8.8}$$

Im elektromagnetischen cgs-System hat die Magnetisierung die Dimension einer Feldstärke. Strenggenommen hätten wir die obigen Beziehungen für das Dipolmoment und für die Magnetisierung vektoriell schreiben müssen. Die Magnetisierung eines Körpers kann sich wie die Massendichte ρ von Ort zu Ort ändern (im Gegensatz zu ρ aber nach Betrag und Richtung!).

Das Magnetfeld einer Kugel mit homogener Magnetisierung ist außerhalb der Kugel ein reines Dipolfeld. Das gleiche gilt für das Feld im Außenraum einer unmagnetischen Kugel, deren Oberfläche mit einer Dipolschicht *(magnetische Doppelschicht)* belegt ist. Die Messungen des Magnetfeldes im Außenraum der Kugel erlauben daher keine eindeutigen Schlüsse auf die Verteilung der Magnetisierung im Innern.

Ein paar Worte müssen noch über die *erdmagnetischen Einheiten* gesagt werden. Hier spielen die Geophysiker eine unrühmliche Rolle. Nicht nur, daß sie immer noch an den (elektromagnetischen) cgs-Einheiten festhalten, sie verstoßen auch gegen mehrere Normen: 1. Als Arbeitsgröße benutzt der Erdmagnetiker die magnetische Feldstärke $\boldsymbol{H}$ statt der physikalisch sinnvolleren magnetischen Induktion $\boldsymbol{B}$[1]. Möglich wird diese Vertauschung, da sich die Permeabilität der Luft kaum merklich von der des Vakuums unterscheidet. 2. Die cgs-Einheit der magnetischen Feldstärke ($\mathrm{cm}^{-1/2}\,\mathrm{gr}^{1/2}\,\mathrm{sec}^{-1}$) wird weiter *Gauß* (abgekürzt Γ) genannt, obwohl sie seit 1930 offiziell *Oersted* heißt (H. Chr. Oersted, 1777–1851). Die Geophysiker haben diese Umbenennung nicht mitvollzogen, um den Namen von Gauß, dem der Erdmagnetismus so viel verdankt, nicht zu eliminieren. 3. Ein *Gauß* wird unterteilt in 10^5 (statt 10^6) Untereinheiten, *gamma* (γ) genannt. Diese Einheit wurde 1896 von M. Eschenhagen (1858–1901) eingeführt.

Herausgekommen ist trotz aller Regelverstöße eine Gebrauchsgröße *(gamma)*, mit der man so verschiedene Größen wie die zeitlichen Varia-

[1] Vgl. E. Lüscher: Experimentalphysik II. B.I.-Hochschultaschenbücher **115.** Mannheim 1966, 73.

tionen am Erdboden, lokale Anomalien, Magnetisierungen von Gesteinen, aber auch interplanetare Magnetfelder gleich gut beschreiben kann[1]. Deshalb hält man auch noch immer an ihr fest. Schließlich genügt es zu wissen, daß beim Übergang auf $\boldsymbol{B}$ in MKSA-Einheiten gilt

1 *gamma* entspricht 10^{-9} Tesla = 1 Nanotesla = 1 nT.

Das Potential des Dipolfeldes (Gleichung 8.3) läßt sich auch schreiben

$$\Phi = -\mathfrak{M}\left[\frac{\partial}{\partial z}\left(\frac{1}{r}\right)\right]_0 = \mathfrak{M}\frac{P_1(\cos\vartheta)}{r^2} \tag{8.9}$$

Liest man diese Gleichung rückwärts, so erkennt man, daß die Kugelfunktion $P_1(\cos\vartheta)$ bei der *Differentiation* von $1/r$ auftritt. Dies ist ein Spezialfall einer allgemeinen Eigenschaft der Kugelfunktionen. Ist e der Abstand zweier Punkte und denkt man sich $1/e$ in eine Taylor-Reihe entwickelt, so treten die höheren Ableitungen von $1/e$ auf, die an der Stelle des Ursprungs zu nehmen sind. Durch Koeffizientenvergleich mit der Entwicklung (6.24a) erkennt man, daß diese Differentialquotienten

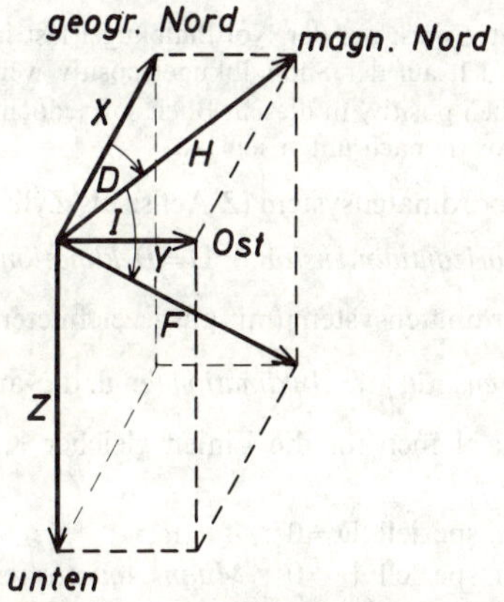

Fig. 44 Zur Komponentenzerlegung des Erdmagnetfeldes für einen Beobachtungspunkt an der Erdoberfläche.

[1] D.h. die Zahlenwerte dieser Meßgrößen liegen fast ausschließlich in dem überschaubaren Bereich 1 … 10000. Das Bedürfnis, Meßgrößen in einprägsamen Zahlen auszudrücken, ist in der Physik weit verbreitet. So verwenden z.B. die Spektroskopiker die Einheit 1 *Ångström* [1 Å = 10^{-8}(!) cm], die Geophysiker geben Entfernungen in der Erdumgebung gern in Einheiten von Erdradien an (siehe Kap. 24 bis 26), und die Astronomen messen Entfernungen im Sonnensystem in *Astronomischen Einheiten* (1 AE. ist der mittlere Erdbahnradius = 149,5 Millionen km), noch größere Entfernungen z.B. in *Lichtjahren* (1 Lj. = 63275 AE. = 9,46 · 10^{12} km).

bis auf Zahlenfaktoren mit den $P_l(\cos\vartheta)$ übereinstimmen müssen. Die $P_l^m(\cos\vartheta)$ erhält man durch Differentiation nach den anderen Achsenrichtungen.

Die physikalische Analogie zu der Differentiation in Gleichung (8.3) war die Annäherung von zwei Polen entgegengesetzter Ladung. Zweimalige Differentiation ergibt einen *Quadrupol*, den man in analoger Weise erhält, wenn man zwei Dipole entgegengesetzten Momentes einander annähert; allgemein liefert eine l-malige Differentiation einen 2^l-*Pol*. Legt man den Koordinatenursprung ins Innere eines beliebig magnetisierten Körpers, so kann man das Feld im Außenraum als Summe der Felder von Multipolen im Nullpunkt darstellen. Auf Darstellungen dieser Art werden wir in Kap. 8c zurückkommen.

8b) *Das Dipolfeld der Erde*

Zur Darstellung des an der Erdoberfläche gemessenen Magnetfeldes zerlegt man den Feldvektor in verschiedene Komponenten *(Fig. 44)*:
In einem rechtwinkligen kartesischen Koordinatensystem

X = *Nordkomponente*, Y = *Ostkomponente*, Z = *Vertikalintensität*.

Die Vertikalintensität weist auf der Nordhalbkugel fast immer nach unten. Damit die Z-Werte auch auf der Südhalbkugel positiv werden, rechnet man dort häufig Z nach oben positiv. In diesem Buch soll jedoch Z konsequent auf beiden Halbkugeln positiv nach unten sein.

In einem Zylinderkoordinatensystem (Z-Achse als Zylinderachse)

H = *Horizontalintensität*, D = *Deklination*, Z.

In einem Kugelkoordinatensystem (mit ausgezeichneten Achsen: Z, X)

F = *Totalintensität*, I = *Inklination* (engl. dip-angle), D.

Man hat besondere Namen für die Linien gleicher Komponenten auf Landkarten:

D = *const*: *Isogonen*, speziell D = 0°: *Agone*,
I = *const*: *Isoklinen*, speziell I = 0°: *Magn. Äquator* (engl. dip-equator),
H = *const*: (Horizontal-)*Isodynamen*.

Das Erdmagnetfeld entspricht in erster Näherung dem Feld eines Dipols im Erdmittelpunkt, dessen Achse ein wenig gegen die Rotationsachse der Erde geneigt ist. Der Dipol ist dabei nach Süden gerichtet, so daß unter einem Punkt in der Nähe des geographischen Nordpols ein magnetischer Südpol liegt. Der Grund für diese Sprachverwirrung liegt in der seit alters her gebräuchlichen Bezeichnung „Nordpol“ für

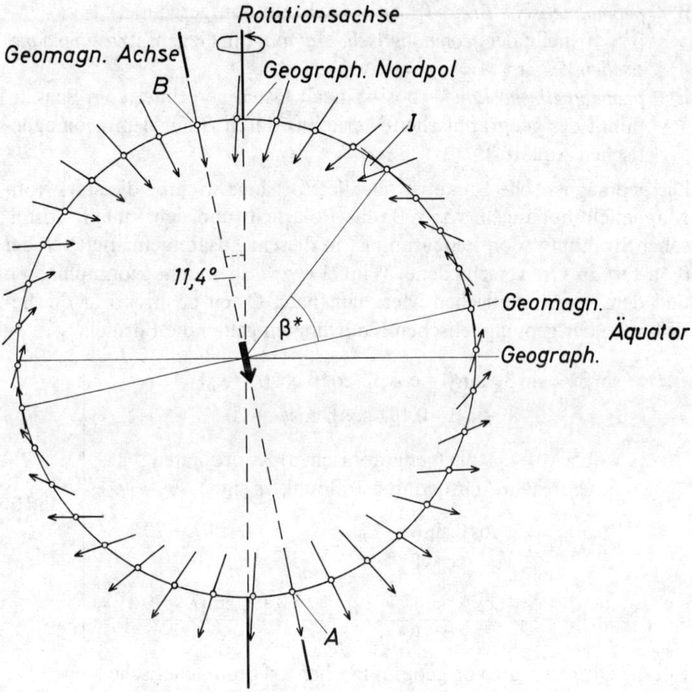

Fig. 45 Dipolfeld der Erde für einen Schnitt durch den Meridian, der Rotations- und Dipolachse enthält. Die Pfeile charakterisieren die Feldstärken in Punkten der Erdoberfläche.

das Nordende der Kompaßnadel. Man hätte es besser den *Nordsuchenden Pol* nennen sollen.

Mit Hilfe der Ausgleichsrechnung hat man als *besten Dipol* einen Dipol mit folgenden Achsendurchstoßpunkten berechnet *(Fig. 45)*:

B (von *boreal*) 79° N 290° E (= 70° W),
A (von *austral*) 79° S 110° E.

Das Dipolmoment $\mathfrak{M}_E$ beträgt zur Zeit $8 \cdot 10^{25}$ *Gauß* cm³. [1]

Auf diesen Dipol bezieht man ein System geomagnetischer Koordinaten mit

[1] Die Lage der Dipolachse und die Größe des Momentes ändern sich im Laufe der Jahre. Deshalb sind hier abgerundete Werte angegeben, die innerhalb der durch die Abrundung bestimmten Genauigkeit für ein längeres Zeitintervall gültig bleiben. Genaue Werte für das Jahr 1965 findet man in Kap. 8c.

β^* = *geomagnetische Breite* (positiv nach Norden gerechnet).
$\beta^* = 0°$ heißt der *geomagnetische Äquator* (im Gegensatz zum *magnetischen Äquator* $I = 0°$).

λ^* = *geomagnetische Länge* (positiv nach Osten gerechnet vom Schnittpunkt des geographischen Meridians durch B mit dem geomagnetischen Äquator).

Die geomagnetische Breite ist für alle Vorgänge wichtig, die stark vom Magnetfeld abhängen, wie z. B. das Polarlicht und den Einfall Kosmischer Strahlung. Von Bedeutung ist in diesem Zusammenhang auch der (von Ort zu Ort verschiedene) Winkel ψ zwischen dem geographischen und dem geomagnetischen Meridian (nach Osten positiv). Für die Berechnung der geomagnetischen Koordinaten gelten die Formeln

$$\left.\begin{array}{l}
\sin\beta^* = \sin\beta_B \cdot \sin\beta + \cos\beta_B \cdot \cos\beta\,\cos(\lambda - \lambda_B) \\
\qquad = 0{,}982\,\sin\beta + 0{,}191\,\cos\beta\,\cos(\lambda + 70°)\,, \\
\text{wobei } (\beta_B, \lambda_B) \text{ die (geographischen) Koordinaten} \\
\text{des borealen Achsendurchstoßpunktes sind;} \\
\sin\lambda^* = \dfrac{\cos\beta\,\sin(\lambda - \lambda_B)}{\cos\beta^*} = \dfrac{\cos\beta\,\sin(\lambda + 70°)}{\cos\beta^*}\,, \\
\sin\psi = -\dfrac{\cos\beta_B \sin(\lambda - \lambda_B)}{\cos\beta^*} = -\dfrac{0{,}191\,\sin(\lambda + 70°)}{\cos\beta^*}\,.
\end{array}\right\} \quad (8.10)$$

Für die Umrechnung von geographischen auf geomagnetische Koordinaten gibt es auch Tabellen[1].

Wegen der Neigung der geomagnetischen gegen die geographische Achse können Orte mit sehr unterschiedlicher geographischer Breite gleiche geomagnetische Breite haben:

	geograph. Breite β	geograph. Länge λ	geomagnet. Breite β^*	geomagnet. Länge λ^*	ψ
New York	40,7° N	74,0° W	+51,7°	355,1°	+ 1,2°
Bonn	50,7° N	7,1° E	+51,9°	90,8°	−17,5°

Unter Benutzung der geomagnetischen Koordinaten erhält man aus Gleichung (8.5) sehr übersichtliche Formeln für die Horizontal- und Vertikalintensität an der Erdoberfläche:

[1] LB (Literaturverzeichnis Kap. 29) **3** (1952), 420–422.

$$\boxed{\begin{aligned} H &= \frac{\mathfrak{M}_E}{R_E^3}\cos\beta^* = 0{,}31\cos\beta^* \quad (\text{in } \textit{Gauß}) \\ Z &= \frac{2\mathfrak{M}_E}{R_E^3}\sin\beta^* = 0{,}62\sin\beta^* \quad (\text{in } \textit{Gauß}) \end{aligned}} \tag{8.11}$$

Aus diesen Formeln ergibt sich für die Inklination

$$\boxed{\operatorname{tg} I = \frac{Z}{H} = 2\operatorname{tg}\beta^*} \tag{8.12}$$

In der Nähe des geomagnetischen Äquators wächst I doppelt so schnell wie β^*.

Die Elemente des geomagnetischen Feldes ändern sich, wenn man von einem Punkt auf der Erdoberfläche aus nach oben oder nach Norden und Süden geht. Für die Änderung mit der *Höhe h* erhalten wir analog zur Änderung der Schwerebeschleunigung (Gleichung 6.9)

$$F(R_E+h) = F_s \cdot \left(\frac{R_E}{R_E+h}\right)^3 \approx F_s \cdot \left(1 - 3\frac{h}{R_E} + - \cdots\right). \tag{8.13}$$

Die Änderungen mit der *geomagnetischen Breite* sind etwa eine Größenordnung kleiner. Man erhält sie durch Differentiation nach β^*. Für $\beta^* = 50°$ ergeben sich die folgenden Werte:

	Feldstärke	Feldänderung mit Höhe	Feldänderung mit der Breite (nach Norden)
F	$52{,}4 \cdot 10^3\gamma$	$-2{,}47\gamma/100\,\text{m}$	$4{,}40\gamma/\text{km}$
H	$20{,}3 \cdot 10^3\gamma$	$-0{,}96\gamma/100\,\text{m}$	$-3{,}79\gamma/\text{km}$
Z	$48{,}3 \cdot 10^3\gamma$	$-2{,}27\gamma/100\,\text{m}$	$6{,}35\gamma/\text{km}$

8c) *Kugelfunktionsanalyse des erdmagnetischen Feldes*

Die Möglichkeit, das an der Erdoberfläche gemessene Magnetfeld in zwei Anteile zerlegen zu können, die sich durch die Lage ihrer Quellen (im Erdinneren bzw. außerhalb der Erde) unterscheiden, ist eine der überraschendsten Folgerungen aus der Potentialtheorie. Dieses von GAUSS stammende Verfahren ist die Grundlage jeder theoretischen Behandlung des Erdmagnetismus, daher soll es hier auch verhältnismäßig ausführlich dargestellt werden. Es werden dabei noch einige bisher nicht benutzte Eigenschaften der Kugelfunktionen gebraucht (vgl. Kap. 5b, 6b und Schluß von Kap. 8a). Diese sollen zunächst zusammengestellt werden, damit später die Herleitung nicht unterbrochen werden muß.

Jede Funktion $f(\vartheta,\lambda)$, die über die Kugelfläche quadratisch integrierbar ist, läßt sich in eine Reihe nach Kugelfunktionen *entwickeln*

$$f(\vartheta,\lambda) = \sum_{l=0}^{\infty} \sum_{m=0}^{l} (A_l^m \cos m\lambda + B_l^m \sin m\lambda) P_l^m(\cos\vartheta). \quad (8.14)$$

Die Koeffizienten A_l^m und B_l^m findet man durch Integration über die Kugelfläche

$$\begin{Bmatrix} A_l^m \\ B_l^m \end{Bmatrix} = \frac{2l+1}{4\pi} \int_0^{2\pi} d\lambda \int_0^{\pi} d\vartheta \cdot f(\vartheta,\lambda) \begin{Bmatrix} \cos \\ \sin \end{Bmatrix} (m\lambda) P_l^m(\cos\vartheta) \sin\vartheta. \quad (8.15)$$

Hier gilt wieder (Gleichung 6.30) die Zuordnung: cos zu A_l^m und sin zu B_l^m. Die $P_l^m(\cos\vartheta)$ sind die nach Ad. SCHMIDT normierten Kugelfunktionen (vgl. Kap. 5b). Ist die Funktion $f(\vartheta,\lambda)$ nur an diskreten Punkten bekannt, so sind die Integrale durch entsprechende Summen zu ersetzen. Meist ist es allerdings bequemer, die Koeffizienten nicht direkt nach Gleichung (8.15) zu berechnen, sondern zunächst $f(\vartheta,\lambda)$ für jedes ϑ harmonisch (nach λ) zu analysieren. Die ϑ-abhängigen Fourier-Koeffizienten werden dann nach Kugelfunktionen entwickelt. Hierbei nützt die *Orthogonalität* der Kugelfunktionen; denn es gilt

$$\int_0^{\pi} P_l^m(\cos\vartheta) P_{l'}^m(\cos\vartheta) \sin\vartheta \, d\vartheta = \begin{cases} 0 & \text{für } l' \neq l, \\ \dfrac{4}{2l+1} & \text{für } \begin{cases} l' = l, \\ m > 0. \end{cases} \end{cases} \quad (8.16)$$

Der Wert $4/(2l+1)$ in Gleichung (8.16) entspricht der Schmidtschen Normierung. Für $m=0$ ist der Wert des Integrals gerade halb so groß.

Außer dem Entwicklungssatz (8.14) brauchen wir noch zwei Rekursionsformeln für die $P_l^m(\cos\vartheta)$ (oder kurz: P_l^m). Diese Formeln gelten für $m=1,2,3,\ldots$

$$2\frac{dP_l^m}{d\vartheta} = (l+m)(l-m+1)\sqrt{\frac{l+m}{l-m}}\, P_{l-1}^{m-1} - \sqrt{\frac{l-m-1}{l+m+1}}\, P_{l-1}^{m+1}, \quad (8.17)$$

$$2m\frac{P_l^m}{\sin\vartheta} = \sqrt{(l+m)(l+m-1)}^{\,3}\, P_{l-1}^{m-1} + \frac{1}{\sqrt{(l-m-2)(l-m-1)}} P_{l-1}^{m+1}. \quad (8.18)$$

Wie in Kap. 5b bereits gesagt, treten die Kugelfunktionen bei der Lösung der Laplaceschen Differentialgleichung

$$\Delta\Phi = \frac{1}{r^2}\frac{\partial}{\partial r}\left(r^2\frac{\partial\Phi}{\partial r}\right) + \frac{1}{r^2\sin\vartheta}\frac{\partial}{\partial\vartheta}\left(\sin\vartheta\frac{\partial\Phi}{\partial\vartheta}\right) + \frac{1}{r^2\sin^2\vartheta}\frac{\partial^2\Phi}{\partial\lambda^2} = 0 \quad (8.19)$$

auf, wenn man die Variablen r, ϑ und λ separiert. Mit der in Gleichung (5.6) definierten Kugelflächenfunktion $Y_l^m(\vartheta,\lambda)$ ergeben sich die beiden folgenden Lösungstypen der Differentialgleichung (8.19):

$$\frac{1}{r^{l+1}} Y_l^m(\vartheta,\lambda) = \frac{1}{r^{l+1}} (A_l^m \cos m\lambda + B_l^m \sin m\lambda) P_l^m(\cos\vartheta), \quad (8.20)$$

$$r^l Y_l^m(\vartheta,\lambda) = r^l (A_l^m \cos m\lambda + B_l^m \sin m\lambda) P_l^m(\cos\vartheta). \quad (8.21)$$

Lösungen der Form (8.20) traten bei der Entwicklung des Schwerepotentials der Erde in Gleichung (6.29) auf. Wie am Schluß von Kap. 8a berichtet wurde, handelt es sich um die Potentiale von 2^l-Polen. So wie $1/e$, der reziproke Abstand zweier Punkte, sind auch seine Ableitungen Lösungen der Laplace-Gleichung.

Die Lösungen der Form (8.21) haben keinen eigenen Namen. Man könnte sie „Potential des inversen 2^l-Pols" nennen; denn sie gehen durch Inversion an der Einheitskugel aus (8.20) hervor. Die Potentiale der Multipole werden unendlich für $r \to 0$ und sind regulär für $r \to \infty$. Die Potentiale der inversen Multipole sind regulär für $r = 0$ und wachsen über alle Grenzen für $r \to \infty$. Im Erdmagnetfeld bilden die Multipole den Anteil, dessen Quellen im Erdinnern liegen, kurz *innerer Anteil* genannt, und die inversen Multipole den *äußeren Anteil.* Nach diesen Vorbereitungen können wir das schon angekündigte Gaußsche Zerlegungsverfahren besprechen.

Carl Friedrich Gauss wurde schon zu Lebzeiten princeps mathematicorum, Fürst der Mathematiker, genannt. Sein bewundernswertes mathematisches Werk läßt leicht vergessen, daß Gauß auch auf anderen Gebieten überaus erfolgreich tätig war. Der Astronomie – Gauß war in Göttingen ja nicht als Professor für Mathematik, sondern als Direktor der Sternwarte – schenkte er die Methode der Bahnbestimmung. Als Geodät arbeitete er an der Vermessung des Königreiches Hannover und erfand den Heliotrop, ein Gerät, mit dem man Sonnenlicht in eine bestimmte Richtung reflektieren kann. Dieses reflektierte Licht bildete dann einen weit und gut sichtbaren Visierpunkt. Auch als Mathematiker beschäftigte er sich nicht nur mit Ideen, mit denen sich heute Mathematiker zu beschäftigen pflegen. Man denke an: die Gaußsche Formel zur Berechnung des Osterdatums, die Gaußschen Additionslogarithmen oder an seine Arbeit „Anwendung der Wahrscheinlichkeitsrechnung auf die Bestimmung der Bilanz für Witwenkassen". Früh wurde seine Begabung erkannt, und er wurde in jeder Weise gefördert. Wenn Gauß heute lebte, ob er wohl Studienstiftler geworden wäre oder ob er sich mit „Bafög" hätte begnügen müssen? Die Bedingungen für die Förderung nach dem Förderungsgesetz erfüllte er auf Grund des Einkommens der Eltern jedenfalls. Er wurde 1777 in Braunschweig als Sohn eines kleinen Handwerkers geboren. Bis 1795 besuchte er in Braunschweig das Collegium Carolinum, den Vorläufer der heutigen TU, studierte bis 1798 in Göttingen und hielt sich dann längere Zeit in Helmstedt auf. 1801 entstanden die „Disquisitiones arithmeticae". Im selben Jahr fand man nach Gauß' Berechnung den Kleinplaneten Ceres wieder. 1807 wurde Gauß an die Göttinger Sternwarte berufen. 1828 lenkte ALEXANDER VON HUMBOLDT Gauß' Interesse auf den Erdmagnetismus. In den folgenden Jahren entwickelte Gauß, ab 1831 zusammen mit W. E. WEBER (siehe Kap. 9f), die Methode zur Absolutbestimmung des Erdmagnetfeldes, 1834 gründeten sie den Göttinger magnetischen Verein, dem sich in der Folgezeit 50 Observatorien aus vielen Ländern der Erde anschlossen, mit der Verabredung, an bestimmten, vorher festgelegten Tagen alle fünf Minuten die Magnetometer abzulesen. Mit der Kugelfunktionsentwicklung und dem Zerlegungsverfahren stellte Gauß das mathematische Rüstzeug zur Auswertung dieser Beobachtungen bereit. Später, vor allem nach dem Weggang Webers 1843, wandte Gauß sich wieder anderen Dingen zu. Er starb 1855 in Göttingen.

Im Bereich zwischen der Erdoberfläche und der Ionosphäre ist das Erdmagnetfeld sicher quellenfrei. Es besitzt ein Potential, das der Differentialgleichung (8.19) genügt. Das Potential kann sich aus einem inneren Anteil (Φ_i) der Form (8.20) und einem äußeren Anteil (Φ_e von engl. external) der Form (8.21) zusammensetzen.

$$\Phi = \Phi_i + \Phi_e \tag{8.22}$$

Wie Gauß bezeichnet man auch noch heute die Koeffizienten in dem Potential des erdmagnetischen Feldes mit den Buchstaben g und h

$$\Phi_i = R_E \sum_{l=1}^{\infty} \left(\frac{R_E}{r}\right)^{l+1} \sum_{m=0}^{l} [g_l^{mi} \cos m\lambda + h_l^{mi} \sin m\lambda] P_l^m(\cos\vartheta) \quad \text{für} \quad r \geq R_E, \tag{8.23}$$

$$\Phi_e = R_E \sum_{l=1}^{\infty} \left(\frac{r}{R_E}\right)^{l} \sum_{m=0}^{l} [g_l^{me} \cos m\lambda + h_l^{me} \sin m\lambda] P_l^m(\cos\vartheta) \quad \text{für} \quad r \leq R_E. \tag{8.24}$$

Ein Glied mit $l=0$ tritt hierin nicht auf, da es keine makroskopischen magnetischen Einzelpole gibt. Aus den Gleichungen (8.22) bis (8.24) findet man durch Differentiation die Komponenten:

$$\begin{aligned} X &= + \left[\frac{1}{r}\frac{\partial \Phi}{\partial \vartheta}\right]_{r=R_E} \\ &= \sum_{l=1}^{\infty} \sum_{m=0}^{l} [\underbrace{(g_l^{mi} + g_l^{me})}_{g_l^m} \cos m\lambda + \underbrace{(h_l^{mi} + h_l^{me})}_{h_l^m} \sin m\lambda] \frac{dP_l^m}{d\vartheta}, \end{aligned} \tag{8.25}$$

$$\mathsf{Y} = -\left[\frac{1}{r\sin\vartheta}\,\frac{\partial\Phi}{\partial\lambda}\right]_{r=\mathsf{R_E}}$$

$$= \sum_{l=1}^{\infty}\sum_{m=0}^{l}\,[\underbrace{(g_l^{mi}+g_l^{me})}_{g_l^m}\sin m\lambda - \underbrace{(h_l^{mi}+h_l^{me})}_{h_l^m}\cos m\lambda]\,\frac{m P_l^m}{\sin\vartheta}, \tag{8.26}$$

$$\mathsf{Z} = +\left[\frac{\partial\Phi}{\partial r}\right]_{r=\mathsf{R_E}}$$

$$= \sum_{l=1}^{\infty}\sum_{m=0}^{l} -(l+1)\Bigg[\underbrace{\left(g_l^{mi}-\frac{l}{l+1}\,g_l^{me}\right)}_{u_l^m}\cos m\lambda + \underbrace{\left(h_l^{mi}-\frac{l}{l+1}\,h_l^{me}\right)}_{v_l^m}\sin m\lambda\Bigg]\,P_l^m. \tag{8.27}$$

Aus dem gemessenen $\mathsf{X}\,(\vartheta,\lambda)$ kann man mit Hilfe der Gleichung (8.17) und einer (8.14) entsprechenden Entwicklung g_l^m und h_l^m berechnen. Dasselbe kann man mit Messungen von $\mathsf{Y}\,(\vartheta,\lambda)$ unter Zuhilfenahme von Gleichung (8.18) machen. Man kann also, wenn $\mathsf{X}\,(\vartheta,\lambda)$ für die ganze Erde gegeben ist, $\mathsf{Y}\,(\vartheta,\lambda)$ daraus berechnen und umgekehrt. (Dies folgt aus der Gültigkeit der Laplaceschen Differentialgleichung (8.19).)

Aus der Entwicklung von $\mathsf{Z}(\vartheta,\lambda)$ nach Kugelfunktionen gewinnt man die u_l^m und v_l^m. Durch Kombination erhält man

$$\boxed{\begin{aligned} g_l^{mi} &= \frac{l\,g_l^m+(l+1)\,u_l^m}{2l+1}, & h_l^{mi} &= \frac{l\,h_l^m+(l+1)\,v_l^m}{2l+1} \\ g_l^{me} &= \frac{l+1}{2l+1}\,(g_l^m-u_l^m), & h_l^{me} &= \frac{l+1}{2l+1}\,(h_l^m-v_l^m) \end{aligned}} \tag{8.28}$$

Mit diesen Formeln ist die Zerlegung des Feldes in inneren und äußeren Anteil vollendet.

Wegen seiner großen Bedeutung für den Erdmagnetismus soll das Zerlegungsverfahren an einem Spezialfall veranschaulicht werden. Dazu wählen wir die Terme mit $P_1(\cos\vartheta)=\cos\vartheta$ und erhalten

$$\begin{aligned} \Phi_\mathsf{i} &= g_1^{0i}\,\frac{\mathsf{R_E^3}}{r^2}\cos\vartheta \quad \text{für} \quad r \geq \mathsf{R_E}, \\ \Phi_\mathsf{e} &= g_1^{0e}\,r\,\cos\vartheta \quad \text{für} \quad r \leq \mathsf{R_E}. \end{aligned} \tag{8.29}$$

Φ_i ist das Potential eines Dipolfeldes und Φ_e das eines homogenen Feldes in Richtung der Erdachse, vgl. *Fig. 46*. In diesem Zusammenhang ist das homogene Feld ein „inverses Dipolfeld". Für gleiche Koeffizienten ($g^i = g^e$) haben beide Felder auf der Kugel $r = R_E$ gleiche Tangential- aber unterschiedliche Radialkomponenten. Mißt man also in der Nähe der Erdoberfläche ein Feld, dessen Tangentialkomponente wie $\sin\vartheta$ und dessen Radialkomponente wie $\cos\vartheta$ variieren, so kann man es immer in einen Dipolanteil und in einen homogenen Feldanteil zerlegen. Beide Anteile werden durch diese Zerlegung eindeutig bestimmt.

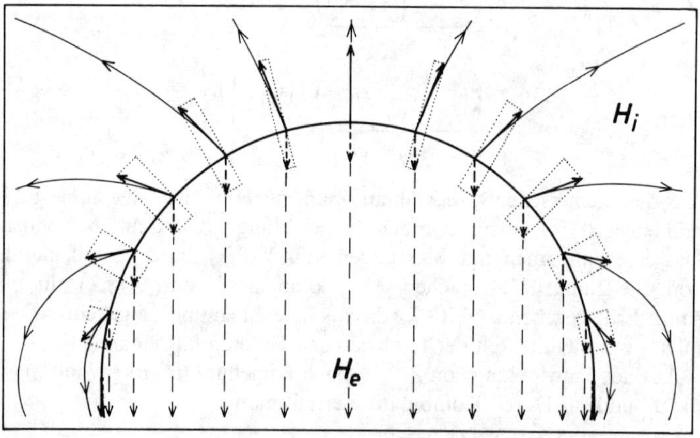

Fig. 46 Dipolfeld und homogenes Feld als Beispiel für inneren und äußeren Anteil eines auf der Kugeloberfläche beobachteten Feldes.

Eine Anwendung des Gaußschen Zerlegungsverfahrens auf den permanenten Anteil des Erdmagnetfeldes erbrachte im wesentlichen nur einen inneren Anteil. Der äußere Anteil lag in der Größenordnung der Meßunsicherheit. Die Quellen des Permanentfeldes haben ihren Sitz offenbar im Erdinnern.

Wie man aus den Gleichungen (8.25) bis (8.27) ersieht, haben die Koeffizienten g und h die Dimension einer Feldstärke. Sie werden gewöhnlich in *gamma* angegeben. Für die Epoche 1965,0 ergaben sich für die ersten Koeffizienten (nur innerer Anteil) die Werte der *Tabelle G*[1].

Die größten Koeffizienten sind die zu $l = 1$. Sie geben das Moment des Dipolfeldes nach Betrag ($\mathfrak{M}_E$) und Richtung (ϑ_B, λ_B) an:

[1] Nach Hurwitz, Knapp, Nelson und Watson; J. Geophysical Res. **71** (1966), 2373–2383.

$$\sqrt{(g_1^0)^2+(g_1^1)^2+(h_1^1)^2}=31\,001\,\gamma=\mathsf{H}_{\text{Äq}}$$

$$=\text{Horizontalintensität am Äquator}=\frac{\mathfrak{M}_{\mathsf{E}}}{\mathsf{R}_{\mathsf{E}}^3},$$

also $\mathfrak{M}_{\mathsf{E}}=8{,}017\cdot 10^{25}$ *Gauß* cm^3.

$$\frac{-g_1^0}{\mathsf{H}_{\text{Äq}}}=\cos\vartheta_B,\qquad \vartheta_B=11°25',$$

$$\frac{h_1^1}{g_1^1}=\operatorname{tg}\lambda_B,\qquad \lambda_B=290°11'.$$

Tabelle G: Koeffizienten der Kugelfunktionsentwicklung des erdmagnetischen Innenfeldes (in *gamma*) für 1965,0

l	m=0	m=1		m=2		m=3		m=4		m=5	
	g_l^{0i}	g_l^{1i}	h_l^{1i}	g_l^{2i}	h_l^{2i}	g_l^{3i}	h_l^{3i}	g_l^{4i}	h_l^{4i}	g_l^{5i}	h_l^{5i}
1	−30388	−2117	5760								
2	−1637	2981	−2004	1583	127						
3	1153	−1989	−425	1282	243	855	−161				
4	925	806	148	489	−293	−382	11	256	−249		
5	−203	348	10	242	135	−31	−122	−158	−95	−66	76

Ähnlich wie beim Schwerepotential kann man durch Drehung der Achsen und Verschiebung des Koordinatenursprungs gewisse Koeffizienten zum Verschwinden bringen. Eine Drehung der Achsen, wie wir sie beim geomagnetischen Koordinatensystem angewandt haben, würde g_1^1 und h_1^1 zum Verschwinden bringen. Mit einer Verschiebung des Koordinatenursprungs kann man nach Lord Kelvin g_2^0, g_2^1 und h_2^1 zu Null machen. Den neuen Ursprung nennt man den *magnetischen Mittelpunkt der Erde.* Dieser lag (1955,0) vom Schwerpunkt aus um 436 km auf den Punkt $\vartheta=74{,}3°$, $\lambda=150{,}8°$ E der Erdoberfläche hin verschoben. Legt man den aus den Koeffizienten für $l=1$ bestimmten Dipol in den magnetischen Mittelpunkt der Erde, so erhält man einen *exzentrischen Dipol* als eine etwas bessere Annäherung an das wirkliche Erdfeld.

8d) *Säkularvariation*

In der Tabelle G und an anderen Stellen im vorangegangenen Abschnitt wurden Zahlenwerte, z.B. für die Entwicklungskoeffizienten, nicht absolut angegeben, sondern mit der Einschränkung „für 1965,0" oder „für die *Epoche* 1965,0". Dieses wohlklingende Wort bezeichnet schlicht den 1. Januar des betreffenden Jahres – und die Einschränkung läßt vermuten, daß die betreffenden Größen sich im Laufe der Jahre verändern. Diesen Vorgang nennt man Säkularvariation.

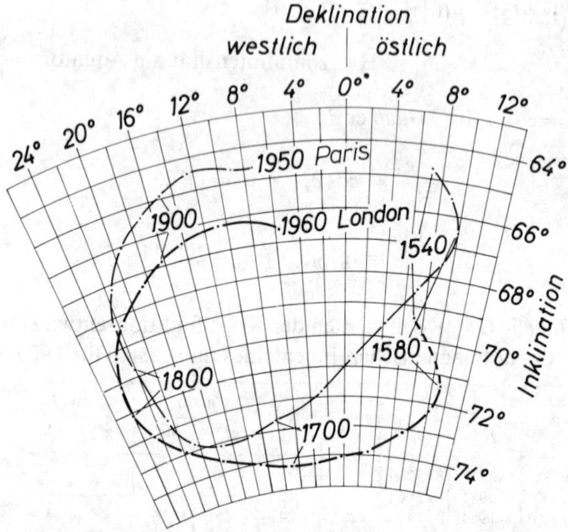

Fig. 47 Säkulare Änderungen der Deklination und Inklination in London und Paris.

Die Säkularvariation wurde 1634 von dem englischen Mathematiker (Trigonometrie) und Astronomen H. GELLIBRAND (1597–1636 oder 1637) entdeckt. Drei Deklinationsbestimmungen in London zu verschiedenen Zeiten hatten folgende Werte ergeben: 1580: 11,3° E; 1622: 6,2° E; 1634: 4,0° E. Daraus zog GELLIBRAND den Schluß, die Deklination sei allgemein mit der Zeit veränderlich. Die *Fig. 47* zeigt die Änderung der Elemente D und I in einer von L. A. BAUER (1865–1932) vorgeschlagenen Darstellungsweise. Gezeichnet ist die Spur, die die Achse eines Magneten auf dem horizontal liegenden Polardiagramm beschreiben würde, wenn der Magnet über dem Mittelpunkt des Diagramms freibeweglich aufgehängt wäre und somit den säkularen Änderungen folgen würde. Für verschiedene Orte ergeben sich Bahnen, die sich zwar in Einzelheiten unterscheiden, deren allgemeiner Charakter (Umlaufsinn und -periode) jedoch ähnlich ist, zumindest für Orte, die nicht zu weit auseinanderliegen. Die Säkularvariation ist ein *regionales* Phänomen. Sie verläuft gleichförmig in Gebieten von der Ausdehnung eines Kontinents, darüber hinaus aber unkorreliert in den verschiedenen Gebieten der Erde.

Eine Auswirkung der Säkularvariation ist die bekannte Änderung der Nadelabweichung (Winkel zwischen magnetisch Nord und den Gauß-Krügerschen Gitterlinien der Karte) und der Mißweisung (= Deklination), wie sie auf Karten angegeben wird. Zur Zeit (1969) nehmen diese

Größen in Mitteleuropa ab. Die Agone (D = 0°) lief 1945 durch Königsberg. Sie rückt jährlich um etwa 20 km nach Westen. Die Horizontalintensität nimmt bei uns jährlich um 10–20 *gamma* ab.

Auch die Wanderung des arktischen Magnetpols (I = 90°) ist Folge der Säkularvariation. 1831 wurde dieser Pol von J. C. Ross (1800–1862) auf der nordamerikanischen Halbinsel Boothia bei $\beta = 70{,}1°$ N und $\lambda = 263{,}1°$ entdeckt. Inzwischen ist der Magnetpol einige hundert Kilometer weit nach Nordwesten gewandert, hat dabei die benachbarte Prince-of-Wales-Insel überquert und befand sich 1970 bei $\beta = 76°$ N und $\lambda = 259°$.

Die Säkularvariation wird auf Karten durch *Isoporen* erfaßt. Das sind Linien gleichen säkularen Ganges (z. B. *gamma/Jahr*) der einzelnen Komponenten. Auch diese Isoporenkarten zeigen im Lauf der Zeit Veränderungen. Es existieren Gebiete mit besonders starker Zu- und Abnahme. Im ganzen erkennt man darin eine langsame *Westdrift* von ungefähr 0,3 Längengraden pro Jahr. Isoporenzentren würden also nach rund 1200 Jahren die Erde umkreist haben, wenn sie nicht inzwischen längst vergangen und neue Zentren an ihre Stelle getreten wären. Auffälligerweise zeigt der Pazifische Ozean eine geringere Säkularvariation als die anderen Teile der Erde.

In der Kugelfunktionsentwicklung des Potentials des Magnetfeldes (Kap. 8c) bewirkt die Säkularvariation eine zeitliche Änderung der Koeffizienten g_l^m und h_l^m. Die Anwendung des Gaußschen Zerlegungsverfahrens zeigt, daß die Säkularvariation genau wie das Permanentfeld zum inneren Anteil gehört. Beim Permanentfeld (Tabelle G) sind die Dipolglieder ($l = 1$) mit Abstand am größten. Das gilt für die säkularen Änderungen des Feldes nicht, dort haben alle Terme die gleiche Größenordnung.

Offenbar ergibt sich aus dem Verhalten der Säkularvariation ein deutlicher Unterschied zwischen Dipolfeld und *Restfeld*. Erscheinungen wie die in Fig. 47 beschriebenen, die sich nahezu periodisch verhalten, sind wie auch die Westdrift Eigenschaften des Restfeldes. Dagegen ist die Achsenrichtung des Dipolfeldes seit 1835 – auf diese Epoche bezieht sich die erste zuverlässige Berechnung von Gauß – sehr konstant geblieben; nur der Betrag hat um etwa 6 % abgenommen. Wenn diese Abnahmerate anhielte, würde das Erdmagnetfeld in etwa 2000 Jahren verschwunden sein. Daran sind in der letzten Zeit allerlei Spekulationen geknüpft worden. Es kann aber auch der Dipolanteil aus einem konstanten Term und einem zeitlich veränderlichen, mehr oder weniger periodischen Glied bestehen, welches die Größenordnung der anderen Säkularvariationsterme hat. Dann hätte die 6prozentige Abnahme seit 1835 keine besondere Bedeutung[1].

Naturwissenschaftler, die das „Exakte in Mathematik und Physik" bevorzugen, finden bei der Betrachtung der Säkularvariation keine rechte Befriedigung. Es gibt keine genügend langen Beobachtungsreihen der erforderlichen Genauigkeit. Die Säkularvariation ist aber eine der wenigen Informationsquellen, die unmittelbar auf Veränderungen im tiefen Erdinneren schließen lassen (siehe den folgenden Abschnitt).

8e) *Zur Theorie des Permanentfeldes und der Säkularvariation*

Seit der Entdeckung des erdmagnetischen Feldes vor nunmehr fast 400 Jahren haben sich Wissenschaftler immer wieder die Frage nach seiner Ursache gestellt. Die ersten Magnetfeldbestimmungen des Mondes und anderer Planeten geben neue Rätsel auf. Wie man von direkten Messungen mit Raumsonden her weiß, haben Mond, Mars und Venus kein dem Erdfeld vergleichbares Feld. Andererseits haben radioastronomische Messungen gezeigt, daß Jupiter ein sehr starkes Magnetfeld besitzt: sein Dipolmoment ist 10^5mal stärker als das der Erde. Wahrscheinlich haben auch zwei seiner Monde, Io und Ganymed, eigene Magnetfelder. So ist das Magnetfeld der Erde weder eine allgemeine noch eine einzigartige Erscheinung.

Permanentmagnete kommen als Ursache für das Erdfeld nicht in Frage, da die Temperatur des Erdinneren schon ab 50km Tiefe über der Curietemperatur ferromagnetischer Mineralien liegt und die höher liegende Kruste nicht entfernt so viel ferromagnetisches Material enthält, wie nötig wäre. Das Feld muß daher durch elektrische Ströme erzeugt werden. Diese Ströme fließen höchstwahrscheinlich im Erdkern, dicht an der Grenze zum Mantel. Verursacht werden die Ströme durch einen Prozeß im Erdkern, der einem Gleichstromgenerator mit Selbsterregung verwandt ist, einem Generator, dessen Magnetfeld von dem erzeugten Strom selbst gespeist wird (Dynamo-elektrisches Prinzip; WERNER v. SIEMENS, 1867). An die Stelle des sich drehenden Ankers mit seinen Wicklungen treten turbulente Konvektionsströmungen im Erdkern. Dort sind Materiebeweglichkeit und elektrische Leitfähigkeit genügend groß. Die Geschwindigkeiten müssen etwa 0,05cm/sec betragen.

Ein Dynamo von der Art des Erddynamos besteht aus gleichartiger Materie und heißt deshalb ein *homogener Dynamo*. Nach der Theorie

[1] V. BUCHA (Nature **213** (1967), 1005–1007) schließt aus Beobachtungen der Magnetisierung gebrannten Tons (siehe Kap. 8f), daß das Dipolmoment der Erde in geschichtlicher Zeit oszilliert hat. Es war 6500 v. Chr. etwa 1,4mal, 3500 v. Chr. 0,6mal und 400 v. Chr. 1,5mal so groß wie heute.

kann ein solcher homogener Dynamo nur funktionieren, wenn er hinreichend groß ist. Im Laboratoriumsmaßstab läßt er sich nicht bauen. Die Konvektionsströmungen im Erdkern werden entweder durch radioaktive Wärme oder durch einen immer noch andauernden Sedimentationsprozeß, bei dem schweres Material absinkt und leichteres aufsteigt, in Gang gehalten. Die Erdrotation (Corioliskraft) sorgt für eine Ausrichtung der Konvektionszellen und fördert die Entstehung größerer Zellen auf Kosten der kleineren. Daher ist es kein Zufall, daß Dipol- und Rotationsachse der Erde beinahe zusammenfallen. Jeder selbsterregte Dynamo muß zu Anfang mit einem Fremdfeld oder Strom gespeist werden. Dies könnte bei der Erde durch magnetische Streufelder bzw. durch elektrochemische Ströme oder durch Thermoströme erfolgt sein.

Solche Konvektionsbewegungen, wie sie sich im Erdkern ausbilden können, rufen allerdings unmittelbar kein magnetisches Dipolfeld hervor, sondern ein in sich geschlossenes Feld in Richtung der Breitenkreise *(Fig. 48)*, von dessen Existenz man an der Erdoberfläche nichts merkt. Das Dipolfeld kann sich erst als Sekundäreffekt durch Wechsel-

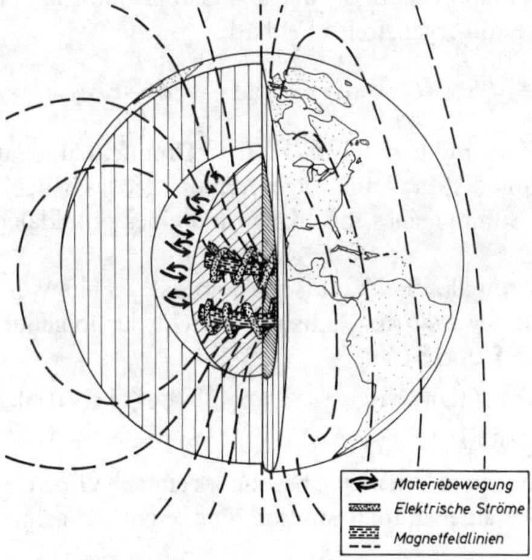

Fig. 48 Schematische Darstellung zur Dynamotheorie des Permanentfeldes der Erde (nach W. Elsasser, Scientific American **198** (Mai 1958), 44–48.) Die Konvektionsbewegung der Materie auf Kugelschalen verursacht im selbsterregten magnetischen Dipolfeld elektrische Ströme in einer ringspulenförmigen Anordnung. Das (primär) entstehende Magnetfeld (ca. 100 Gauß) dieser Ströme ist ringförmig und wirkt nicht nach außen. Das (sekundäre) nach außen dringende Dipolfeld (ca. 4 Gauß an der Kerngrenze) entsteht durch Wechselwirkung zwischen Materiebewegung und ringförmigem Magnetfeld.

wirkung zwischen diesem ringförmigen Feld und der Materiebewegung ergeben. Primär- und Sekundärfeld gehören zu verschiedenen Feldtypen, die man *toroidal* bzw. *poloidal* nennt. Diese Typenunterscheidung ist bei der Dynamotheorie des Erdfeldes von großer Bedeutung. Obwohl es im Rahmen dieser Einführung nicht möglich ist, die Dynamotheorie darzustellen, sollen diese Feldtypen erläutert werden, da sie uns auch in anderem Zusammenhang begegnen werden.

Divergenzfreie Magnetfelder wie die magnetische Induktion lassen sich bekanntlich als Rotation eines Vektorpotentials darstellen. Wir verwenden ein spezielles Vektorpotential, das Produkt einer beliebigen Skalarfunktion $\varphi(r,\vartheta,\lambda)$ mit dem Ortsvektor $\boldsymbol{r}$, und erhalten zunächst ein Feld $\mathbf{T}$:

$$\mathbf{T}=\operatorname{rot}(\varphi\,\boldsymbol{r})=-[\boldsymbol{r}\times\operatorname{grad}\varphi]. \tag{8.30}$$

Wie man aus der Umformung rechts ersieht, steht $\mathbf{T}$ senkrecht auf $\boldsymbol{r}$. Deshalb hat $\mathbf{T}$ keine Radialkomponente. Diese Art Felder nennt man *toroidal.* Die Feldlinien verlaufen auf Kugeln $r=\mathrm{R}_c$. Sie genügen der Gleichung

$$\varphi(\mathrm{R}_c,\vartheta,\lambda)=const. \tag{8.31}$$

Mit einer zweiten, ebenfalls beliebigen Skalarfunktion $\psi(r,\vartheta,\lambda)$ leiten wir ein weiteres divergenzfreies Feld ab:

$$\mathbf{S}=\operatorname{rot}\operatorname{rot}(\psi\,\boldsymbol{r})=\operatorname{grad}\frac{\partial}{\partial r}(r\,\psi)-\boldsymbol{r}\,\Delta\psi. \tag{8.32}$$

Solche Felder nennt man *poloidal.* Das Dipolfeld und alle Multipolfelder sind poloidal. Man kann zeigen, daß man jedes beliebige divergenzfreie Feld als Summe eines toroidalen und eines poloidalen Feldes darstellen kann.

Sind ein toroidales Feld und ein poloidales Feld von der gleichen Skalarfunktion $(\psi\equiv\varphi)$ abgeleitet, so besteht der folgende Zusammenhang zwischen $\mathbf{T}$ und $\mathbf{S}$

$$\begin{aligned}\operatorname{rot}\mathbf{T}(\varphi)&=\mathbf{S}(\varphi), &\quad \operatorname{rot}^2\mathbf{T}(\varphi)&=\mathbf{T}(-\Delta\varphi),\\ \operatorname{rot}\mathbf{S}(\varphi)&=\mathbf{T}(-\Delta\varphi), &\quad \operatorname{rot}^2\mathbf{S}(\varphi)&=\mathbf{S}(-\Delta\varphi).\end{aligned} \tag{8.33}$$

Diese Beziehungen nehmen eine besonders einfache Form an, wenn man φ als Produkt einer Radialfunktion und einer Kugelflächenfunktion schreibt,

$$\varphi=\frac{A(r)}{r}\,\mathrm{Y}_\mathrm{l}^\mathrm{m}(\vartheta,\lambda)=\frac{A(r)}{r}\,\mathrm{P}_\mathrm{l}^\mathrm{m}(\cos\vartheta)\begin{Bmatrix}\cos\\ \sin\end{Bmatrix}\mathrm{m}\lambda \tag{8.34}$$

– was allerdings nicht verwunderlich ist: Mit der Funktion $\varphi\cdot\boldsymbol{r}$ hatten wir ein Vektorpotential gewählt, das auf sphärische Probleme zugeschnitten war.

Die Formeln (8.33) erweisen sich als nützlich für die Lösung der magnetohydrodynamischen Gleichungen, die die Vorgänge im Erdkern beschreiben. Deshalb wird in der Dynamotheorie die Zerlegung in toroidale und poloidale Felder für die Materiebewegungen, die elektrischen Ströme und auch die Magnetfelder gebraucht. In Fig. 48 ist die Materiebewegung toroidal, das elektrische Stromsystem poloidal und das (primär) entstehende Magnetfeld toroidal. Dieses Feld müßte eine Stärke von fast 100 *Gauß* erreichen. In diesem toroidalen Feld würde eine konvektive poloidale Bewegung dann ein Dipolfeld erzeugen. Die Stärke des Dipolfeldes beträgt an der Oberfläche des Erdkerns etwa 4 *Gauß* und fällt dann nach dem r^{-3}-Gesetz bis zur Erdoberfläche auf 0,3 *Gauß* (am Äquator) ab. Eine Deutung der Säkularvariation ergibt sich zwanglos aus dem bisher Gesagten: Die genannten großen Konvektionszellen sind sicher weder örtlich noch zeitlich konstant, wenngleich sie sich nur äußerst geringfügig verändern. Zur Erklärung der beobachteten langsamen Westdrift der Isoporenzentren (vgl. Kap. 8d) nimmt man an, daß der Erdkern um ein geringes langsamer rotiert als der Erdmantel.

Auch zur Erklärung der aus gesteinsmagnetischen Untersuchungen (siehe Kap. 8f) gefolgerten wiederholten Feldumkehrungen liefert die Dynamotheorie gewisse Ansätze. Aus den Grundgleichungen ersieht man nämlich, daß man zu jeder Lösung, die ein nach außen wirkendes Dipolfeld beinhaltet, eine zweite Lösung mit entgegengesetzt gerichtetem Dipolmoment angeben kann. Möglich sind also immer beide, man weiß nur noch nicht recht, wie es zu einem Umklappen von dem einen in den anderen Zustand kommen kann.

8f) *Magnetismus der Krustengesteine*

Ein Teil des an der Erdoberfläche beobachteten Magnetfeldes stammt aus dem Gestein der Erdkruste. Dieser Gesteinsmagnetismus äußert sich in lokalen *Anomalien*, die im allgemeinen nur wenige *gamma* betragen. Eisenerzlager können aber Störungen von der Größe der Erdfeldstärke verursachen. Die stärksten Anomalien des Erdmagnetfeldes findet man bei Kursk, 400 km südlich von Moskau, und bei Kiruna in Nordschweden. Die magnetische Vermessung solcher Anomalien ist eine wichtige Untersuchungsmethode in der *Angewandten Geophysik* (siehe Kap. 13c). Die Störfelder geben direkte Hinweise auf Erzlager und erlauben darüber hinaus allgemeine Aussagen über die Geologie des Untergrundes.

Die *Fig. 49* stellt das Ergebnis einer magnetischen Vermessung dar, die MASON und RAFF 1956 im Pazifischen Ozean westlich von Los

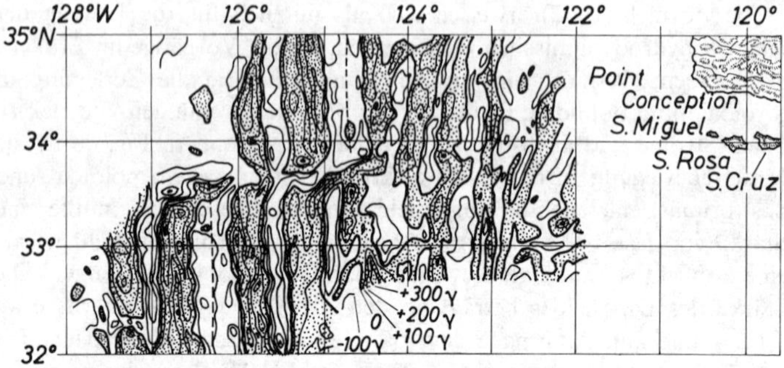

Fig. 49 Lokale magnetische Anomalien im östlichen Pazifischen Ozean nach Schiffsmessungen von R. G. MASON und A. D. RAFF. Gezeichnet sind Linien gleicher Störung der magnetischen Totalintensität. *Positive* Werte punktiert, *negative* weiß. (Los Angeles liegt bei 34° N und 118° W.)

Angeles vom Schiff aus vorgenommen hatten. Man erkennt lange, nord-südlich verlaufende Streifen abwechselnd positiven und negativen *Störfeldes* (= Abweichungen vom glatten Verlauf des Regionalfeldes). Diese Streifen werden von der westöstlich verlaufenden Murray-Verwerfung unterbrochen. Die Streifen sind längs der Verwerfung um 150 km gegeneinander verschoben. Die Magnetisierung des Meeresgrundes muß also älter sein als die Verwerfung.

Der für den Gesteinsmagnetismus wichtigste Mineralbestandteil ist Magnetit (Bruttoformel Fe_3O_4).

Die alten Griechen fanden dies Mineral bei der Stadt Magnesia am Mäander, einer thessalischen Kolonie in Karien (Türkei). Von diesem Ort und diesem Mineral leitet sich der Name des ganzen Forschungszweiges ab.

Magnetit ist ferrimagnetisch, d.h. es existiert in ihm ein Kristallgitter mit antiparalleler Spinanordnung, so daß sich die Spins teilweise aufheben. Weil die Ferrite im Gegensatz zu den metallischen ferromagnetischen Werkstoffen einen hohen elektrischen Widerstand besitzen, haben sie eine große Bedeutung in der Hochfrequenztechnik erlangt und sind seitdem auch stärker in den Blickpunkt der Physiker gerückt[1].

Außer durch reinen Magnetit wird der Gesteinsmagnetismus auch noch durch andere Mischkristalle aus dem ternären System

$$FeO—Fe_2O_3—TiO_2$$

[1] Für unsere Zwecke ist der Unterschied zwischen ferri- und ferromagnetischen Stoffen nicht von großer Bedeutung. Zum richtigen Verständnis des Gesteinsmagnetismus muß man aber die wichtigsten Begriffe des Ferromagnetismus zur Hand haben. Einige Stichworte können zur Selbstprüfung dienen: *Sättigungsmagnetisierung*, *Remanenz*, *Koerzitivkraft*, *Entmagnetisierungsfaktor*, *Curietemperatur*, *Weißscher Bezirk*, *spontane Magnetisierung*. Wissenslücken lassen sich leicht schließen beim Lesen des Artikels Ferromagnetismus in FL (Literaturverzeichnis Kap. 29) **19** (1967).

hervorgerufen. Die Zusammensetzung jeder Mischung wird durch einen Punkt im Dreieckskoordinatensystem der *Fig. 50* veranschaulicht. Darin sind auch die zugehörigen Curietemperaturen (T_c) vermerkt. Außer diesen Mischkristallen trägt auch noch Magnetkies, FeS_{1+x} (mit $0<x<1$), zum Ferrimagnetismus der Gesteine bei.

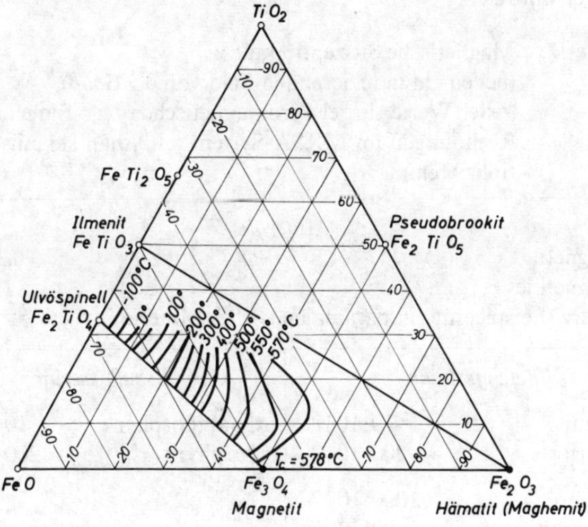

Fig. 50 Curietemperaturen (T_c) im ternären System $FeO—Fe_2O_3—TiO_2$. Darstellung der Mischungsverhältnisse in Dreieckskoordinaten. Skalen für den prozentualen Gehalt an: FeO *links*, TiO_2 *rechts* und Fe_2O_3 *unten*.

Die Magnetisierung $\mathfrak{J}$ von Gesteinen setzt sich aus einem magnetostatisch *induzierten* ($\mathfrak{J}_{ind}$) und einem *remanenten* ($\mathfrak{J}_{rem}$) Anteil zusammen

$$\mathfrak{J} = \mathfrak{J}_{ind} + \mathfrak{J}_{rem} = \varkappa \boldsymbol{H} + \mathfrak{J}_{rem} \tag{8.35}$$

mit $\varkappa$ = Suszeptibilität.

$\mathfrak{J}_{rem}$ hängt von der Vorgeschichte des Gesteins ab, ist also keine Materialkonstante. Hat man aber Gesteinsproben, so kann man die beiden Anteile der Magnetisierung leicht einzeln ermitteln, indem man die Proben einfach im feststehenden Erdfeld $\boldsymbol{H}$ dreht und mehrmals mißt.

Die induzierte Magnetisierung läßt sich für jeden Ort berechnen, sofern die Suszeptibilität $\varkappa$ bekannt ist. Nun ist $\varkappa$ nicht unabhängig von der Feldstärke. In der Geophysik interessieren die Werte von $\varkappa$, die für Erdfeldstärke (0,5 *Gauß*) gelten. Dieser Wert ist so niedrig, daß sich jene nur wenig von den Anfangssuszeptibilitäten unterscheiden. In *Tabelle H* sind einige Erfahrungswerte über die Größenordnung von $\varkappa$ für verschiedene Gesteinsarten zusammengestellt. Bei einzelnen Gesteinen können jedoch je nach ihrer Zusammensetzung große Abweichungen auftreten.

Tabelle H: Magnetische Suszeptibilität $\varkappa$ (bei einem induzierenden Feld von 0,5 *Gauß*). (Alle Werte in elektromagnetischen cgs-Einheiten. Für Rechnungen im MKSA-System muß man sie mit 4π multiplizieren.)

	Minerale		
Magnetit			0,3 bis 4
Magnetkies			$2 \cdot 10^{-2}$
Quarz (Beispiel für ein paramagnetisches Mineral)			10^{-6}
Tiefengesteine		*Ergußgesteine*	
Granit	$10 \cdot 10^{-6}$	Quarzporphyr	$10 \cdot 10^{-6}$
Diorit	$200 \cdot 10^{-6}$	Porphyrit	$200 \cdot 10^{-6}$
		Basalt	$2000 \cdot 10^{-6}$
Gabbro	$2000 \cdot 10^{-6}$	Diabas	$500 \cdot 10^{-6}$
Peridotit	$5000 \cdot 10^{-6}$		
	Sedimente		
Sandstein (klastisch)	$100 \cdot 10^{-6}$	Kalk (organogen)	0 bis $5 \cdot 10^{-6}$

Zur Abschätzung der Wirkung von $\mathfrak{J}_{\text{ind}}$ kann man die Feldanomalie $\delta \boldsymbol{H}$ über einer ausgedehnten Gesteinsplatte benutzen:

$$\delta \boldsymbol{H} = 2\pi \varkappa \boldsymbol{H}. \qquad (8.36)$$

In der Angewandten Geophysik tritt die Aufgabe auf, zu gegebenem $\varkappa$ und $\boldsymbol{H}$ und gemessenem Störfeld die Form und Lage des Störkörpers zu ermitteln (siehe Kap. 13c).

Die remanente Magnetisierung ist bei Ergußgesteinen häufig um ein Vielfaches größer als $\mathfrak{J}_{\text{ind}}$. Es handelt sich dabei um sogenannte *Thermoremanenz*, die entsteht, wenn Gesteine, von einer Temperatur oberhalb des Curiepunktes (T_c) ausgehend, sich im Erdmagnetfeld abkühlen. Bei Temperaturen in der Nähe von T_c reicht schon ein schwaches Feld dazu aus, die Weißschen Bezirke weitgehend auszurichten. Bei weiter abnehmender Temperatur bleibt diese Ausrichtung erhalten, und die spontane Magnetisierung innerhalb der Bezirke wächst. Dadurch entsteht eine größere Gesamtmagnetisierung.

Mit dieser *eingefrorenen* Magnetisierung speichern die Ergußgesteine Informationen über das Erdfeld, welches zur Zeit des Lavaergusses herrschte[1]. Glücklicherweise ist die Thermoremanenz so stabil (magnetisch hart), daß sie während der langen Folgezeit weder vernichtet noch verändert worden ist. (Magnetische Störeinflüsse, die dennoch aufgetreten sind, kann man, wenn sie magnetisch weicher sind, vor der Messung in einem schwachen Wechselfeld abmagnetisieren.)

In Sedimentgesteinen kann die Richtung des Magnetfeldes, welches zur Zeit der Bildung des Gesteins herrschte, ebenfalls gspeichert sein: Im Wasser schwimmende magnetische Teilchen richten ihre magnetischen Momente nach dem Erdmagnetfeld aus und lagern sich dann auch in dieser Richtung an. Die so entstandene Magnetisierung bezeichnet man als *Sedimentationsremanenz*.

Aus der Untersuchung der remanenten Magnetisierung von Gesteinen hat sich ein ganzer Wissenszweig entwickelt, der sich die Erforschung des Erdmagnetfeldes in der geologischen Vergangenheit zum Ziel gesetzt hat: die Lehre vom *Paläomagnetismus*. Die dabei gefundenen Variationen muß man von der Säkularvariation unterscheiden: Beim Paläomagnetismus werden noch viel längere Zeitintervalle betrachtet, und es wird fast ausschließlich der Dipolanteil des Feldes untersucht, während wir die Säkularvariation vor allem im Verhalten des Restfeldes erkannten.

Eine aufregende Beobachtung machte man gleich zu Beginn der paläomagnetischen Untersuchungen an den magnetisierten Basalten. Etwa die Hälfte der Ergüsse war umgekehrt zur heutigen Feldrichtung magnetisiert. Die andere Hälfte war richtig, d.h. in Richtung des heutigen Dipolfeldes magnetisiert. Die Streuung um beide Lagen betrug nur etwa 30°. Zunächst konnte man sich nur schwer entschließen anzunehmen, das Dipolfeld habe im Laufe der Erdgeschichte einmal oder mehrere Male sein Vorzeichen gewechselt. Man hatte deshalb nach anderen Erklärungen gesucht. Eine sehr geistreiche Deutung stammt von L. E. F. Néel (1951), man bezeichnet sie mit dem Namen *Selbstumkehr*. Wenn das Gesteinsmaterial zwei magnetisierbare Substanzen *A*

[1] Die Technik macht einen ausgiebigen Gebrauch von der remanenten Magnetisierung als Informationsspeicher im Magnetband und in den Kernspeichern elektronischer Rechenanlagen.

und *B* enthält und *A* einen höheren Curiepunkt hat als *B*, so wird nach der Erstarrung der Lava zunächst *A* eine Thermoremanenz in Richtung des äußeren Feldes annehmen. Bei weiterer Abkühlung erreicht *B* seinen Curiepunkt. Nun erzeugt aber *A* in der Probe ein Gegenfeld, und in diesem Feld nimmt *B* eine dem äußeren Feld entgegengerichtete Magnetisierung an. Ist dann bei Zimmertemperatur $\mathfrak{J}_B > \mathfrak{J}_A$, so ist die ganze Probe umgekehrt magnetisiert. Es gelang, solche von NÉEL vorgeschlagenen Substanzen synthetisch zu erzeugen. Auch fand T. NAGATA (1953) auf dem Mt. Haruna in Japan Bimssteine, die bei thermischer Behandlung Selbstumkehr zeigten. In der Folgezeit erwies sich die Selbstumkehr bei Gesteinsproben aber als seltene Ausnahme. Man weiß allerdings nicht, ob nicht Selbstumkehr vielleicht doch eintritt, wenn auch nach sehr langen Wartezeiten, die man im Labor nicht verwirklichen kann.

Inzwischen ergaben sich aber mehrere Hinweise auf eine wirkliche Umkehr des Erdfeldes. Den stärksten Hinweis erbrachten Messungen der remanenten Magnetisierung unter gleichzeitiger Bestimmung des Alters dieser Gesteinsproben nach der Kalium-Argon-Methode (vgl. Kap. 3c). Unter Alter ist hier die seit der Erstarrung verstrichene Zeit zu verstehen. So konnten Proben aus verschiedenen Gegenden der Erde Ergüssen zugeordnet werden, die jeweils annähernd gleichzeitig stattgefunden hatten; ihre Thermoremanenz deutete auf die je gleiche Orientierung des Erdfeldes hin. Somit konnte man die zeitliche Folge der Feldumkehrungen festlegen. Das Ergebnis für die letzten 4 Millionen Jahre wurde in Fig. 4 vorweggenommen. Nach der Feldrichtung unterscheidet man vier *Epochen* von je etwa 1 Million Jahren Dauer. In diese Epochen sind kurzzeitige *Unterbrechungen* (engl. events) mit entgegengesetztem Dipolmoment eingeschoben. Die Gültigkeit dieses paläomagnetischen Kalenders wurde in letzter Zeit durch Messungen im Ozean bekräftigt. Einmal zeigten Bohrkerne von einigen Metern Länge aus der Antarktis (OPDYKE, GLASS, HAYS, FOSTER, 1966) eine Folge von Magnetfeldrichtungen, die gut zu Fig. 4 passen. Dann hat man (PITMAN, HEIRTZLER, 1966) beiderseits des mittelatlantischen Rückens magnetische Anomalien gefunden, die auch wieder mit der Zeitfolge von Fig. 4 korrelieren. (Die Anomalien der Fig. 49 passen auch in eine solche Folge.) Man deutet diese Beobachtungen als Folge eines kontinuierlichen Herausquellens von neuem Meeresboden aus der Spalte des zentralen Rückens. Dabei entsteht aus dem zeitlichen Nacheinander ein räumliches Nebeneinander.

Vielleicht sind die Feldumkehrungen mit den damit verbundenen (kurzen) magnetfeldfreien Intervallen wichtig für die Entwicklung des

Lebens auf der Erde gewesen. Eine große Bedeutung in der Entwicklungsgeschichte der Pflanzen- und Tierwelt dürften die genetischen Mutationen gehabt haben. Nun hängt die Mutationsrate von der Intensität der Kosmischen Strahlung ab. Da das Erdmagnetfeld einen großen Teil der Erdoberfläche gegen diese Strahlung abschirmt, muß man in Zeiten, in denen das Erdmagnetfeld verschwindet, eine Erhöhung der Mutationsrate erwarten. Untersuchungen an Mikrofossilien in Bohrkernen vom Meeresgrund scheinen diese Vermutung zu bestätigen.

Neben den im geologischen Maßstab raschen Feldumkehrungen erkennt man in der remanenten Magnetisierung von Gesteinen auch langsame Variationen mit Zeitkonstanten von 10^8 Jahren. Diese deuten auf eine *Polwanderung* hin: Wenn man die remanente Magnetisierung als Wirkung eines Dipolfeldes auffaßt und die zugehörigen Pollagen (nach Elimination der Feldumkehrungen) berechnet, so beschreiben diese für aufeinanderfolgende geologische Formationen eine relativ glatte Kurve und liegen um so näher an den heutigen Polen, je jünger die Formation ist. Die so erschlossenen Polbahnen zeigen für europäische und amerikanische Gesteinsproben einen ähnlichen Verlauf. Aus australischen Proben erschlossene Polbahnen fügen sich nicht in dieses Bild. Eine systematische Verschiebung der „nordamerikanischen Polbahn" gegen die „europäischen" wurde von RUNCORN (1956) als Relativbewegung dieser Kontinente seit der Triaszeit interpretiert. Um die Polbahnen für magnetisierte Gesteine aus Australien, Südamerika und Afrika mit den anderen zur Übereinstimmung zu bringen, muß man für die Südhalbkugel eine sehr starke *Kontinentalverschiebung* annehmen.

Wir sehen, daß aus den Messungen der remanenten Magnetisierung von Gesteinen sehr viele und sehr weitreichende Schlüsse gezogen werden. Unwillkürlich fürchtet man, diese Messungen würden über Gebühr ausgewertet werden. Man muß jedoch die gesteinsmagnetischen Forschungen im Rahmen der anderen geophysikalischen und geologischen Untersuchungen sehen: Nimmt man an, daß die Magnetfeld- und die Rotationsachse immer annähernd parallel waren, wie es von der Theorie des magnetischen Innenfeldes nahegelegt wird, so paßt die paläomagnetisch erschlossene Polwanderung recht gut zu den Ergebnissen der *Paläoklimatologie*. Die Kontinentalverschiebungshypothese wird durch viele Anzeichen gestützt, besonders durch das gute Zusammenpassen der Küstenlinien beiderseits des Atlantischen Ozeans, dem auch eine passende Fortsetzung geologischer Formationsgrenzen in das Innere der Kontinente hinein entspricht.

Empfehlenswerte Literatur über das erdmagnetische Innenfeld und über zugehörige Spezialgebiete

Der Versuch, die Geophysik aufzuteilen in: Physik des Erdkörpers, Ozeanographie, Meteorologie, Physik der Oberen Atmosphäre und der Magnetosphäre führt zu Schwierigkeiten bei der Lehre vom Erdmagnetismus, weil das Magnetfeld der Erde alle angesprochenen Teilbereiche der Erde durchdringt. So kommt es, daß die zu diesem Kapitel gehörenden Lehrbücher auch Themen behandeln, denen wir in anderen Kapiteln dieser Einführung begegnen werden. Deshalb wurden diese Bücher in die Liste der allgemeinen Literatur von Kap. 29 aufgenommen. Dort findet man die Erklärung der Abkürzungen.

Das klassische Standardwerk über den Erdmagnetismus ist immer noch CB. Dieses Werk enthält alles Wissenswerte bis 1940. Später wurden zwei Versuche gemacht, das Werk zu ersetzen und vor allem die neuen Ergebnisse mit aufzunehmen. Das sind GA und GP.

Zusammenfassende Darstellungen der *Dynamotheorien* findet man in:

T. Rikitake: Electromagnetism and the Earth's Interior. Amsterdam-London-New York 1966, 13–71.

R. Hide und P. H. Roberts: The Origin of the Main Geomagnetic Field. Physics and Chemistry of the Earth **4** (1961), 27–98.

Über *Gesteinsmagnetismus* berichtet die Monographie:

T. Nagata: Rock-Magnetism. 2. Aufl. Tokyo 1961.

9. *Magnetfeldmessungen als Beispiel geophysikalischer Meßtechnik*

9a) *Anforderungen an geophysikalische Meßgeräte*

Die wichtigsten geophysikalischen Meßgrößen sind: Beschleunigungsfelder (Gravimetrie und Seismologie), Magnetfelder (Erdmagnetismus), Elektrische Felder (Geoelektrik und Magnetosphärenphysik), Amplitude, Phase und Polarisation von Radiowellen (Ionosphärenphysik), Kernstrahlung (Kosmische Strahlung und Radioaktivität der Gesteine) und Temperatur (Geothermik). Die meisten Messungen erfordern eine hohe Meßgenauigkeit, weil die interessierenden Größen entweder selbst sehr klein sind (Mikroseismik 10^{-5} cm/sec^2, Geoelektrik 10^{-8} V/cm) oder weil es sich um Änderungen handelt, die klein im Vergleich zum unveränderlichen Teil sind (Gravimetrie 10^{-7}, Erdmagnetismus 10^{-5}).

Der Geophysiker benutzt daher Geräte, die ähnlich hoch empfindlich sind wie jene, die der Physiker im Labor verwendet. In *Observatorien*, die die zeitlichen Änderungen registrieren, entstehen dadurch keine besonderen Schwierigkeiten, weil man die Instrumente erschütterungsfrei und in Räumen mit konstant gehaltener Temperatur aufstellen kann. Nur ergeben sich ungewöhnliche Forderungen an die Zeitkonstanz der Geräte: Sie müssen über Jahre und Jahrzehnte hinweg ohne Unterbrechung einwandfrei funktionieren und sollen ihre Eichwerte dabei möglichst wenig und auf keinen Fall unstetig ändern.

Bei den Messungen der örtlichen Änderungen dagegen, den sogenannten *Feldmessungen*, werden außerdem noch hohe Ansprüche an die Robustheit der Instrumente gestellt. Noch wesentlich robuster müssen dann solche Geräte sein, die im Auto, Schiff, Flugzeug oder gar in einer Rakete verwendet werden sollen. Auch die Messungen in einem tiefen, engen Bohrloch unter dem hohen Druck der Spülung (siehe Kap. 13e) stellen große Anforderungen an die Kunst des Instrumentenbauers in bezug auf Kleinheit und Stabilität der Meßinstrumente. Geophysikalische Geräte sind deshalb mitunter Wunderwerke der Technik, wie z.B. das *Seegravimeter* oder der *Topside Sounder*, ein ganzes Ionosphärenobservatorium, das in einem Satelliten untergebracht ist.

Eine Eigentümlichkeit geophysikalischer Meßmethodik ist die Unterscheidung zwischen *Absolut-* und *Relativmessungen*. Absolutmessungen bestimmen den vollen Wert der Meßgröße, z. B. den der Schwerebeschleunigung g oder der Horizontalintensität H des Magnetfeldes. Der Name Absolutmessung wurde übernommen aus der berühmten Arbeit von Gauß aus dem Jahre 1832 (vgl. 1. Fußnote in Kap. 8a). Solche Messungen sind für den Physiker das Normale. In der Geophysik dagegen genügt es oft, zeitliche oder örtliche Änderungen der Meßgröße zu bestimmen. Dergleichen Messungen nennt man Relativmessungen; sie lassen sich meist einfacher und genauer ausführen als die Absolutmessungen. So kann man z.B. örtliche Unterschiede von g mit Gravimetern auf 0,01 mgal bestimmen, während g selbst nur auf einige mgal bekannt ist. Zur Eichung der Gravimeter benutzt man eine Eichstrecke, deren Schwereunterschied konventionell festgelegt ist: Bad Harzburg-Torfhaus zu 85,9 mgal. Absolutmessungen an beiden Orten kann man zur Zeit noch nicht mit dieser Genauigkeit ausführen.

Aus der Fülle der geophysikalischen Geräte sollen die Magnetfeld-Meßinstrumente herausgegriffen werden; an ihnen soll demonstriert werden, wie sich die geophysikalische Meßtechnik im Laufe der Zeit entwickelt hat und welche Impulse sie im Verlauf dieser Entwicklung an andere Disziplinen abgegeben und von ihnen empfangen hat. Die

Besonderheit im Rahmen der Physik liegt in der sehr genauen Messung relativ schwacher Magnetfelder (<1 *Oersted*). Geräte zur Messung der in Physik und Technik viel benutzten starken Felder (10^2-10^5 *Oersted*) arbeiten nach anderen Prinzipien.

9b) *Gaußsches Verfahren zur Bestimmung der Horizontalintensität*

Gauss hat nicht nur die theoretischen Grundlagen des Erdmagnetismus geschaffen, sondern auch ein praktisches mit allen meßtechnischen Raffinessen ausgestattetes Verfahren zur Bestimmung der Horizontalintensität H entwickelt. Dieses Verfahren wurde Vorbild für viele Präzisionsmessungen der Physik. Der Grundgedanke besteht in der gleichzeitigen Ermittlung von H und dem magnetischen Moment $\mathfrak{M}$ eines Probemagneten in 2 getrennten Versuchen. Beim ersten, dem Schwingversuch, wird $\mathfrak{M}\cdot\mathsf{H}$ und beim zweiten, dem Ablenkversuch, $\mathfrak{M}/\mathsf{H}$ bestimmt. Aus den Ergebnissen beider Versuche können $\mathfrak{M}$ und H einzeln berechnet werden. Dieses Verfahren wird bis auf den heutigen Tag in magnetischen Observatorien zur Absolutbestimmung von H angewandt.

Schwingversuch: Wenn der an einem dünnen Torsionsfaden aufgehängte Probemagnet um den Winkel φ aus der Nord-Süd-Richtung herausgedreht wird, so wirkt auf ihn ein Drehmoment vom Betrag U *(Fig. 51)*

$$U=\mathfrak{M}\,\mathsf{H}\sin\varphi. \tag{9.1}$$

Das Drehmoment versucht, den Probemagneten in die Nord-Süd-Richtung zurückzudrehen. Infolge seiner Trägheit vollführt der Magnet Schwingungen um die Nord-Süd-Richtung. Sind die Schwingungsamplituden hinreichend klein, so beträgt die Schwingungsdauer T:

$$\boxed{\mathsf{T}=2\pi\sqrt{\frac{\Theta}{\mathfrak{M}\,\mathsf{H}}}} \tag{9.2}$$

$\Theta=$ Trägheitsmoment des schwingenden Systems.

Schwingversuche wurden schon vor Gauß zur Relativmessung von H vorgenommen. So führte A. v. Humboldt (1769–1859) auf seinen Reisen eine schwingungsfähige Magnetnadel mit sich und bestimmte örtliche Änderungen von H aus Unterschieden der beobachteten Schwingungsdauern, wobei er voraussetzen mußte, daß sich $\mathfrak{M}$ während der Reise nicht änderte.

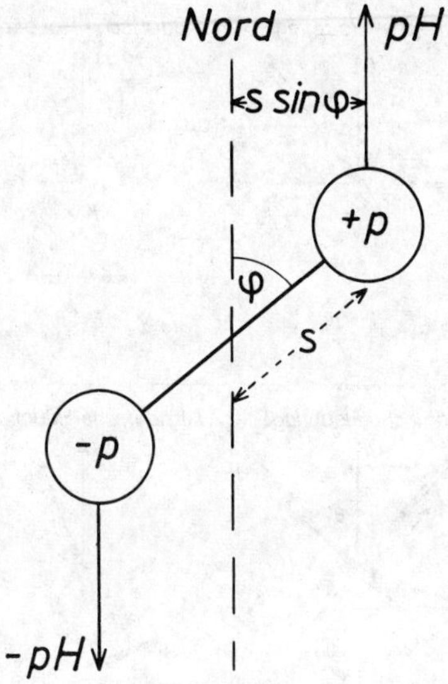

Fig. 51 Drehmoment (Betrag *U*) auf einen Dipol. Dieser ist so aufgehängt, daß er sich um eine vertikale (senkrecht zur Zeichenebene) Achse drehen kann. Auf die Einzelpole (vgl. auch Fig. 42) wirken die Kräfte $+p\mathsf{H}$ und $-p\mathsf{H}$. Zusammen ergibt sich deshalb

$$U = 2p\mathsf{H}\,s\sin\varphi = \mathfrak{M}\,\mathsf{H}\sin\varphi.$$

Bei der Gaußschen Absolutbestimmung berechnet man das Produkt $\mathfrak{M}\mathsf{H}$ aus Gleichung (9.2). Dazu muß man Θ kennen. Da das gesamte schwingende System (Probemagnet + Aufhängevorrichtung + Spiegel) meist eine komplizierte Geometrie hat, läßt sich Θ nicht einfach berechnen. Man fügt dem schwingenden System deshalb einen unmagnetischen Körper bekannten Trägheitsmomentes Θ^*, etwa einen Messingzylinder, hinzu und bestimmt die verlängerte Schwingungsdauer T^*

$$\mathsf{T}^* = 2\pi\sqrt{\frac{\Theta + \Theta^*}{\mathfrak{M}\mathsf{H}}}. \tag{9.3}$$

Aus den Gleichungen (9.2) und (9.3) kann man Θ eliminieren, so daß man anschließend $\mathfrak{M}\cdot\mathsf{H}$ berechnen kann.

Da die H-Messungen eine relative Genauigkeit von 10^{-5} haben sollen, müssen die Einflüsse, die bei der Herleitung von Gleichung (9.2) vernachlässigt worden sind, sorgfältig überprüft und nötigenfalls durch Korrektionen nachträglich berücksichtigt werden. In der Regel reduziert man die Schwingungen auf unendlich kleine Ausschläge (nach der aus der

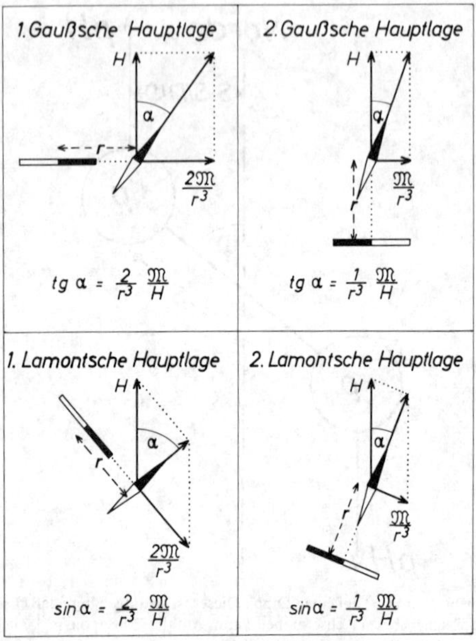

Fig. 52 Gaußsche und Lamontsche Hauptlagen mit Auswerteformeln (für Dipolfelder).

Experimentalphysik bekannten Formel); außerdem wird noch das Torsionsmoment des Aufhängefadens berücksichtigt. Dieses Moment wird aus der Auslenkung bestimmt, die sich bei der Drehung des Torsionskopfes um einen bekannten Winkel ergibt.

Ablenkversuch: An Stelle des Probemagneten legt man nun eine Magnetnadel in die Aufhängung und bringt den Magneten, zur Auslenkung der Nadel, in eine der *Hauptlagen* nach *Fig. 52.* α und r werden gemessen, α mit Spiegel und Fernrohr. Bei geophysikalischen Messungen wird die erste Lamontsche Hauptlage bevorzugt. Dabei wird der Probemagnet auf einem Teilkreis so lange geschwenkt, bis er senkrecht zur Magnetnadel steht. Dann gilt für den Winkel α zwischen der Magnetnadel und der (magnetischen) Nordrichtung in guter Näherung:

$$\boxed{\sin\alpha = \frac{2}{r^3}\,\frac{\mathfrak{M}}{\mathrm{H}}} \qquad (9.4)$$

Hieraus wird $\mathfrak{M}/\mathrm{H}$ bestimmt.

Die Versuchung, den Namen „Lamont" französisch auszusprechen, ist groß, doch gibt es dazu wenig Veranlassung: John Lamont wurde 1805 in Schottland geboren, lebte und wirkte in Bayern. Als Zwölfjähriger kam er nach dem Tode seines Vaters an das Schottenseminar in Regensburg. 1835 wurde er Vorstand der Sternwarte in Bogenhausen bei München. Dort errichtete er 1840 das erdmagnetische Observatorium (den Vorläufer von Fürstenfeldbruck). Ab 1852 hatte Lamont auch eine Professur in München inne. Er schrieb viele wichtige Bücher und Arbeiten zum Erdmagnetismus und baute hervorragende Meßinstrumente. Er starb 1879.

Auch der Ablenkversuch verlangt wieder einige Korrektionen: Einmal ist der Probemagnet kein (idealer) Dipol. Berechnet man die Ablenkung durch einen (wirklichen) Magneten, dessen Magnetisierung nicht ideal verteilt ist, so erhält man eine Reihenentwicklung nach $1/r$, deren erste Glieder ($\sim 1/r^3$) jeweils die Ablenkformeln in Fig. 52 sind. In der Regel muß man mindestens noch das 2. Glied ($\sim 1/r^5$) mit berücksichtigen. Dieses Glied hat für die Lamontschen Hauptlagen eine einfachere Form als für die Gaußschen. Auch ist das ablenkende Feld weniger von der Richtung des Ablenkmagneten abhängig. Deshalb werden die Lamontschen Hauptlagen bevorzugt. Eine ebenfalls zu korrigierende Größe ist die Magnetisierung, die das Erdfeld im Probemagnet (magnetostatisch) induziert. Sie ist schwächer, wenn der Magnet zur Ablenkung benutzt wird und nahezu in Ost-West-Richtung liegt, als beim Schwingversuch, wenn er um die Nord-Süd-Richtung pendelt. Schließlich muß man auch hier die Torsionskraft des Aufhängefadens berücksichtigen.

Absolutmessungen werden in Observatorien etwa einmal wöchentlich vorgenommen. Man benutzt dazu einen sogenannten *Magnetischen Theodoliten*. Neben den Änderungen von H wird auch das zeitliche Verhalten von $\mathfrak{M}$ sorgfältig beobachtet. Die Probemagnete dürfen bei sorgsamer Behandlung lediglich ein geringes, gleichmäßiges „Altern" (Abnahme von $\mathfrak{M}$) zeigen. Sprünge weisen auf Meßfehler oder auf unvorsichtige Behandlung des Probemagneten hin.

9c) *La Cour's Quarz*-H-*Magnetometer (QHM)*.

Das Quarz-H-Magnetometer (QHM) wurde von dem dänischen Erdmagnetiker Dan Barfod la Cour (1876–1942) entwickelt. Es dient zur Relativmessung der Horizontalintensität. Sein besonderes Konstruktionsmerkmal ist die Verwendung von Quarz, der für hervorragende elastische Eigenschaften bekannt ist. Das Instrument ist einfach aufgebaut und bequem zu handhaben. Ein Magnet mit dem Moment $\mathfrak{M}$ hängt an einem vertikalen Quarzfaden, der die Direktionskraft N besitzt. In der Ausgangsstellung ist der Magnet wegen einer Torsion τ des

Aufhängefadens um den Winkel α gegen magnetisch Nord verdreht. α und τ sind unbekannt, aber durch die folgende Gleichung miteinander verknüpft

$$\mathfrak{M}\,\mathsf{H}\sin\alpha = N\tau. \tag{9.5}$$

Das Magnetometer ist auf einen Theodoliten montiert. Nachdem die Ausgangsstellung des Magneten vom Teilkreis abgelesen worden ist, wird das Gerät um 2π einmal links herum und einmal rechts herum gedreht. In diesen beiden Lagen ist der Magnet um die Winkel β_1 und β_2 gegen die Ausgangsstellung verdreht *(Fig. 53)*. Diese Winkel können gemessen werden, und es gilt

$$\mathfrak{M}\,\mathsf{H}\sin(\alpha+\beta_1) = N(\tau+2\pi), \tag{9.6}$$

$$\mathfrak{M}\,\mathsf{H}\sin(\alpha-\beta_2) = N(\tau-2\pi). \tag{9.7}$$

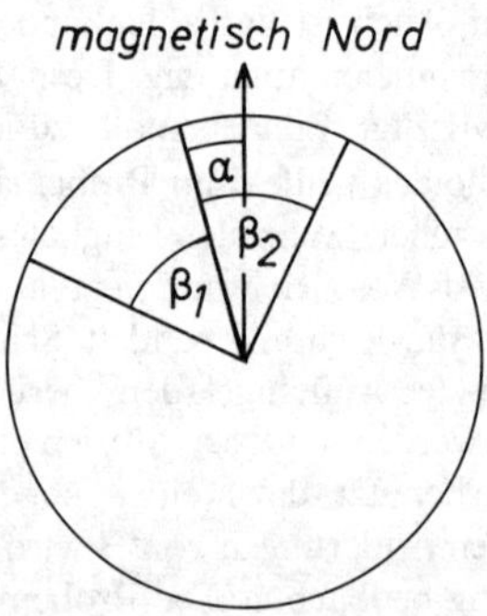

Fig. 53 Ablenkungswinkel beim QHM.

Addiert man die Gleichungen (9.6) und (9.7), so erhält man mittels des Additionstheorems der trigonometrischen Funktionen und unter Verwendung der Gleichung (9.5) für den unbekannten Ablenkungswinkel α:

$$\operatorname{tg}\alpha = \frac{\sin\beta_1 - \sin\beta_2}{2-\cos\beta_1-\cos\beta_2}. \tag{9.8}$$

Durch Subtraktion der Gleichungen (9.6) und (9.7) ergibt sich

$$\mathfrak{M}\,\mathsf{H}[\sin(\alpha+\beta_1)-\sin(\alpha-\beta_2)] = 4\pi N. \tag{9.9}$$

Zwar könnte man H schon aus dieser Gleichung berechnen, doch benutzt man lieber eine vereinfachte Beziehung. Man richtet es so ein, daß α und τ klein sind und β_1 und β_2 nahezu gleich groß werden. Diese beiden Winkel unterscheiden sich dann wenig von ihrem Mittelwert

$$\varphi = \tfrac{1}{2}(\beta_1 + \beta_2).$$

Wegen

$$\sin(\alpha+\beta_1) - \sin(\alpha-\beta_2) = 2\cos\left(\alpha + \frac{\beta_1-\beta_2}{2}\right)\sin\varphi \approx 2\sin\varphi \qquad (9.10)$$

gilt dann

$$\boxed{\mathsf{H} = \frac{2\pi N}{\mathfrak{M}}\,\frac{1}{\sin\varphi}} \qquad (9.11)$$

Der Faktor $2\pi N/\mathfrak{M}$ ist eine Instrumentenkonstante. Allerdings muß man noch den Einfluß der Temperatur T auf $\mathfrak{M}$ und N und die Veränderung von $\mathfrak{M}$ infolge der magnetostatischen Induktion im Erdfeld berücksichtigen. Deshalb wird folgende (logarithmische) Auswerteformel benutzt:

$$\log\mathsf{H} = C_0 - \log\sin\varphi + \underbrace{C_1 T}_{\text{Temp. Korr.}} - \underbrace{C_2 \mathsf{H}\cos\varphi}_{\text{Induktions-Korr.}}. \qquad (9.12)$$

Natürlich braucht man für H auf der rechten Seite nur einen Näherungswert einzusetzen. C_0, C_1 und C_2 sind Konstanten, die für jedes Instrument ein für alle mal bestimmt werden (C_0 durch Vergleich mit Absolutmessungen).

Der kritische Punkt bei allen Instrumenten mit Torsionsfäden ist die Einklemmung der Fadenenden. Die Fäden sind so dünn, daß sie leicht beim Festklemmen beschädigt werden können. La Cour zog seine Fäden aus Quarzstäbchen, schnitt aber nicht die bloßen Fäden ab, sondern beließ an beiden Enden je ein dickeres Kügelchen. An diesen Stellen konnte er dann die Fäden einklemmen. Man sagt, er habe die Fäden in seiner Küche hergestellt. Die gewünschte Fadenlänge erhielt er, indem er die zähe Masse aus einer bestimmten Höhe auf die Herdplatte fallen ließ.

Zwar erlaubt das QHM nur Relativmessungen, wegen ihrer hohen Genauigkeit können QHM-Messungen aber die viel umständlicheren Absolutmessungen für längere Zeitintervalle ersetzen, wenn man erst einmal einen festen Ausgangswert hat. Die Instrumente selbst wiegen nur etwa 500 gr und sind so robust gebaut, daß sie – z. B. zu Vergleichsmessungen – sogar mit der Post verschickt werden können. Da die Abkürzung QHM patentrechtlich geschützt ist, sind Instrumente dieses Types auch unter der Abkürzung HTM (für Horizontal-Torsions-Magnetometer) bekannt.

9d) *Magnetische Feldwaagen*

Für die Lagerstättensuche (siehe Kap. 13c) benötigt man schnell und einfach zu bedienende Magnetometer zur Messung der Vertikalintensität, die robust genug für Feldmessungen sind. Dabei sollen sie Ablesungen auf etwa 1 *gamma* (also $2 \cdot 10^{-5}$ des Meßwertes) erlauben, da die zu messenden lokalen Unterschiede in dieser Größenordnung liegen. Diese Forderungen schienen unvereinbar zu sein, bis es ADOLF SCHMIDT in den Jahren 1914–1915 gelang, ein Relativinstrument für die Vertikalintensität zu konstruieren, welches diese Forderungen erfüllt. Es besteht aus einem horizontal liegenden Magneten, der in Ost-West-Richtung ausgerichtet sein muß[1] und bei der Messung auf eine Quarzschneide aufgesetzt wird. Das durch die normale Vertikalintensität hervorgerufene Drehmoment wird durch ein Gegengewicht auf der Seite des magnetischen Südpols des Magneten kompensiert. Abweichungen von der normalen Vertikalintensität äußern sich in einer meßbaren Kippung des Magneten. Der Magnet entspricht dem Waagebalken einer empfindlichen Waage[2], deshalb wird das Instrument *Feldwaage* (engl. Schmidt-type magnetometer) genannt.

ADOLF SCHMIDT wurde 1860 in Breslau geboren. Er studierte Mathematik, Physik und Englisch, promovierte 1882 mit einer mathematischen Arbeit und war dann Lehrer am Gymnasium in Gotha. Von dort wurde er 1902, nachdem er mehrere Arbeiten über das erdmagnetische Potential veröffentlicht hatte, nach Potsdam als Direktor des dortigen Magnetischen Observatoriums berufen. Dort überraschte er, der als Theoretiker bekannt war, seine Kollegen, indem er eine ganze Reihe instrumenteller Verbesserungen einführte: optische Anordnung zum Registrieren mit zwei verschiedenen Empfindlichkeiten, photographische Registriereinrichtung mit weiter Zeitskala bei sparsamem Papierverbrauch (später von LA COUR noch verbessert), magnetischer Normaltheodolit, Pantograph zum Umzeichnen der Magnetogramme und Feldwaage. Unter seiner Leitung wurde Potsdam eines der führenden Observatorien in Europa. Aber auch auf den Gebieten der Theorie und Auswertung blieb Adolf Schmidt sehr aktiv: Er führte die geomagnetischen Koordinaten (Kap. 8b)

[1] Darin gleicht er v. Korfens Diwan. Siehe CHRISTIAN MORGENSTERN: Alle Galgenlieder. Frankfurt 1947, 108.

[2] Theoretisch könnte man mit der Feldwaage bei konstantem Z auch Schwereunterschiede messen. Da diese aber um mehr als eine Größenordnung kleiner sind als die lokalen Z-Unterschiede, wirkt die Feldwaage als Magnetometer und nicht als Gravimeter.

ein, er bestimmte den „magnetischen Mittelpunkt der Erde“ (Kap. 8c), und er berechnete die zugeordneten Kugelfunktionen P_l^m für $l = 1$ bis 6 in der „Schmidtschen Normierung“ (Kap. 5b). Zu seinen Dienstobliegenheiten gehörte es auch, magnetische Karten und Jahrbücher herauszugeben und die Säkularvariation zu bestimmen. 1917 schrieb er den Artikel „Erdmagnetismus“ für die Enzyklopädie der Mathematischen Wissenschaften (VI 1, 10). Das letzte Drittel seines Lebens wurde überschattet durch den allmählichen Verlust des Augenlichtes, der 1917 begann. Ab 1922 war er praktisch blind. Schmidt war unverheiratet. Seine beiden, ebenfalls ledigen Schwestern versorgten ihn. Mit ihrer Unterstützung schrieb er auch nach 1922 noch viele wissenschaftliche Arbeiten. Er überlebte sie beide und starb 1944 in Gotha.

Die Schmidtschen Schneidenwaagen waren jahrzehntelang in der Angewandten Geophysik in Gebrauch. Erst seit den fünfziger Jahren werden sie allmählich durch Feldwaagen mit Band- oder Fadenaufhängung verdrängt. In ihnen ruht der Magnet nicht mehr auf einer Schneide, sondern hängt in der Mitte eines horizontalen, beidseitig eingespannten Bandes oder Fadens. Durch ihre Torsionskraft übt die Aufhängung ein zusätzliches Drehmoment aus, welches in geeigneter Weise für die Messung benutzt wird.

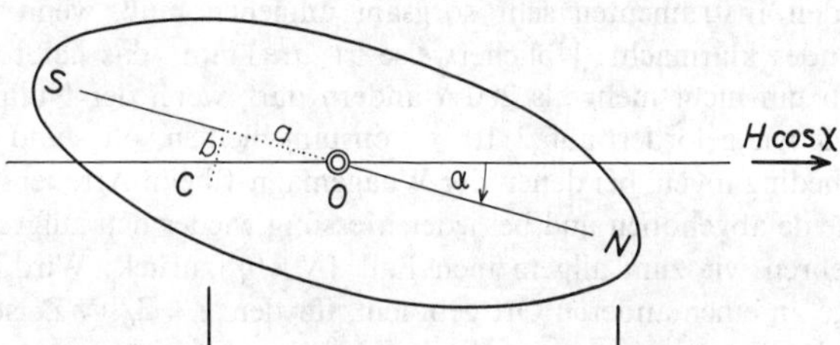

Fig. 54 Waagemagnet (schematisch). Die Zeichenebene bilde mit magnetisch Nord den Winkel χ. O sei der Drehpunkt und C der Schwerpunkt des Waagemagneten, α die Neigung gegen die Horizontalebene.

Die folgende theoretische Behandlung umfaßt Schneiden-, Band- und Fadenwaage. Der Waagemagnet werde durch den in *Fig. 54* gezeichneten Körper dargestellt. Seine (horizontale) Drehachse durchstoße die Zeichenebene in O. Diese vertikale Ebene, in der sich der Magnet bewegt, bilde mit der magnetischen Nordrichtung den Winkel χ. Der mechanische Schwerpunkt des Magnetsystems sei C. Dann wirken auf den Waagemagneten: 1. das magnetische Drehmoment, 2. das Drehmoment der Schwerkraft, 3. das Drehmoment der Torsionskraft der Aufhängung. Der Winkel, um den der Magnet gegen die Horizontale geneigt ist, sei α. Dann lautet die Gleichgewichtsbedingung:

$$\mathfrak{M}\mathsf{Z}\cos\alpha - \mathfrak{M}\mathsf{H}\cos\chi\sin\alpha - m\mathsf{g}(a\cos\alpha + b\sin\alpha) + N(\tau_0 - \alpha) = 0, \qquad (9.13)$$

$\mathfrak{M}$ = Magnetisches Moment des Waagemagneten,
Z = Magnetische Vertikalintensität,
H = Magnetische Horizontalintensität,
m = Masse des Waagemagneten,
g = Schwerebeschleunigung,
N = Direktionskraft der Aufhängung,
τ_0 = Vortorsionswinkel der Aufhängung.

Das System sei so eingestellt, daß für ein Normalfeld Z_0 (das mit der Feldwaage nicht gemessen wird!) $\alpha = 0$ ist, d.h.

$$\mathfrak{M}\mathsf{Z}_0 - m\mathsf{g}\,a + N\tau_0 = 0. \qquad (9.14)$$

Bei der Schneidenwaage ist $N \equiv 0$. Dann muß die Bedingung (9.14) durch passende Einstellung von a erfüllt werden. Man bekommt Respekt vor den Herstellern von Schneidenwaagen und versteht, weshalb man mit den Instrumenten sehr sorgsam umgehen muß, wenn man sich folgendes klarmacht: Üblicherweise ist $a \approx 1$ mm; das heißt aber, daß a sich um nicht mehr als 200 Å ändern darf, wenn der Nullpunkt der Waage wie gefordert auf $2 \cdot 10^{-5}$ konstant bleiben soll – und das unter Feldbedingungen, bei denen der Waagemagnet beim Arretieren von der Schneide abgehoben und bei jeder Messung wieder neu aufgesetzt wird.

Kehren wir zum allgemeinen Fall ($N \not\equiv 0$) zurück: Wird die Feldwaage an einen anderen Ort gebracht, für den $\mathsf{Z} = \mathsf{Z}_0 + \delta\mathsf{Z}$ ist, so neigt sich der Waagemagnet um einen Winkel α. Da α klein ist ($\cos\alpha \approx 1$, $\sin\alpha \approx \alpha$), erhält man aus den Gleichungen (9.13) und (9.14)

$$\boxed{\delta\mathsf{Z} = \frac{1}{\mathfrak{M}}(N + m\mathsf{g}\,b + \mathfrak{M}\mathsf{H}\cos\chi)\,\alpha} \qquad (9.15)$$

Mit Hilfe dieser Gleichung wird $\delta\mathsf{Z}$ bestimmt. Der Koeffizient von α auf der rechten Seite wird *Skalenwert* genannt (Einheit: *gamma pro Skalenteile*). Die Empfindlichkeit der Waage ist um so größer, je kleiner der Skalenwert ist. Um ihn zu erniedrigen, muß man b klein (eventuell sogar negativ) machen, d.h. den Schwerpunkt hochlegen. Dadurch wird die Waage *astasiert*, sie verliert an Stabilität. Auch durch eine Änderung von χ kann man den Skalenwert beeinflussen: Zeigt der Nordpol des Waagemagnets nach Norden ($\chi=0°$), ist die Waage am unempfindlichsten, zeigt er nach Süden ($\chi=180°$), ist sie am empfindlichsten. Die Schneidenwaage ($N\equiv 0$) wird allerdings nur in der Ost-West-Richtung ($\chi=\pm 90°$) gebraucht.

Bei den Band- und Fadenwaagen ändert man den Torsionswinkel τ so lange, bis $\alpha=0$ ist. Statt der Gleichung (9.15) hat man dann

$$\delta \mathsf{Z} = \frac{N}{\mathfrak{M}}\tau. \tag{9.16}$$

Man liest τ am Torsionskopf ab und berechnet $\delta\mathsf{Z}$ nach Gleichung (9.16). Diese Waagen haben einen viel größeren Meßbereich als die Schneidenwaagen. Bei ihnen behilft man sich durch einen Eingriff von außen her. Man bringt nämlich am Stativ, genau unter dem Waagemagneten, einen Permanentmagneten an, dessen Höhe man kontinuierlich ändern kann. Durch Heben und Senken dieses Magnets kann man den Meßbereich um meßbare Beträge verschieben.

Zwei verschiedene Waagen mit Torsionsaufhängung sind im Gebrauch. Sie sind nach unterschiedlichen Prinzipien konstruiert. Die FANSELAUsche Feldwaage mit Bandaufhängung (gebaut von den VEB Geräte-und-Regler-Werken Teltow) ist neigungsunempfindlich, wenn der Magnet nach magnetisch Nord weist ($\chi=0°$). Man sorgt nämlich bei der Konstruktion für die Einhaltung folgender Bedingung:

$$\mathfrak{M}\mathsf{H} + m\mathsf{g}b = 0. \tag{9.17}$$

Der Magnet folgt dann jeder Neigung des Instrumentes (sogar noch für große Winkel α, wie man aus Gleichung (9.13) sieht). Während die Schneidenwaagen sorgfältig orientiert und horizontiert werden müssen, erfordert die Fanselausche Feldwaage nur noch eine genaue Orientierung (besser Ein-Nordung!). Das Torsionsmagnetometer nach F. HAALCK (gebaut von den Askania-Werken) muß dagegen genau horizontiert werden, während seine Orientierung unkritisch ist. Bei beiden Instrumenten fällt also je ein Arbeitsgang fort. Dadurch spart man bei Feldmessungen viel Zeit.

Alle Feldwaagen besitzen eine Wirbelstromdämpfung; sie sorgt dafür, daß der Waagemagnet schnell zur Ruhe kommt. Der Skalenwert wird von Zeit zu Zeit kontrolliert und gegebenenfalls neu bestimmt. Hierzu wird eine Eichspule, deren Feld man genau kennt, über die Waage gestülpt. Beim Bau der Waagen muß man auf eine gute Temperaturkompensation achten, da $\mathfrak{M}$, N und a temperaturabhängig sind. Permanentmagnete ändern ihr Moment um etwa 1/2000 pro °C, das würde bei einer nicht kompensierten Z-Waage eine Variation von 25 *gamma*/°C vortäuschen. Es werden verschiedene Möglichkeiten zur Kompensation benutzt. Die Schneidenwaage besitzt Auslegermassen auf Spindeln aus Aluminium und Invar. Bei der Askania-Fadenwaage werden zwei Torsionsfäden mit unterschiedlichem Temperaturkoeffizienten von N verwandt. Den Temperaturkoeffizienten von $\mathfrak{M}$ schließlich kann man durch Auflegen eines Stückchens Thermoperm, Thermalloy oder Thermoflux in weiten Grenzen ändern. Das sind Materialien mit einer großen Permeabilität, die stark von der Temperatur abhängt.

Es gibt auch Schneidenwaagen mit vertikal stehendem Magneten zur Messung der Horizontalintensität; und die Fanselausche *kombinierte Feldwaage zur Messung von* H *und* Z, eine Fadenwaage, die durch die Einhaltung der Bedingung (9.17) neigungsunempfindlich ist. Sie kann durch einfaches Umlegen in ein Meßinstrument für H verwandelt werden.

Zeitvariometer für $\delta\mathsf{Z}(t)$ und $\delta\mathsf{H}(t)$ mit photographischer Registrierung arbeiten gleichfalls nach dem Prinzip der Fadenwaagen. Ein Magnet, der einen Spiegel trägt, wird mittels eines Torsionsfadens in die Richtung senkrecht zu der zu messenden Komponente gedreht. Registriert wird über Lichtzeiger auf photographischem Papier. $\delta\mathsf{D}(t)$ wird mit einem in Nord-Süd-Richtung hängenden Magneten an möglichst dünnem Aufhängefaden gemessen.

9e) *Intensitätsmessungen mit Hilfe von Stromspulen*

Beim Ablenkversuch des Gaußschen Verfahrens (Kap. 9b) wird die Horizontalintensität H durch quantitativen Vergleich mit dem Feld des Ablenkmagneten bestimmt. Dessen magnetisches Moment ist allerdings unbekannt, weshalb auch eine zweite, unabhängige Messung – der Schwingversuch – erforderlich ist. Steht einem dagegen ein genau bekanntes Vergleichsfeld zur Verfügung, so kann man H durch eine einzige, verhältnismäßig einfache Messung bestimmen. Es liegt nahe, als Eichfeld das Feld einer stromdurchflossenen Spule zu nehmen; denn solche Felder kann man gut berechnen. Man muß freilich die Stromstärke und die Spulenkonstanten auf 10^{-5} genau kennen[1]. Die Spule muß also sehr präzise und stabil gebaut sein. Für den Spulenträger wurde deshalb gelegentlich Marmor verwendet.

Praktisch kann man nach dieser Methode nur messen, wenn das Spulenfeld in einem größeren Bereich homogen ist. Homogene Felder er-

[1] Magnetische Observatorien, die über eine solche Spule verfügen, können mit ihrer Kenntnis von H umgekehrt Stromeichungen mit einer Genauigkeit von 10^{-5} vornehmen.

hält man am einfachsten im Innern von langgestreckten Spulen[1]. Ein Nachteil dieser Spulen ist die schlechte Zugänglichkeit des homogenen Bereiches. Man hat daher eine Reihe von Spulenanordnungen entwickelt, die im Innern einen bequem zugänglichen Bereich hinreichend homogener Feldstärke haben. Die einfachste und wichtigste ist die *Helmholtz-Spule* (H. L. F. von Helmholtz 1821–1894). Da die Helmholtz-Spule in der Geophysik sehr häufig gebraucht wird, soll im folgenden die Herleitung der „Spulenbedingung" skizziert werden. Diese Bedingung gibt an, wie bestimmte Parameter einer gegebenen Anordnung zu wählen sind, damit das Feld möglichst homogen wird. Daraus werden auch die Erweiterungsmöglichkeiten auf kompliziertere Anordnungen erkennbar.

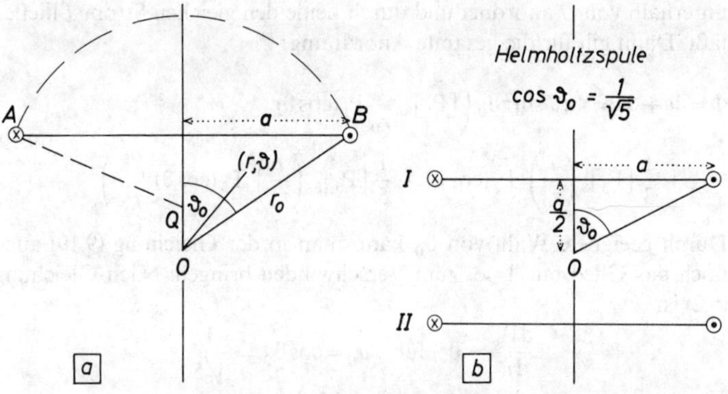

Fig. 55 Zur Ableitung der Homogenitätsbedingung für Helmholtz-Spulen.

In *Fig. 55a* seien A und B die Durchstoßpunkte eines Kreisstromes (Radius a) der Stärke J. Auf der Achse, aber unterhalb des Spulenmittelpunktes, liege der Ursprung O eines Kugelkoordinatensystems. Die Anordnung ist rotationssymmetrisch, deshalb treten nur *zonale* Glieder auf, wenn man das Potential Φ des Magnetfeldes nach Kugelfunktionen entwickelt. Die Entwicklungskoeffizienten findet man, indem man das Potential ($\Phi = J \cdot$ *Raumwinkel*) zunächst für Punkte Q auf der Achse ($\vartheta = 0°$) bestimmt und dann nach Potenzen von r entwickelt. Das Po-

[1] Die Homogenität einer kürzeren Zylinderspule läßt sich verbessern, wenn man die Spule außen mit einer zweiten konzentrischen, aber gegensinnig vom Strom durchflossenen Spule gleicher Länge umgibt. Dann heben sich die Inhomogenitäten, die ja vorwiegend in der Nähe der Spulenenden auftreten, weitgehend auf. O. Venske, Ber. Tätigk. Preuß. Meteorol. Inst. (1912), 139–146.

tential im Raum bekommt man daraus durch Multiplikation der einzelnen Glieder mit $P_l(\cos\vartheta)$. Mit Hilfe einer Rekursionsformel[1] der zonalen Kugelfunktionen ergibt sich für $r<r_0$

$$\Phi(r,\vartheta)=2\pi J\left\{1-\cos\vartheta_0+\sin^2\vartheta_0\sum_{l=1}^{\infty}\frac{1}{l}\underbrace{\left[\frac{\mathrm{d}P_l(\cos\vartheta)}{\mathrm{d}\cos\vartheta}\right]_{\vartheta=\vartheta_0}}_{\text{im folgenden kurz: } [P_l]'_{\vartheta_0}.}\left(\frac{r}{r_0}\right)^l P_l(\cos\vartheta)\right\} \tag{9.18}$$

Das konstante Glied fällt bei der Berechnung des Magnetfeldes heraus. Auf ein homogenes Feld führt der Term mit $l=1(\sim r\cos\vartheta=z)$. Alle höheren Terme bewirken Abweichungen von der Homogenität. Die Glieder mit geradem l kann man zu Null machen, indem man zwei gleiche Kreisspulen (I und II) im gleichen Abstand (gleiches ϑ_0) oberhalb und unterhalb von *O* anordnet und durch beide den gleichen Strom *J* fließen läßt. Dann gilt für die gesamte Anordnung:

$$\begin{aligned}\Phi=\Phi_{\mathrm{I}}+\Phi_{\mathrm{II}}=4\pi J\sin^2\vartheta_0\Bigg(&[P_1]'_{\vartheta_0}\frac{r}{r_0}P_1(\cos\vartheta)\\&+\frac{1}{3}[P_3]'_{\vartheta_0}\left(\frac{r}{r_0}\right)^3P_3(\cos\vartheta)+\frac{1}{5}[P_5]'_{\vartheta_0}\left(\frac{r}{r_0}\right)^5P_5(\cos\vartheta)+\cdots\Bigg).\end{aligned} \tag{9.19}$$

Durch geeignete Wahl von ϑ_0 kann man in der Gleichung (9.19) auch noch das Glied mit $l=3$ zum Verschwinden bringen. Nach Gleichung (5.2) ist

$$\frac{\mathrm{d}P_3}{\mathrm{d}\mu}=0 \quad \text{für} \quad \mu_0=\cos\vartheta_0=\frac{1}{\sqrt{5}}.$$

Dies ist die Spulenbedingung für die Helmholtz-Spule. Sie hat eine einfache geometrische Bedeutung: Sie ist erfüllt, wenn der Abstand der beiden Kreisspulen gleich ihrem Radius *a* ist, vgl. *Fig. 55 b*. Die Inhomogenität beginnt erst mit einem Glied 5. Grades in Φ, d.h. 4. Grades in H.

Für das Magnetfeld im Mittelpunkt der Helmholtz-Spule erhält man

$$\boxed{\mathsf{H}=\frac{32\cdot\pi}{5\cdot\sqrt{5}}\,\frac{1}{10}\,\frac{nJ}{a}=0{,}899\,176\,\frac{nJ}{a}} \tag{9.20}$$

J = Stromstärke, hier in Amp. (oben in el. magn. cgs-Einh.),
n = Windungszahl (auf jeder Kreisspule),
a = Radius in cm.

[1] $(\mu^2-1)\,\mathrm{d}P_l/\mathrm{d}\mu=l(\mu P_l-P_{l-1})$.

Bis zu einer Entfernung von 0,1 a vom Mittelpunkt ist das Feld auf 10^{-5} konstant.

Für Intensitätsmessungen reicht die Homogenität der Helmholtz-Spule. Durch Verwendung zusätzlicher koaxialer Stromringe können weitere Glieder in der Potenzreihenentwicklung des Potentials zum Verschwinden gebracht werden, wodurch der Homogenitätsbereich vergrößert wird. In der Geophysik werden zu diesem Zweck häufig *Fanselau-Spulen* mit zwei Ringpaaren benutzt. Der einfacheren Konstruktion wegen werden auch achteckige Spulen an Stelle der Kreisspulen verwendet, obwohl das Feld dann nicht mehr streng rotationssymmetrisch ist.

9f) *Induktionsspulen*

Zur Messung magnetischer Komponenten und zum Vergleich verschiedener Komponenten (z.B. Z und H) führte W.E. Weber den *Erdinduktor* ein. Das ist eine Spule, die im (feststehenden) Erdmagnetfeld so bewegt wird, daß in ihr eine Spannung induziert wird. Beim ursprünglichen Meßverfahren wurde die Spule plötzlich umgeklappt; dabei induzierte das Magnetfeld einen Stromstoß, der mit einem ballistischen Galvanometer gemessen werden konnte.

Wilhelm Eduard Weber wurde 1804 in Wittenberg geboren. Schon als Student verfaßte er 1825 gemeinsam mit seinem Bruder Ernst Heinrich die klassischen „Untersuchungen über die Wellenlehre". 1831 wurde er auf Betreiben von Gauss als Professor der Physik nach Göttingen berufen. Gauß schrieb über Weber (in einem Brief an Encke aus dem Jahre 1832): „In der Tat ist mir mein Leben in Göttingen durch sein Hiersein viel lieber geworden. Er ist ebenso liebenswürdig von Charakter wie talentreich." Ohne Webers Mithilfe besonders auf experimentellem Gebiet hätte Gauß die Vielfalt seiner Untersuchungen über den Erdmagnetismus einschränken müssen. Das zeigte sich, als Weber, der einer der „Göttinger Sieben" war, Göttingen 1843 verlassen mußte. – Von seiner Rückberufung 1849 bis zu seinem Tode 1891 war Weber dann wieder in Göttingen. Von 1846 an veröffentlichte er seine „Elektrodynamischen Maßbestimmungen". Später wurde Weber zum Nestor der deutschen Physik. (Vermutlich deshalb ist er auf dem Göttinger Gauß-Weber-Denkmal gleichaltrig mit Gauß dargestellt.) Wie so mancher Nestor sträubte er sich ein wenig gegen das Eindringen neuer Ideen. Damals war es die Maxwellsche Theorie. Auf dem Totenbett bat Weber die Umstehenden, ihn nach Göttingen zu bringen. Schonend wies man ihn darauf hin, er befinde sich ja in Göttingen. „Nein", rief er, „in das Göttingen von Gauß!"

Trotz vieler Bemühungen erreichte man mit jenem Erdinduktor nie die gewünschte Genauigkeit. Jetzt werden Erdinduktoren in der Geophysik nur noch in einer modifizierten Form verwendet: Man läßt eine Spule um eine verstellbare Achse rotieren und sucht diejenige Achsenrichtung, bei der keine Spannung induziert wird. Das ist dann die Richtung der Totalintensität. Nach dieser Methode sind Messungen der Inklination mit einer Genauigkeit von 0,1 Bogenminuten möglich. (Das entspricht 1,5 *gamma* bei einer Totalintensität von 50000 *gamma*.) Diese Genauigkeit überrascht, denn man glaubt, Schwingungen der Achse bei der Rotation des Erdinduktors sehen zu können. Anscheinend ist die Mittellage der Achse verhältnismäßig stabil.

Feststehende Induktionsspulen werden zur Registrierung von kurzperiodischen magnetischen Variationen (*Pulsationen*, siehe Kap. 19j) benutzt. Dabei werden große Spulenflächen (bis zu 67 km²) oder auch Spulen mit hochpermeablen Kernen verwendet.

Neuerdings werden rotierende Induktionsspulen wieder häufiger gebraucht: zur Magnetfeldmessung in Raketen und Satelliten (diese so verwendeten Spulen haben den speziellen englischen Namen *search coil magnetometer*). In lagestabilisierten Satelliten werden sie nur gelegentlich eingesetzt; weitaus häufiger baut man sie fest in Raketen und spinstabilisierten Satelliten ein, und zwar so, daß sie die Magnetfeldkomponente, die senkrecht auf der Spinachse steht, registrieren.

9 g) *Messung der Deklination*

Das einfachste Instrument zur Deklinationsmessung ist der Kompaß. Seine Einstell- und Ablesegenauigkeit ist jedoch für die meisten erdmagnetischen Aufgaben zu gering. Die erforderliche Winkelgenauigkeit beträgt, wenn sie einer Abweichung von höchstens 1 *gamma* bei 20000 *gamma* Horizontalintensität entsprechen soll, 0,17 Bogenminuten (denn $\mathrm{arc}\,0{,}17' = 1/20000$). Mit einem pinnengelagerten Magneten kommt man auch heute noch nicht unter 0,5 Bogenminuten.

Deshalb verwendet man zur Bestimmung der magnetischen Nordrichtung einen Magneten, der an einem dünnen Faden hängt. Der Magnet wird dabei ein wenig unsymmetrisch aufgehängt, so daß seine magnetische Achse horizontal liegt. An der Stirnfläche trägt der Magnet einen Spiegel. Die Einstellung wird mit einem Autokollimationsfernrohr bestimmt. Man verwendet den gleichen Magnettheodoliten für die Deklinationsmessung wie für die Bestimmung von H nach Gauß (vgl. Kap. 9b). Es bleibt dann im allgemeinen ein kleiner Fehler, der durch die Fadentorsion hervorgerufen wird. Dieser Fehler kann durch Verwendung von zwei Magneten mit unterschiedlichen magnetischen Momenten, aber gleichem Gewicht bestimmt und dann eliminiert werden. Einen eventuell vorhandenen Winkel zwischen der Magnet- und der Spiegelachse kann man durch Mittelung über zwei Lagen beseitigen, die sich durch eine 180°-Drehung des Magneten um eine horizontale Achse ergeben. Dazu sind Aufhängevorrichtungen des Magneten an zwei Seiten erforderlich.

Zur Bestimmung der Deklination muß man die astronomische Nordrichtung als Bezugsrichtung kennen. Sie wird durch Beobachtung von Sonne oder Sternen bestimmt oder durch Anpeilen eines geodätischen Zieles, dessen Richtung bekannt ist.

9h) *Saturationskern- oder Förster-Sonden*

GAUSS und WEBER hatten Meßinstrumente gebaut, die so gut waren, daß mehr als hundert Jahre lang kaum ein Bedürfnis bestand, moderne Meßprinzipien heranzuziehen. Dies wurde erst erforderlich, als man das Erdmagnetfeld an Bord von Schiffen, Flugzeugen und Raketen messen wollte. Glücklicherweise waren bis dahin von anderen physikalischen und technischen Disziplinen neue physikalische Effekte zur Messung des Magnetfeldes gefunden und Meßinstrumente entwickelt worden. Über solche Instrumente wird in diesem und den beiden folgenden Abschnitten berichtet werden. Den klassischen Instrumenten gegenüber haben sie den Vorteil, ohne bewegliche Teile zu arbeiten. Es fehlen bei ihnen aber noch die Observatoriumserfahrungen über Langzeitkonstanz und dergleichen.

In diesem Abschnitt wird eine Gruppe von Meßinstrumenten vorgestellt, bei denen die Nichtlinearität der Magnetisierungskurve ($B(H)$-Kurve) von Spulenkernen zur Messung des Magnetfeldes ausgenutzt wird. Das in Deutschland bekannteste Exemplar ist die *Förster-Sonde* der Firma Dr. Förster, Reutlingen. In den USA werden diese Magnetometer meist *flux gate magnetometer* genannt. Die Nichtlinearität der $B(H)$-Kurve beruht im wesentlichen auf der Magnetisierungssättigung, deshalb wurde für diesen Instrumententyp von HERBERT SCHMIDT, dem Niemegker Observator, der treffende Name *Saturationskern-Magnetometer* vorgeschlagen.

Die folgende Darstellung begnügt sich damit, das Prinzip der Instrumente an einem vereinfachten, aber mathematisch leicht durchschaubaren Modell aufzuzeigen. Für elektronische Details fehlt der Raum, außerdem sind sie erfahrungsgemäß raschen Änderungen unterworfen. In einem ferromagnetischen Spulenkern werde durch das sinusförmige Erregerfeld $H(t)$ die magnetische Induktion $B(t)$ induziert. In *Fig. 56* ist die $B(H)$-Kurve *links oben* eingezeichnet. $B(t)$ *(rechts oben)* erhält man einfach, indem man die Werte des Erregerfeldes H punktweise an

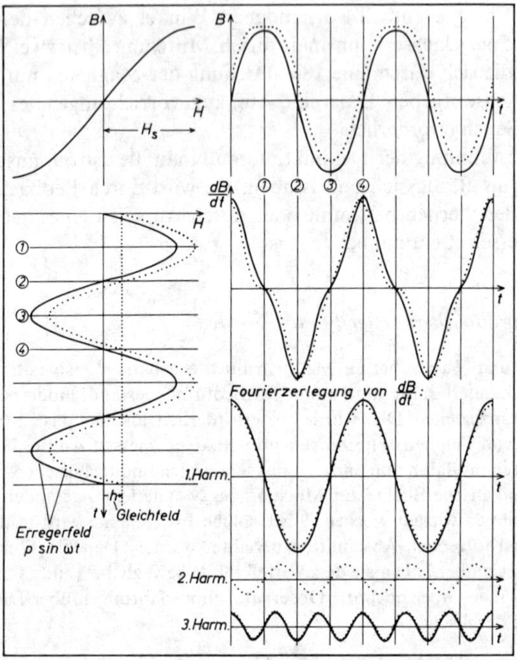

Fig. 56 Erzeugung von Oberwellen mit einer Saturationskern-Sonde. Für $h=0$ *(ausgezogene Kurven)* wird B zu den Zeiten ① und ③ abgeflacht. Die Ableitung ist dementsprechend bei ① und ③ flacher und bei ② und ④ spitzer als die 1. Harmonische, das bewirkt die 3. Harmonische. Für $h \neq 0$ *(punktierte Kurven)* wird B bei ① stärker abgeflacht als bei ③. Durch diese Unsymmetrie wird die 2. Harmonische erzeugt.

der $B(H)$-Kurve spiegelt. Deshalb ist $H(t)$ *(links unten)* über einer vertikalen Zeitachse aufgetragen. Die ausgezogenen Kurven gelten für ein rein sinusförmiges Erregerfeld, die punktierten dann, wenn ein Gleichfeld hinzutritt. Man sieht, daß $B(t)$ keine reine Sinusfunktion mehr ist. Besonders stark sind die Abweichungen bei nichtverschwindendem Gleichfeld.

Die eingezeichnete $B(H)$-Kurve läßt sich durch ein Polynom dritten Grades beschreiben[1]:

$$B(H) = 3H - H^3 \quad \text{für} \quad |H| \leq 1 = H_s. \tag{9.21}$$

[1] Solche Polynome haben schon ASCHENBRENNER und GOUBEAU verwendet, die die erste Arbeit über dieses Gebiet veröffentlicht haben: Hochfrequenztechnik und Elektroakustik **47** (1936), 177–181.

In diesem mathematischen Modell entspricht $H=1$ der Sättigungsfeldstärke (H_s).

Mit dem Ansatz

$$H(t)=h+p\sin\omega t, \tag{9.22}$$

$h=$ Gleichfeld ($=0{,}2\,H_s$ in Fig. 56),
$p=$ Amplitude des Erregerfeldes ($=0{,}8\,H_s$ in Fig. 56)

und mit Hilfe der Moivreschen Formeln für Potenzen trigonometrischer Funktionen erhält man aus der Gleichung (9.21)

$$\begin{aligned} B(t)=h(3-h^2-\tfrac{3}{2}p^2)+3p(1-h^2-\tfrac{1}{4}p^2)\sin\omega t \\ +\tfrac{3}{2}hp^2\cos 2\omega t+\tfrac{1}{4}p^3\sin 3\omega t. \end{aligned} \tag{9.23}$$

Liegt um den Kern außer der Erreger- noch eine Induktionsspule, so ist die darin induzierte Spannung der Ableitung von (9.23) proportional, nämlich:

$$\frac{\mathrm{d}B}{\mathrm{d}t}=3p(1-h^2-\tfrac{1}{4}p^2)\omega\cos\omega t-3hp^2\omega\sin 2\omega t+\tfrac{3}{4}p^3\omega\cos 3\omega t. \tag{9.24}$$

Diese Funktion und ihre Fourier-Zerlegung sind in *Fig. 56 rechts, Mitte* und *unten* dargestellt. Wie man aus der Gleichung (9.24) sieht, treten die 1. und 3. Harmonische in jedem Fall auf, die 2. dagegen nur für $h\neq 0$. Die 2. Harmonische ist dem angelegten Gleichfeld h proportional. Das gleiche gilt für alle geradzahligen Harmonischen, die bei komplizierterem Verlauf der $B(H)$-Kurve auftreten können. Gewöhnlich wird die 2. Harmonische zur Messung von h benutzt und aus $\mathrm{d}B/\mathrm{d}t$ herausgefiltert.

In der sogenannten *Doppelkernsonde* werden zwei Kerne mit gegensinnig gewickelten Erregerspulen in eine einzige, beide umschließende Induktionsspule eingebaut. Die Amplituden p der beiden Erregerfelder haben unterschiedliches Vorzeichen, weshalb sich die ungeradzahligen Harmonischen in $\mathrm{d}B/\mathrm{d}t$ (Gleichung 9.24) gerade zu Null ergänzen. Diese Vorfilterung ist für das Herausfiltern der 2. Harmonischen ein großer Gewinn.

Das Erregerfeld hat eine Frequenz von einigen kHz und eine Amplitude, die größer ist als die Sättigungsfeldstärke H_s (im Gegensatz zu dem Beispiel in Fig. 56). Der günstigste Wert für die Amplitude ergibt sich nach der Theorie zu $\sqrt{2}\,H_s$. Die Hystereseverluste haben wir bei unserer Herleitung vernachlässigt. Sie sind bei den üblichen Kernmaterialien zwar klein, spielen aber für den Abgleich eine wichtige Rolle, da sie eine Phasenverschiebung zwischen B und dem Erregerfeld hervorrufen.

In hochwertigen Magnetometern wird die Förster-Sonde als Nullinstrument eines Kompensationskreises verwendet. Dann sind alle Fehler ausgeschaltet, die bei stärkerer Auslenkung auftreten können. Trotzdem stellen sich mitunter kleine, unregelmäßige Verschiebungen des Nullpunktes ein, deren Ursache man noch nicht kennt.

Wie bei den klassischen Verfahren kann man durch Messungen mit der Förster-Sonde die Feldkomponenten direkt bestimmen. Dies hat Vorteile, erfordert aber bei der Verwendung im Fahrzeug oder in einer Rakete die Kenntnisse einer Bezugsrichtung, die man oft nur schwer erhält. Dieser Nachteil entfällt bei den Magnetometern zur Messung der Totalintensität, die in den beiden folgenden Abschnitten beschrieben werden.

9i) *Protonenpräzessions-Magnetometer*

„Protonenpräzessions-Magnetometer" ist der korrekte, den physikalischen Prozeß beschreibende Name des Gerätes. Abkürzend spricht man jedoch auch vom „Protonenmagnetometer". Bei diesem Instrument gehen nur atomphysikalische Konstanten in die Auswerteformel (unten Gleichung 9.27) ein, deshalb sind Messungen unabhängig von äußeren Bedingungen, vor allem von schwer zu erfassenden Temperatureinflüssen. Auch über längste Zeitintervalle braucht man keine Änderung zu befürchten, daher sind diese Geräte besonders gut für Absolutmessungen in Observatorien geeignet. Da die Einzelmessung schnell und einfach ausführbar ist und da inzwischen bequem tragbare Instrumente entwickelt worden sind, wird das Protonenmagnetometer jetzt auch häufig für Feldmessungen eingesetzt, selbst dann, wenn Relativmessungen ausreichen würden.

Die Messungen mit dem Protonenmagnetometer basieren auf der folgenden linearen Beziehung zwischen dem magnetischen Moment $\mathfrak{M}_p$ der Protonen und ihrem Kernspin $\boldsymbol{I}_p$:[1]

$$\mathfrak{M}_p = g\,\frac{e}{2m_p}\,\boldsymbol{I}_p = \eta_p \boldsymbol{I}_p, \tag{9.25}$$

g = Landé-Faktor,
e = Elementarladung,
m_p = Protonenmasse,
η_p = gyromagnetisches Verhältnis
= $2{,}67513 \cdot 10^4$ in el.magn. cgs-Einh.

[1] Vgl. z.B. E. LÜSCHER: Experimentalphysik II. Elektromagnetische Vorgänge. B.I.-Hochschultaschenbücher **115.** Mannheim 1966, 105.

Im Magnetfeld $\boldsymbol{H}$ wirkt auf $\mathfrak{M}_p$ ein Drehmoment

$$U = [\mathfrak{M}_p \times \boldsymbol{H}]$$

(vgl. die Gleichung 9.1), dies führt zu einer Präzession des kreiselnden Protons (Spin $\boldsymbol{I}_p$) um die Magnetfeldrichtung. Die Präzessionswinkelgeschwindigkeit[1] ω_p ergibt sich zu

$$\omega_p = \frac{U}{I_p} = \eta_p \cdot H. \tag{9.26}$$

ω_p ist mithin eine lineare Funktion von H. Gemessen wird allerdings die *Präzessionsfrequenz* $\nu_p = \omega_p / 2\pi$. Aus ihr berechnet man die Totalintensität $H = \mathsf{F}$

$$\boxed{\mathsf{F}\,[\text{in } \mathit{Gauß}] = \frac{\nu_p\,[\text{in kHz}]}{4{,}2576}} \tag{9.27}$$

Zur Messung von F bedient man sich meist des Verfahrens von PACKARD und VARIAN (1954); man beobachtet freie Präzessionen der Protonen um die Erdfeldrichtung. Dazu setzt man die Protonen kurzzeitig einem starken Fremdfeld aus und „polarisiert" sie damit. Die Richtung des Polarisationsfeldes darf nicht mit der Erdfeldrichtung zusammenfallen, sie sollte vielmehr möglichst senkrecht darauf stehen. Nach Abschaltung des Fremdfeldes beobachtet man die Präzessionsfrequenz der nun frei um die Erdfeldrichtung präzedierenden Protonen. Die Sonde besteht aus einem Gefäß, das mit einer protonenreichen Flüssigkeit (Wasser oder Alkohol) gefüllt ist. Das Gefäß ist von einer Spule umgeben, mit der das Fremdfeld erzeugt und auch das Signal der präzedierenden Protonen empfangen wird. Das Protonensignal wird dann verstärkt und ν_p wird gemessen. Die Genauigkeit handelsüblicher Protonenmagnetometer beträgt 1 *gamma*.

Nach dem Verfahren von Packard und Varian erhält man mit dem Protonenmagnetometer zeitlich diskrete Einzelwerte der Totalintensität in digitaler Form. Bei Raketenmessungen würde man wegen der schnellen Feldänderungen beim Flug der Rakete eine kontinuierliche Messung vorziehen. Bisher gibt es aber noch keine befriedigende Apparatur zur kontinuierlichen Registrierung von ν_p, weil die spontane Magnetisierung der Protonen (ohne Polarisationsfeld) zu schwach ist.

[1] Zwischen ω_p und der *Gyrofrequenz* ω_g (siehe Gleichung 17.4) besteht eine formale Ähnlichkeit. Beide unterscheiden sich jedoch durch den Faktor $\frac{1}{2}g$ bei ω_p.

Da das Protonensignal bei freier Präzession aber einige Sekunden anhält, erhält man wenigstens kontinuierliche Registrierabschnitte für die Zeiten, in denen das Signal noch auswertbar ist. Die Länge der Abklingzeit hängt stark von der Homogenität des Feldes am Ort der Sonde ab. Gegen Inhomogenitäten ist das Protonenmagnetometer sehr empfindlich. Künstliche Störfelder in besiedelten Gebieten, aber auch natürliche Gradienten – z.B. über Basaltvorkommen – können einen völligen Ausfall des Signals bewirken.

Die Möglichkeit, mit dem Protonenmagnetometer die Totalintensität des Erdfeldes direkt bestimmen zu können, war eine Neuheit für die Geophysik. Wie am Schluß des vorigen Abschnittes schon gesagt worden ist, bringt diese Methode Vorteile für Messungen in Fahrzeugen, in denen keine Bezugsrichtung bekannt ist. Andererseits läßt sich der Absolutbetrag eines Vektorfeldes im allgemeinen viel schlechter handhaben als die Komponenten. Bei Potentialfeldern z.B. entfallen die Möglichkeiten der Feldfortsetzung und dergleichen. Man hat deshalb Methoden entwickelt, die es gestatten, mit dem Protonenmagnetometer auch *Komponenten zu messen.* Dazu benötigt man Zusatzfelder, die mit Spulen erzeugt werden. Im Gegensatz zu den in Kap. 9e beschriebenen Verfahren brauchen aber die Spulenkonstanten nicht bekannt zu sein. Man macht nämlich Doppelmessungen mit je entgegengesetzt gerichteten Zusatzfeldern (Stromumkehr!): Dann braucht man deren Größe nicht genau zu kennen.

9j) *Absorptionszellen-Magnetometer*[1]

Die Empfindlichkeit des Protonenmagnetometers wird durch das gyromagnetische Verhältnis bestimmt (vgl. Gleichung 9.26). Dessen Größe ist proportional zum Quotienten von Ladung durch (Protonen-) Masse. Für Elektronen ist dieser Quotient wegen der geringeren Masse 1836mal größer als für Protonen. Eine entsprechende Steigerung der Empfindlichkeit von Magnetometern erreicht man durch Ausnutzung des *Zeeman-Effektes.* Dieser Effekt, 1896 von dem Holländer P. ZEEMAN entdeckt, bezeichnet die Aufspaltung von Spektrallinien unter dem Einfluß eines Magnetfeldes; er hängt vom Verhältnis e/m_e ab. Als Meßsubstanzen verwendet man Helium oder Alkalidämpfe (Rb, Cs, K). Voraussetzung für eine Magnetfeldmessung ist, daß sich die absorbierenden und emittierenden Atome in einem gewissen Ordnungszustand befinden; die Besetzungswahrscheinlichkeiten der Energieniveaus müssen von der normalen Verteilung, der Boltzmann-Verteilung, abweichen. Dies

[1] Herrn Dr. L. ENGELHARD danke ich für mehrere sachliche Verbesserungen in diesem Abschnitt.

entspricht der Notwendigkeit des Polarisierens beim Protonenmagnetometer. Solche Abweichungen erreicht man durch *Optisches Pumpen* (1954 von dem französischen Physiker A. KASTLER entdeckt): durch Einstrahlung von Licht, dessen Ordnungszustand größer ist als der der emittierten Resonanzstrahlung.

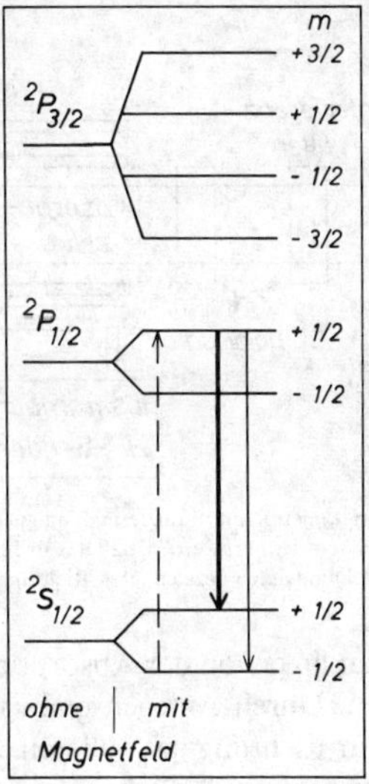

Fig. 57 Vereinfachtes Termschema der 1. Resonanzlinie bei Alkalien. m ist die Spinquantenzahl. Der aufwärts gerichtete Pfeil entspricht der Absorption, die abwärts gerichteten der Reemission. Bei der Emission ist die Dicke der Pfeile der Übergangswahrscheinlichkeit proportional.

Die *Fig. 57* zeigt das vereinfachte Termschema der ersten Resonanzlinie eines Alkaliatoms, *links* ohne Magnetfeld und *rechts* mit Zeeman-Aufspaltung im Feld. Zur Vereinfachung ist der Kernspin nicht berücksichtigt worden. Strahlt man rechts-zirkular polarisiertes Licht in eine mit dem Alkalidampf gefüllte Absorptionszelle ein, und zwar nur die Komponente $^2S_{1/2}-{}^2P_{1/2}$ (was man durch Anbringen eines Interferenzfilters erreicht), so können wegen der Auswahlregeln für rechtszirkular polarisiertes Licht nur Übergänge mit $\Delta m=+1$, also von $-\frac{1}{2}$ nach $+\frac{1}{2}$ stattfinden. Aus diesem angeregten Zustand reemittieren die Atome nach etwa 10^{-8} Sekunden Resonanzstrahlung in die Grundzustände mit $m=+\frac{1}{2}$ und $m=-\frac{1}{2}$. Dabei ist die Übergangswahrscheinlichkeit nach $m=+\frac{1}{2}$ größer. Außerdem kann sich der Vorgang für die nach $m=-\frac{1}{2}$ zurückgekehrten Atome wiederholen. Da innerhalb des Grundzustandes ein Übergang von $m = +\frac{1}{2}$ nach $m = -\frac{1}{2}$ verboten ist, wird das Niveau $m = +\frac{1}{2}$ bei diesem Prozeß überbesetzt, und $m = -\frac{1}{2}$ wird entvölkert. Diesen Vorgang, der noch durch die größere Reemissionswahrscheinlichkeit in den Zustand $m = +\frac{1}{2}$ unterstützt wird, nennt man Optisches Pumpen.

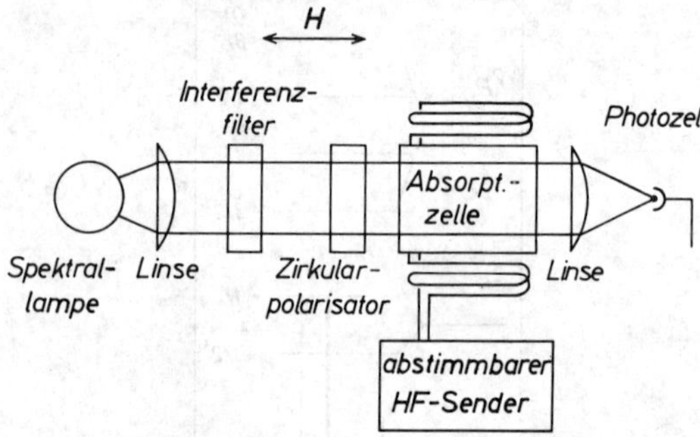

Fig. 58 Absorptionszellen-Magnetometer mit Induzierung magnetischer Übergänge. HF = Hochfrequenz. Das Magnetometer muß so orientiert werden, daß das Erdfeld $\boldsymbol{H}$ ungefähr in eine der beiden durch den Doppelpfeil bezeichneten Richtungen weist.

In *Fig. 58* erkennt man links von der Absorptionszelle die Anordnung zum Optischen Pumpen. Durch Anlegen eines magnetischen Hochfrequenzfeldes senkrecht zur Richtung des äußeren, zu messenden Feldes $\boldsymbol{H}$ kann man die – sonst „verbotenen" – Übergänge zwischen den Zeeman-Niveaus des Grundzustandes $^2S_{1/2}$ erzwingen. Dazu muß nur die Kreisfrequenz ω des HF-Feldes der Energiedifferenz der beiden Zeeman-Terme entsprechen. Diese Energiedifferenz ist eine lineare Funktion der Magnetfeldstärke H. Deshalb gilt analog zu Gleichung (9.26)

$$\omega = \eta_e \cdot H = \eta_e \cdot \mathsf{F}. \tag{9.28}$$

η_e ist etwa im Verhälnis der Protonen- zur Elektronenmasse größer als η_p. Das stimmt nicht genau, da η_p und η_e auch noch von den Landé-Faktoren abhängen. Wegen dieser Abhängigkeit hat η_e auch unterschiedliche Werte für Helium und die verschiedenen Alkaligase. Führt man statt ω die Frequenz $\nu = \omega/2\pi$ ein, so erhält man (ähnlich wie in Gleichung 9.27)

$$\nu/\mathsf{F} = \begin{cases} 28 \ \text{Hz}/\textit{gamma} \text{ für He} \\ 6{,}99 \ \text{Hz}/\textit{gamma} \text{ für Rb}^{87} \\ 4{,}67 \ \text{Hz}/\textit{gamma} \text{ für Rb}^{85}. \end{cases} \tag{9.29}$$

Man ersieht hieraus, daß selbst bei kleinen Feldstärken noch meßbare Frequenzen auftreten (Anwendung in Raumsonden). Man erreicht Meßgenauigkeiten bis zu 0,01 *gamma*, da die Resonanzfrequenz sehr scharf ist.

Die Bestimmung von ν gelingt mit der in Fig. 58 gezeigten Anordnung. So lange das *HF*-Feld nicht eingeschaltet oder die Frequenz nicht richtig eingestellt ist, nimmt die Absorptionswahrscheinlichkeit während des Optischen Pumpens wegen der fortschreitenden Entvölkerung des $m=-\frac{1}{2}$-Niveaus des Grundzustandes ab und nimmt die Intensität des durchgelassenen Lichtes zu. Hat die Frequenz des *HF*-Feldes dagegen den durch die Gleichung (9.28) bestimmten Wert, so wird die Fehlbesetzung aufgehoben, die „Pumpe“ bekommt wieder Arbeit, und die Absorption wird groß. Mit Hilfe der Photozelle wird die Frequenz auf das Absorptionsmaximum eingestellt. Die Einstellung kann auch von einer Automatik besorgt werden. Dieses Prinzip wendet man bei Heliummagnetometern und für besondere Zwecke auch bei Rubidiummagnetometern an.

Normalerweise benutzt man beim Rubidiummagnetometer aber ein abgewandeltes Verfahren. Um es zu verstehen, müssen wir uns an eine weitere Eigenschaft der präzedierenden Atome erinnern: Nach den Gesetzen der Quantenmechanik entspricht jedem Zeeman-Niveau ein bestimmter, diskreter Einstellwinkel der Atome zur Magnetfeldrichtung. Das Optische Pumpen bewirkt dann die Bevorzugung eines bestimmten *Präzessionskegels*. Ohne *HF*-Feld würden sich die präzedierenden Atome gleichmäßig auf diesem Kegel verteilen; ein *HF*-Feld, dessen (Kreis-) Frequenz der Gleichung (9.28) genügt, bringt sie jedoch „in Phase“.

Wählt man nun die in *Fig. 59* gezeigte Anordnung, bei der der Lichtstrahl einen Winkel von etwa 45° gegen das Magnetfeld bildet, so besteht der Strahl aus zwei gleichgroßen Komponenten, von denen eine parallel und die andere senkrecht zum Feld läuft. Die Parallelkomponente besorgt das Optische Pumpen (wie in Fig. 58). Die Intensität der senkrechten Komponente wird in der Absorptionszelle mit der Frequenz ν amplitudenmoduliert. Dieser Strahl trifft die präzedierenden Atome nämlich abwechselnd parallel und antiparallel. Bei paralleler Lage erscheinen sie ihm gepumpt, und die Absorption ist klein. Bei antiparalleler Lage dagegen sind Übergänge mit $\Delta m=+1$ möglich, und die Absorption ist groß. Für diese Anordnung kann man eine Rückkopplung herbeiführen, indem man das *HF*-Feld über einen Phasenschieber von der Photozelle steuern läßt. Man erhält so ein kontinuierlich arbeitendes Gerät, bei dem die Frequenz der Wechselspannung der Totalintensität F proportional ist.

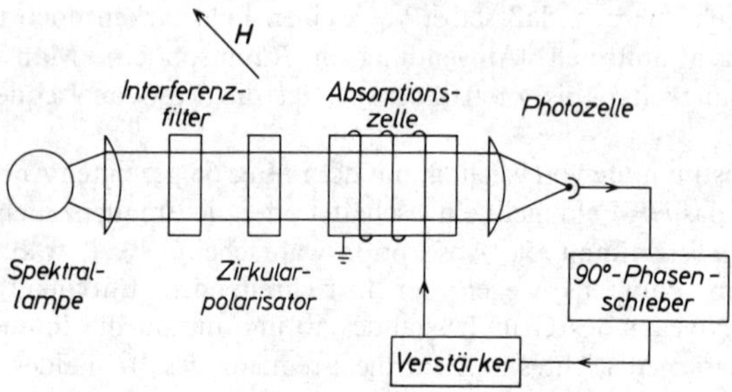

Fig. 59 Absorptionszellen-Magnetometer mit Rückkopplung. Die Strahlrichtung muß einen Winkel von ca. 45° gegen das Erdfeld ***H*** bilden. Im Gegensatz zu Fig. 58 liegt die Achse der *HF*-Spule in Strahlrichtung. Auch in dieser Lage hat das *HF*-Feld eine Komponente senkrecht zu ***H***.

Magnetfeldmessungen mit der in Fig. 59 dargestellten Anordnung zeigen bei Verwendung von Alkalidämpfen (nicht bei Helium) noch eine kleine Richtungsabhängigkeit, für die ein beginnender Paschen-Back-Effekt verantwortlich ist. Man kompensiert diesen und spart den 90°-Phasenschieber bei Verwendung von zwei Absorptionszellen, die von einer Lampe bestrahlt werden und wechselseitig rückgekoppelt sind *(Doppelzellenmagnetometer)*.

Die Absorptionszellen-Magnetometer haben gegenüber den Protonenmagnetometern nicht nur den Vorteil größerer Empfindlichkeit, vor allem liefern sie eine kontinuierliche Aufzeichnung der Zeitvariationen. Da das Optische Pumpen und der Absorptionsmechanismus selbst unabhängig von der Totalintensität F sind, kann man auch in schwachen Feldern mit gleicher (absoluter) Empfindlichkeit messen, anders als beim Protonenmagnetometer, dessen Signalamplitude wegen des elektromagnetischen Induktionsmechanismus proportional zu F ist, also bei schwachen Feldern (wegen der geringeren Präzessionsfrequenz) kleiner wird.

Die absolute Genauigkeit ist bei Absorptionszellen-Magnetometern wegen der Richtungsabhängigkeit außer bei der Doppelzellenanordnung und bei Helium geringer als die des Protonenmagnetometers.

Ergänzende Literatur zu Kap. 9

Detaillierte Ausführungen zu den Abschnitten b–i findet man in GA (Literaturverzeichnis Kap. 29) **2** (1960).

ferner
K. WHITHAM: Measurement of the Geomagnetic Elements. In S. K. RUNCORN (Herausg.) Methods and Techniques in Geophysics **1** (1960), 104–167.

Die Absorptionszellen-Magnetometer sind an beiden Stellen noch nicht behandelt. Eine Beschreibung mit Angabe der wichtigsten Literatur gab L. ENGELHARD, Z. Geophys. **37**, 1–37, 1971.

10. *Thermodynamik des Erdinneren*

Wir leben auf einem Planeten, dessen Innentemperatur wir nicht kennen. Verschiedene, durchaus sorgfältige Abschätzungen der Temperatur im Erdzentrum weichen bis um einen Faktor fünf voneinander ab. Man weiß auch nicht, ob sich die Erde im Verlauf ihrer Geschichte abgekühlt oder erwärmt hat. Diese Unkenntnis mutet seltsam an angesichts der zahlreichen anderen Größen, deren Verteilung im Erdinneren wir recht genau kennen. Unglücklicherweise sind diese uns bekannten Größen wie Elastizitäts- und Schubmodul, Druck und Dichte nur so lose mit der Temperatur verknüpft, daß aus ihrem Verhalten keine eindeutigen Schlüsse auf den Temperaturverlauf gezogen werden können. Man erkennt dies an folgenden Beispielen: Um eine Dichteänderung von 1% zu erzielen, benötigt man eine Druckänderung von 5 kbar. Will man die gleiche Dichteänderung isobar durch Temperaturänderung herbeiführen, so muß man die Temperatur um 1000 °C ändern. Wenn daher die Dichte an einer bestimmten Stelle des Erdinnern bis auf ±1% bestimmt ist, so ergibt sich daraus beim Schluß auf den Druck eine Unsicherheit von ±5 kbar, beim Schluß auf die Temperatur aber von ±1000 °C!

Die letzten Jahrzehnte brachten eine enorme Vermehrung und Verbesserung der geothermischen Beobachtungen an der Erdoberfläche und auch am Boden der Weltmeere. Diese Vermehrung der Beobachtungsdaten hat aber – wie wir sehen werden – für die Erkenntnis der Temperatur-Tiefenverteilung und der thermischen Geschichte der Erde nicht allzu viel Aufschluß geliefert. Es sieht so aus, als habe die Natur einen Schleier über den räumlichen und zeitlichen Verlauf der Temperatur gebreitet. Trotz (oder wegen) dieser Ungewißheiten gehört die Thermodynamik des Erdinneren zu den reizvollsten Zweigen der Geophysik.

10a) *Der Wärmefluß aus dem Erdinneren*

Der wichtigste Prozeß für den Wärmetransport im festen Teil des Erdkörpers ist die Wärmeleitung: In Richtung eines Temperaturgefälles tritt ein ihm proportionaler Wärmefluß $\boldsymbol{Q}$ (Dimension: cal/cm^2 sec) auf. Man setzt an:

$$\boxed{\boldsymbol{Q} = -\Lambda \operatorname{grad} T} \tag{10.1}$$

Λ ist die *Wärmeleitfähigkeit* (engl. thermal conductivity). Die *Tabelle I* gibt ein paar Zahlenwerte für Λ.

Tabelle I: Wärmeleitfähigkeiten Λ. Vergleichswerte

Styropor	0,083	$\cdot 10^{-3}$ cal/cm sec °C
Gesteine	3 bis 14	$\cdot 10^{-3}$ cal/cm sec °C
Silber	1 000	$\cdot 10^{-3}$ cal/cm sec °C

Um $\boldsymbol{Q}$ bestimmen zu können, muß man nach Gleichung (10.1) sowohl Λ als auch den Temperaturgradienten messen. Im Erdboden fließt der Wärmestrom im wesentlichen in vertikaler Richtung, so daß der Gradient gleich $\partial T/\partial z$ ist (z-Achse nach unten positiv, Erdoberfläche bei $z=0$). Unmittelbar an der Erdoberfläche ist es unmöglich, den Wärmefluß zu messen, da die von der Sonne gelieferte Wärmemenge mehrere tausendmal größer ist als die von innen kommende.

Die *Sonnenwärme* dringt durch Wärmeleitung in die obersten Erdschichten ein. Dieser Vorgang läßt sich durch die Gleichung (10.1) nicht mehr beschreiben: Da die Wärmezufuhr offensichtlich zeitlich variabel ist, können auch Wärmefluß und Temperatur nicht konstant sein. Die folgende Gleichung beschreibt den Zusammenhang zwischen der pro Zeiteinheit aus einem Volumenelement abströmenden Wärmemenge div $\boldsymbol{Q}$ und der daraus resultierenden Temperaturerniedrigung:

$$\operatorname{div} \boldsymbol{Q} = -c\rho \frac{\partial T}{\partial t}, \tag{10.2}$$

c = spezifische Wärme. Für Gesteine 0,2 cal/gr °C.
ρ = Dichte.

Aus den Gleichungen (10.1) und (10.2) erhält man für konstantes Λ

$$\frac{\partial T}{\partial t} = \frac{\Lambda}{c\rho} \operatorname{div} \operatorname{grad} T = \frac{\Lambda}{c\rho} \Delta T.$$

Setzt man

$$a^2 = \frac{\Lambda}{c\rho} = \textit{Temperaturleitfähigkeit} \text{ (engl. thermal diffusivity),}$$

so erhält man die *Wärmeleitungsgleichung*

$$\boxed{\frac{\partial T}{\partial t} = a^2 \, \Delta T} \tag{10.3}$$

Die Gleichung (10.3) ist eine *parabolische* Differentialgleichung. In der Anmerkung zur Gleichung (4.9) wurde schon darauf hingewiesen, daß die Untersuchungsmethoden in den verschiedenen Teilgebieten der Geophysik wesentlich vom Typ der Differentialgleichung abhängen, die dieses Gebiet beherrscht. Die parabolischen Differentialgleichungen stehen an der Grenze zwischen den hyperbolischen und den elliptischen – es gibt *eine* Schar reeller Charakteristiken. Störungen breiten sich ähnlich wie Wellen aus, jedoch lösen sich Unstetigkeiten der Anfangsverteilung im Laufe der Zeit von selbst auf. Deshalb kann man keine „Phaseneinsätze" beobachten wie in der Seismologie. Trotzdem erlaubt die Beobachtung zeitlicher Variationen an der Erdoberfläche eindeutige Schlüsse auf den Untergrund – im Gegensatz zu den Verfahren bei elliptischen Differentialgleichungen (vgl. Anmerkung zur Gleichung 6.2). Das gilt allerdings nur, wenn die Zeitvariationen den ganzen Periodenbereich von Null bis Unendlich umfassen.

Ein einfaches und instruktives Lösungsbeispiel der Wärmeleitungsgleichung bietet folgender Spezialfall: Die Temperatur T soll nur eine Funktion von z und t sein. Durch einen Exponentialansatz erhält man die zeitlich periodische Lösung

$$T(z,t) = A \exp(i\omega t - z\sqrt{i\omega}/a). \tag{10.4}$$

Daraus gewinnt man durch Übergang zu reeller Schreibweise

$$T(z,t) = A \exp\left(-\frac{\sqrt{\omega}}{\sqrt{2}\,a} z\right) \sin\left(\omega t - \frac{\sqrt{\omega}}{\sqrt{2}\,a} z\right). \tag{10.5}$$

Die Lösung hat die Form einer Welle. Mit zunehmender Tiefe z ergibt sich eine exponentielle Abnahme der Amplitude und eine Phasenverschiebung. Dieses Verhalten läßt sich sehr übersichtlich veranschaulichen in einer Isoplethendarstellung (Kunstwort griech. Linien gleichen Zahlenwertes in zwei Dimensionen), bei der die Isothermen in einer t-z-Ebene dargestellt sind (siehe *Fig. 60*). Für die Zeichnung wurde $a^2 = 0{,}02\ \mathrm{cm^2/sec}$ benutzt. (Besser wäre $a^2 = 0{,}01\ \mathrm{cm^2/sec}$.) Man definiert die

$$\text{Eindringtiefe } d = \frac{\sqrt{2}\,a}{\sqrt{\omega}}. \tag{10.6}$$

Das ist diejenige Tiefe, in der die Amplitude auf $1/e = 0{,}368$ ihres Wertes an der Erdoberfläche verringert ist. Die Eindringtiefe der täglichen Schwankung ist ihrer kürzeren Periode entsprechend nur $1/\sqrt{365} \approx 1/19$-mal so groß wie die Eindringtiefe der jährlichen Schwankung. Beobachtungen und Berechnungen der Temperatur der Erdoberfläche gehören ins Gebiet der *Meteorologie*. Außer durch Sonneneinstrahlung und Wärmeleitung im Erdboden werden die Temperaturvariationen in der Nähe der Erdoberfläche durch eine Reihe meteorologischer Faktoren bestimmt.

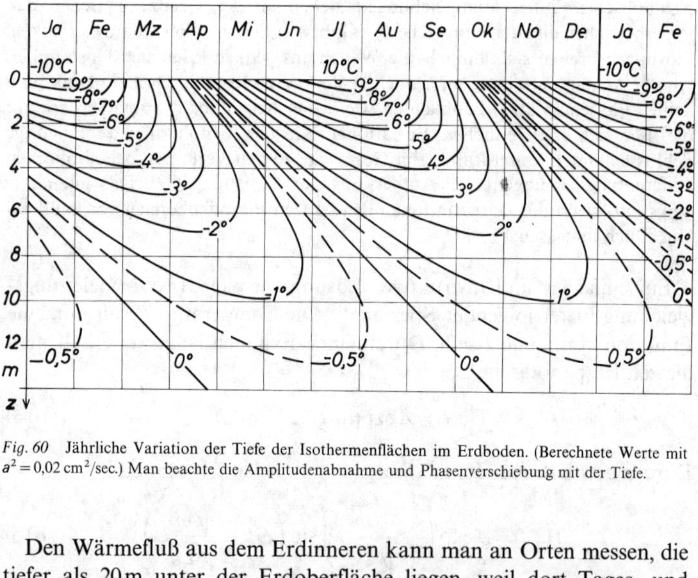

Fig. 60 Jährliche Variation der Tiefe der Isothermenflächen im Erdboden. (Berechnete Werte mit $a^2 = 0{,}02\ \text{cm}^2/\text{sec.}$) Man beachte die Amplitudenabnahme und Phasenverschiebung mit der Tiefe.

Den Wärmefluß aus dem Erdinneren kann man an Orten messen, die tiefer als 20 m unter der Erdoberfläche liegen, weil dort Tages- und Jahresgang der Temperatur praktisch abgeklungen sind. Allerdings können sich in größeren Tiefen noch *säkulare* Temperaturänderungen, wie sie etwa mit den Eiszeiten verbunden waren, bemerkbar machen.

Man beobachtet in Bohrlöchern und Bergwerken eine *mittlere* Temperaturzunahme mit der Tiefe von

$$\frac{dT}{dz} = 1\,^\circ\text{C}/30\,\text{m} = 0{,}033\,^\circ\text{C/m}. \tag{10.7}$$

Die beobachteten Werte variieren in einem sehr weiten Bereich. Wesentlich weniger streuen die Werte für den Wärmefluß, die man mit Hilfe von Λ nach Gleichung (10.1) berechnet, jedenfalls wenn man von Gebieten absieht, die durch Vulkanismus, Tiefenwässer oder geochemische Prozesse geothermisch gestört sind. Aus etwa 2000 Einzelmessungen wurde als *Mittelwert für die ganze Erde* bestimmt

$$Q = (1{,}5 \pm 0{,}15) \cdot 10^{-6}\ \mathrm{cal/cm^2\,sec} = 63\ \mathrm{mW/m^2}. \qquad (10.8)$$

Welche Schlüsse kann man aus den geothermischen Messungen auf Temperaturverteilung und thermische Geschichte der Erde ziehen? Zunächst einmal ist der Temperaturgradient sicher nicht überall im Erdinnern so groß wie an der Oberfläche (vgl. Gleichung 10.7). Sonst müßte der Erdmittelpunkt heißer sein als 200000 °C. Auf Grund unserer physikalischen Vorstellungen vom Erdinnern kann die Temperatur dort aber kaum höher sein als 10000 °C. Deshalb muß $\mathrm{d}T/\mathrm{d}z$ zum Erdinnern hin abnehmen.

Vergleicht man Q mit dem Fluß solarer Energie, der die Erde trifft, so sieht man, daß die Solarkonstante[1] etwa 20000mal größer ist als Q. Trotzdem summiert sich die aus dem Erdinnern strömende Wärmemenge zu beachtlichen Größen: Jährlich fließen auf diese Weise durch die Erdoberfläche 10^{28} erg heraus. Das ist mehr als die jährlich bei Erdbeben freigesetzte Energie (vgl. Kap. 4a). Um die in 1 Million Jahren abgegebene Energie zu erzeugen, müßte man eine Schicht von 50 m Kohle verbrennen. Daraus erkennt man, daß es unmöglich ist, die Wärmeproduktion durch chemische Vorgänge im Gestein zu erklären.

Früher hielt man die *Anfangswärme* der Erde für die Quelle des Wärmestromes. Bei einem Abkühlungsprozeß durch Wärmeleitung würde der abströmende Wärmefluß aber schon nach 30 Millionen Jahren unter den beobachteten Wert von Q sinken. Denn es würden sich zunächst die äußeren Schichten abkühlen. Dort würde nach vergleichsweise kurzer Zeit der Temperaturgradient und mit ihm der Wärmestrom klein werden, während das Zentrum durchaus noch einige tausend Grad heiß sein könnte. Man nimmt deshalb heute an, daß keinesfalls mehr als 20% des beobachteten Wärmeflusses von der Ursprungswärme stammen und daß der größte Teil beim radioaktiven Zerfall von Gesteinen entsteht.

[1] Als Solarkonstante bezeichnet man die Bestrahlungsstärke am äußeren Rande der Atmosphäre. Sie beträgt nach neuesten Messungen (siehe Kap. 22a)

$$1{,}952\ \mathrm{cal/cm^2\,Min} = 3{,}25 \cdot 10^{-2}\ \mathrm{cal/cm^2\,sec} = 1{,}36\ \mathrm{kW/m^2}.$$

Die von der Sonne eingestrahlte Energie wird von der Atmosphäre je zum Teil reflektiert, absorbiert oder zum Erdboden durchgelassen. Im Mittel über die ganze Erde wird der gleiche Energiebetrag wieder nach außen abgestrahlt. Die Berechnung der atmosphärischen Strahlungsbilanz ist eine Aufgabe der Meteorologie.

10b) *Wärmeproduktion durch Radioaktivität der Gesteine*

Die Radioaktivität der Gesteine ist uns zuerst im Kapitel über die Altersbestimmung (Kap. 3) begegnet. In Tabelle A wurden die wichtigsten der in den Gesteinen vorkommenden radioaktiven Isotope aufgezählt. Als Wärmeproduzenten kommen nur Uran, Thorium und das Kaliumisotop K^{40} in Frage. Die beim radioaktiven Zerfall freigesetzte spezifische (d.h. pro Gramm Substanz und Sekunde) Energie q beträgt für

Natürliches Uran $2{,}24 \cdot 10^{-8}$ cal/gr sec
(99,28 % U^{238}; 0,71 % U^{235}; Rest U^{234})

Thorium $0{,}63 \cdot 10^{-8}$ cal/gr sec
(Th^{232})

Natürliches Kalium $0{,}85 \cdot 10^{-12}$ cal/gr sec
(mit 0,0119 % K^{40}, vgl. Kap. 3c)

Mit diesen Werten wurde die Wärmeproduktion q für einige Gesteine berechnet. Die Ergebnisse sind in *Tabelle J* angegeben. Granit produziert am meisten Wärme (1 km³ Granit liefert 2770 Watt). Daran sind Uran und Thorium etwa gleich stark und Kalium nur mit wenig über 10 % beteiligt. Die Wärmeproduktion von durchschnittlichem Krustengestein ist knapp halb so groß. Zum Basalt gehört ein noch viel kleinerer Wert, aber der relative Beitrag von K^{40} ist größer. Dunit (nach den Dun Mountains auf Neuseeland benannt) ist ein ultrabasisches Magmagestein, das im wesentlichen aus Olivin besteht. Chondrite sind Steinmeteoriten, die Bronzit und Olivin enthalten und denen kleine kristalline Kügelchen (Chondren) eingesprengt sind.

Tabelle J: Wärmeproduktion q wichtiger Gesteinsarten

Die angegebenen Konzentrationen (10^{-6} entspricht *gr Substanz/Tonne Gestein*) sind mittlere Werte, die Werte für einzelne Vorkommen können davon stark abweichen. Die Werte von q beziehen sich auf *gr Gestein*.

Gestein	Dichte ρ	U Konz.	U q	Th Konz.	Th q	K Konz.	K q	q total
	$\frac{gr}{cm^3}$	$\times 10^{-6}$	$10^{-14} \frac{cal}{gr\,sec}$	$\times 10^{-6}$	$10^{-14} \frac{cal}{gr\,sec}$	$\times 10^{-6}$	$10^{-14} \frac{cal}{gr\,sec}$	$10^{-14} \frac{cal}{gr\,sec}$
Granit	2,6	4,75	10,60	18,5	11,65	37900	3,22	25,47
Krustengestein	2,85	2,0	4,48	7,5	4,82	18000	1,53	10,83
Basalt	3,3	0,6	1,34	2,7	1,70	8400	0,71	3,75
Dunit	3,9	0,001	0,002	—	—	10	0,001	0,003
Chondrite	3,2	0,012	0,027	0,040	0,025	845	0,072	0,124

Man hat verschiedene Gründe anzunehmen, daß die Chondrite repräsentative Proben des gleichen Materials sind, aus dem das Erdinnere besteht. Nimmt man einmal an, die ganze Erdkugel bestünde aus chondritischem Material, dann erhält man für den Wärmestrom an der Erdoberfläche (M_E = Erdmasse, $\bar{\rho}_E$ = mittlere Dichte, nach Kap. 6a)

$$\frac{M_E q}{4\pi R_E^2} = \bar{\rho}_E \frac{R_E}{3} q = 1{,}45 \cdot 10^{-6} \frac{\text{cal}}{\text{cm}^2 \text{sec}}. \qquad (10.9)$$

Es ergibt sich also mit verblüffender Genauigkeit der aus Beobachtungen ermittelte Wert der Gleichung (10.8). In Wirklichkeit dürfte nur der Mantel chondritisch sein. In diesem Fall wäre der Wärmefluß $Q = 0{,}98 \cdot 10^{-6}$ cal/cm² sec.

Eine Schicht durchschnittlichen Krustengesteins der Dicke d liefert einen Wärmefluß

$$Q = q \rho d = 0{,}031\, d \cdot 10^{-6} \frac{\text{cal}}{\text{cm}^2 \text{sec}} \quad [d \text{ in km}]. \qquad (10.10)$$

Für Granit erhält man größere Werte: Eine Granitschicht von nur 15,1 km Dicke produziert schon 10^{-6} cal/cm² sec.

Als Ergebnis dieser Überschlagsrechnungen läßt sich sagen: Es lassen sich durchaus plausible Annahmen machen, um den *gesamten* Wärmestrom entweder mit der Radioaktivität des Erdmantels oder mit der Radioaktivität des Krustengesteins zu erklären. Die Ursprungwärme der Erde wird zur Deutung des beobachteten Wärmestromes nicht benötigt – umgekehrt kann man deshalb aber auch keine Aussage über ihre Existenz machen.

Die kontinentale Kruste enthält im Gegensatz zur ozeanischen Kruste eine ungefähr 20 km dicke Granitschicht. Diese dürfte nicht unerheblich zum Wärmefluß beitragen. Daher war man überrascht, als man über kontinentaler und ozeanischer Kruste fast den gleichen mittleren Wärmefluß maß. Man muß daraus schließen, daß der Unterschied im Gehalt der Kruste an radioaktiven Substanzen im Erdmantel kompensiert wird.

In der älteren Erdgeschichte ist relativ mehr K^{40} vorhanden gewesen als heute, da K^{40} eine kürzere Halbwertszeit hat als U^{238} und Th^{232}. Deshalb muß man mit einer größeren Wärmeproduktion in der *frühen* Erdgeschichte rechnen.

10c) *Temperaturverteilung und thermische Geschichte der Erde*

In der Einleitung dieses Kapitels ist bereits auf die Unsicherheit hingewiesen worden, die immer noch bezüglich der *Temperaturverteilung* im Erdinneren herrscht. In diesem Abschnitt können wenig konkrete

Ergebnisse gebracht werden. Es sollen aber die physikalischen Prinzipien, die zu Abschätzungen der Temperaturverteilung herangezogen werden, dargestellt werden:

1. Im festen Teil der Erde hängt die Temperaturverteilung wesentlich von der *Wärmeleitung* ab. Wärmeleitungsprobleme werden verhältnismäßig ausführlich in den Lehrbüchern der Theoretischen Physik behandelt[1]. Für unser Problem ist die Kenntnis der Lösungen im eindimensionalen, zylinder- und kugelsymmetrischen Fall sowie die Kenntnis der Methode der „Wärmepole" von großem Nutzen. Die Wärmeleitung ist ein sehr langsamer Vorgang, da die Erde ein schlechter Wärmeleiter ist: Eine „Wärmeexplosion" zur Zeit $t=0$ in $z=0$ erreicht (im eindimensionalen Fall) nach der Zeit t die Stelle $z=2a\sqrt{t}$. Setzt man (wie bei der Berechnung von Fig. 60) $a=0{,}141\ \mathrm{cm/sec^{1/2}}$ und für t das Alter der Erde $14\cdot 10^{16}$ sec, so ergibt sich $z=1058$ km. Danach könnte also Ursprungswärme vom Erdkern noch gar nicht durch den Erdmantel gedrungen sein. Es ändert sich auch nicht viel, wenn man für a etwas größere Werte einsetzt, wie sie für den unteren Erdmantel wahrscheinlicher sind.

Um auch die radioaktive Wärmeproduktion noch zu berücksichtigen, muß man die Wärmeleitungsgleichung erweitern: Wir hatten in der Gleichung (10.2) den Term ρq, der die spezifische Wärmeproduktion q (vgl. Kap. 10b) berücksichtigt, unterschlagen. Unter Benutzung von Gleichung (10.1) erhalten wir

$$c\rho\frac{\partial T}{\partial t} = \operatorname{div}(\Lambda \operatorname{grad} T) + \rho q \quad \left[\text{in}\ \frac{\text{cal}}{\text{cm}^3\,\text{sec}}\right] \tag{10.11}$$

und für Kugelsymmetrie

$$c\rho\frac{\partial T}{\partial t} = \frac{1}{r^2}\frac{\partial}{\partial r}\left(\Lambda r^2\frac{\partial T}{\partial r}\right) + \rho q(r,t). \tag{10.12}$$

Die allgemeine Lösung dieser inhomogenen Differentialgleichung ergibt sich als Summe der Lösung der homogenen Gleichung ($q=0$, nichtradioaktive Erde) und einer speziellen Lösung der inhomogenen Gleichung ($T\equiv 0$ für $t=0$). Λ, c und ρ hängen von der Temperatur ab. Für genaue Rechnungen reicht die Gleichung (10.11) nicht aus, da man auch den Wärmetransport durch Strahlung in Rechnung stellen muß.

2. Eine Grenzgröße in der Temperaturverteilung ist die *Schmelzpunkttemperatur* Θ. Für den Mantel bildet sie die obere und für den äußeren

[1] A. SOMMERFELD: Vorlesungen über Theoretische Physik. **6.** Wiesbaden 1947; F. HUND: Theoretische Physik. **2.** Stuttgart 1957; R. BECKER: Vorstufe zur Theoretischen Physik. Berlin-Göttingen-Heidelberg 1950.

Kern die untere Grenze der möglichen Temperatur-Tiefenkurven. Θ hängt vom Druck p ab. Da man für den Druck- und Temperaturbereich des Erdinneren keine experimentell bestimmten Werte kennt, ist man auf theoretische Überlegungen und Extrapolationsformeln angewiesen. Man benutzt die Gleichung von CLAUSIUS (1822–1888) und CLAPEYRON (1799–1864)

$$\frac{d\Theta}{dp} = \frac{\Theta}{L}\left(\frac{1}{\rho_{fl}} - \frac{1}{\rho_{fest}}\right), \tag{10.13}$$

Θ = Schmelzpunkttemperatur in °K,
L = Schmelzwärme in erg/gr.

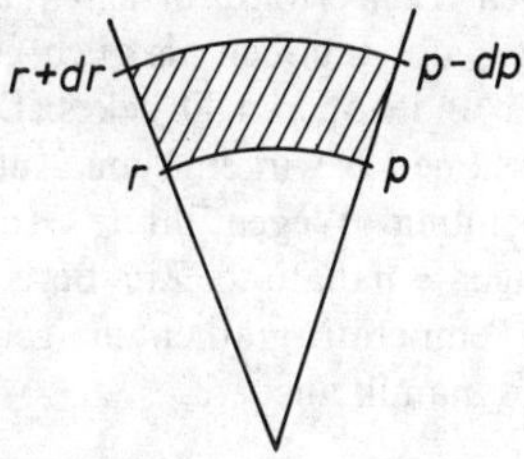

Fig. 61 Zur Herleitung der Statischen Grundgleichung.

Der Druck im Erdinneren ist in guter Näherung gleich dem hydrostatischen Druck. So wie der Druck in einer Flüssigkeit nimmt er einfach mit dem Gewicht der darüberliegenden Materie nach innen zu. Mit den Bezeichnungen von *Fig. 61* ist

$$\boxed{dp = -g\rho\, dr} \quad \text{Statische Grundgleichung} \tag{10.14}$$

ρ = Dichte, g = Schwerebeschleunigung.

Diese Gleichung benutzen wir für ρ_{fest} – der Druck entsteht ja durch das Gewicht der *darüber* liegenden Schichten. Dann erhält man aus Gleichung (10.13)

$$\frac{d\Theta}{dr} = -\frac{g\Theta}{L}\left(\frac{\rho_{fest}}{\rho_{fl}} - 1\right). \tag{10.15}$$

Typische Werte für Mantelgesteine (Silikate) sind $\Theta = 1\,300\,°\mathrm{C} = 1\,573\,°\mathrm{K}$, $L = 100\,\mathrm{cal/gr} = 4{,}19 \cdot 10^9\,\mathrm{erg/gr}$, $\rho_{\mathrm{fest}}/\rho_{\mathrm{fl}} = 1{,}08$. Damit ergibt sich

$$\frac{\mathrm{d}\Theta}{\mathrm{d}r} \approx -3\,°\mathrm{C/km}. \tag{10.16}$$

Man nimmt an, daß sich die Temperatur-Tiefenkurve $T(r)$ und die Schmelzpunktkurve $\Theta(r)$ nicht nur an der Grenze des Erdkernes, sondern auch schon im Oberen Mantel treffen oder doch zumindestens sehr nahe kommen. Vermutlich entsteht nämlich die „Gutenberg-Schicht“ niederer Ausbreitungsgeschwindigkeit seismischer Wellen im Oberen Erdmantel zwischen 100 und 200 km durch teilweises Aufschmelzen des Materials.

3. Im flüssigen Teil des Erdinneren nimmt die Temperatur-Tiefenkurve den *adiabatischen Temperaturgradienten* an. Infolge der Konvektion wird Materie sowohl gehoben als auch gesenkt. Dabei gelangt sie in Gebiete niederen und höheren Druckes. Die eintretenden Dilatationen und Kompressionen bewirken beim Aufstieg Abkühlung und beim Absteigen Erwärmung. Wegen ihrer Großräumigkeit erfolgen diese Zustandsänderungen adiabatisch. Zur Berechnung des dabei auftretenden vertikalen Temperaturgradienten gehen wir vom ersten Hauptsatz der Thermodynamik aus:

$$\mathrm{d}Q = \mathrm{d}\mathsf{E} + p\,\mathrm{d}V = \mathrm{d}(\mathsf{E} + pV) - V\,\mathrm{d}p = c_p\,\mathrm{d}T + \mathrm{w}\,\mathrm{d}p, \tag{10.17}$$

$\mathrm{d}Q$ = in Wärmeform zugeführte Energie,

E = innere Energie,

V = spezifisches Volumen $= \dfrac{1}{\rho}$,

c_p = spezifische Wärme bei konstantem Druck.

w soll bestimmt werden. $(\mathsf{E} + pV)$ ist die *Enthalpie.* Da $\mathrm{d}(\mathsf{E} + pV)$ ein vollständiges Differential ist, muß gelten

$$\frac{\partial}{\partial T}(\mathrm{w} + V) = \frac{\partial c_p}{\partial p}. \tag{10.18}$$

$\mathrm{d}Q/T$, das Differential der *Entropie*, ist ebenfalls ein vollständiges Differential, deshalb ist

$$\frac{\partial}{\partial p}\left(\frac{c_p}{T}\right) = \frac{\partial}{\partial T}\left(\frac{\mathrm{w}}{T}\right) = -\frac{\mathrm{w}}{T^2} + \frac{1}{T}\frac{\partial \mathrm{w}}{\partial T}. \tag{10.19}$$

Aus den Gleichungen (10.18) und (10.19) erhält man

$$\mathrm{w} = -T\frac{\partial \mathrm{V}}{\partial T} = -T\alpha \mathrm{V}. \tag{10.20}$$

Hierin ist α der thermische Ausdehnungskoeffizient. Für adiabatische Zustandsänderungen gilt: $\mathrm{d}Q=0$. Dann erhält man aus der Gleichung (10.17)

$$\frac{\mathrm{d}T}{\mathrm{d}p} = -\frac{\mathrm{w}}{c_p} = \frac{\alpha T \mathrm{V}}{c_p} = \frac{\alpha T}{c_p \rho}. \tag{10.21}$$

Dies ist die *Thomsonsche Gleichung*. Mit der statischen Grundgleichung (10.14) schließlich wird

$$\left[\frac{\mathrm{d}T}{\mathrm{d}r}\right]_{\text{adiabat.}} = -\frac{\mathfrak{g}\alpha}{c_p} T. \tag{10.22}$$

Setzt man Zahlenwerte ein, die näherungsweise für den äußeren Erdkern gelten: $\mathfrak{g}=0{,}8\cdot 10^3\,\mathrm{cm/sec^2}$; $\alpha=10^{-5}/{}^\circ\mathrm{K}$; $c_p=0{,}8\cdot 10^7\,\mathrm{erg/gr\,{}^\circ K}$ und $T=5000\,{}^\circ\mathrm{K}$, so wird

$$\left[\frac{\mathrm{d}T}{\mathrm{d}r}\right]_{\text{adiabat.}} = -0{,}5\,{}^\circ\mathrm{K/km}. \tag{10.23}$$

Adiabatische Temperaturgradienten sind auch für die Bewegungen der Atmosphäre von größter Bedeutung. Für Gase ideal ist

$$\alpha = \frac{1}{\mathrm{V}}\frac{\partial \mathrm{V}}{\partial T} = \frac{1}{T}$$

und mithin für Luft

$$\left[\frac{\mathrm{d}T}{\mathrm{d}r}\right]_{\text{adiabat.}} = -\frac{\mathfrak{g}}{c_p} = -\frac{0{,}98\cdot 10^3}{1{,}005\cdot 10^7}\,\frac{{}^\circ\mathrm{C}}{\mathrm{cm}} \approx -1\,{}^\circ\mathrm{C}/100\,\mathrm{m}.$$

Dieser Temperaturgradient stellt sich in trockener durchmischter Luft ein.

Da die Wärmeleitung im Erdinnern, wie unter 1. gezeigt wurde, sehr langsam verläuft, ist die Anfangsverteilung der Temperatur noch mitbestimmend für die jetzige Temperatur-Tiefenkurve. Folgende Möglichkeiten für die *thermische Geschichte der Erde* werden in Erwägung gezogen:

a) Die Erde war bei ihrer Entstehung heiß und geschmolzen und kühlte sich in der Folgezeit bis auf den heutigen Zustand ab. Dieses Modell träfe zu, wenn die Erde aus der Sonne hervorgegangen oder durch schnelle Kontraktion der Materie entstanden wäre.

b) Die Erde entstand durch langsame Anlagerung von Materie und war daher ursprünglich kalt und fest. Durch die vorhandene radioaktive Materie ergab sich in der Folgezeit eine Erwärmung bis auf den heutigen Zustand. Man hat abgeschätzt, daß auch für dieses „kalte Modell" das Erdzentrum eine Temperatur von 1700 °C haben würde. Eine solch niedrige Temperatur, die sich bei einer Radioaktivitätsmenge, wie sie Dunit hat (vgl. Tabelle J), einstellen würde, ist aber sehr unwahrscheinlich, da sie nicht zum Schmelzen eines Eisenkerns ausreicht. Eine chondritische Erde würde unter den gleichen Bedingungen schon 5000 °C im Zentrum erreichen.

c) Die Erde war bei ihrer Entstehung kalt und fest, erhitzte sich aber dann infolge der radioaktiven Erwärmung bis über den Schmelzpunkt. Erst danach kühlte sie sich ab und verfestigte sich. Diese Möglichkeit ergäbe sich beim Vorhandensein von genügend kurzlebigen radioaktiven Substanzen.

Für die in a) und c) auftretenden flüssigen Phasen kann man eine adiabatische Temperaturschichtung annehmen. Die Erstarrung des Mantels müßte unten begonnen haben, weil bei einer Erstarrung von oben her die schlechte Wärmeleitung des verfestigten Materials eine weitere Abkühlung verhindert hätte. Die Erstarrung von unten her entspricht auch der unterschiedlichen Steigung der Adiabate (Gleichung 10.23) und der Schmelzpunktkurve (Gleichung 10.16). Auch für den Erdkern sollte man eine Erstarrung von unten her erwarten. Deshalb ist die Annahme, daß der Innere Kern fest ist und daß auch Transversalwellen in ihm auftreten können, durchaus plausibel (vgl. den Schluß von Kap. 4f).

Die *Fig. 62* zeigt ein Bild des Temperaturverlaufs in der Erde, wie man ihn sich heute etwa vorstellen könnte. Das Bild soll mehr zu einer Fixierung der Gedanken dienen als zur Entnahme konkreter Temperaturwerte. Die Schmelzpunkttemperatur muß ein Integral der Gleichung (10.15) sein. Sie springt an der Grenze des äußeren Kerns infolge der Materialunterschiede auf niedrigere Werte. Die Temperatur-Tiefenkurve beginnt an der Erdoberfläche mit dem Wert der Gleichung (10.7). Wegen der unterschiedlichen Zusammensetzung der kontinentalen und ozeanischen Kruste bei gleichem Wärmestrom an der Oberfläche muß man unter Kontinent und Ozean eine unterschiedliche Temperaturverteilung annehmen. Im ganzen Mantelbereich bleibt die Temperatur unterhalb der Schmelzpunktkurve, der sie sich aber im Bereich der „Gutenberg-Schicht" dicht annähert. (In Fig. 62 ist das nur für den ozeanischen Untergrund gezeichnet.) Im (flüssigen) Äußeren Kern ist der Temperaturgradient adiabatisch. Es existiert für den Äußeren Kern eine

Art Wärmefalle, da die Ableitung der Wärme nach oben nur durch Wärmeleitung erfolgen kann. An der Grenze zum Inneren Kern wird die Schmelzpunktkurve erneut geschnitten. Bei diesem Verlauf ergibt sich die Temperatur des Erdzentrums zu etwas über 6000 °C. Wie bereits gesagt, sind unsere Vorstellungen von der ganzen Temperaturverteilung und der Temperatur des Erdzentrums zur Zeit noch sehr unsicher. Für die Temperatur des Mittelpunktes werden Werte zwischen 2000 und 10000 °C angegeben.

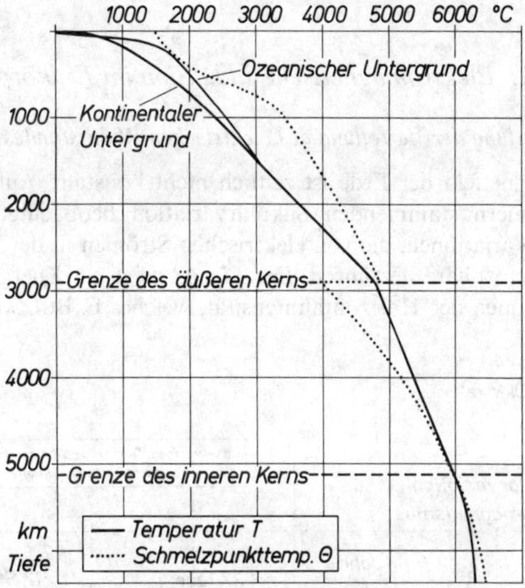

Fig. 62 Hypothetischer Temperaturverlauf im Erdinnern.

Der Temperaturverlauf würde sich sehr stark ändern, wenn es auch im festen Mantel eine Art von Konvektion gäbe. Vorstellungen über die Entstehung der Gebirge legen es nahe anzunehmen, daß der Mantel zwar bei kurzdauernden Bewegungen, wie sie bei Erdbebenwellen auftreten, fest ist, daß er aber gegen langdauernde Kräfte zähflüssig, man sagt „säkularflüssig" ist. Dann könnte es auch langsame Materieströmungen geben. Diese sind für den Wärmetransport viel wirkungsvoller als die Wärmeleitung. Sie würden den Temperaturverlauf in Richtung auf die adiabatische Schichtung hin verändern.

Eine seltene und noch ziemlich geheimnisvolle geothermische Erscheinung ist der Vulkanismus. Er deutet auf ein lokal begrenztes Schmelzen des Materials in der Erdkruste hin. Bei seiner Entstehung mag auch die freigesetzte seismische Energie eine Rolle gespielt haben, da er häufig in Erdbebengebieten auftritt.

Ergänzende Literatur zu Kap. 10

W. H. K. Lee (Herausg.): Terrestrial Heat Flow. American Geophys. Union Monograph, No. 8, 1965.

11. *Elektromagnetische Induktion im Erdkörper*

11 a) *Ermittlung der Verteilung des elektrischen Widerstandes*

Das Magnetfeld der Erde ist zeitlich nicht konstant. Außer der aus dem Erdinnern stammenden Säkularvariation beobachtet man eine Fülle von Variationen, die von elektrischen Strömen in der Ionosphäre und Magnetosphäre herrühren. Die *Fig. 63* zeigt ein Energiespektrum der Variationen der Horizontalintensität, welches E. Bullard aus den

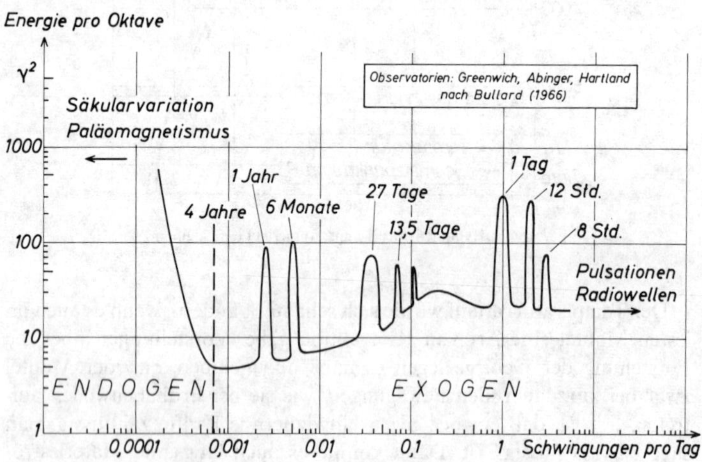

Fig. 63 Energiespektrum erdmagnetischer Variationen. Statt des üblichen Quadratischen Spektrums (vgl. Kap. 5c) ist das durch die zugehörige Periode dividierte Quadratische Spektrum aufgetragen („Energie pro Oktave"). Dadurch wurde der Verlauf flacher, das Spektrum „weißer".

Beobachtungen englischer Observatorien abgeleitet hat. Die erdmagnetischen Variationen mit den kürzesten Perioden heißen Pulsationen. Daran schließen sich tägliche Variationen mit ihren Oberwellen an. Die Variationen mit Perioden von 27 Tagen und deren Oberwellen werden durch die Rotation der Sonne hervorgerufen und enthalten im wesentlichen die sogenannten magnetischen Stürme. Es folgen die Variationen mit Ganz- und Halbjahresperioden. Alle diese Variationen werden im Kapitel 19 noch eingehend besprochen werden. Hier genügt die Kenntnis, daß sie existieren und daß ihr Ursprung außerhalb des Erdkörpers liegt.

Geht man zu längeren Perioden über, so gelangt man in das Gebiet der Säkularvariation und der Variationen mit Perioden, die in geologischen Zeitintervallen gemessen werden müssen. Die Amplitude steigt dabei erheblich an; denn in diesem Bereich liegen auch die aus der remanenten Magnetisierung vulkanischer Gesteine erschlossenen Feldumkehrungen (vgl. Kap. 8f). Diese langperiodischen Variationen entstammen dem Erdkern. Geologen nennen Vorgänge, die von Kräften in der Erde erzeugt werden, *endogen* und solche, die durch äußere Kräfte entstehen, *exogen.* In diesem Sinne zerfallen die im Spektrum der Fig. 63 enthaltenen Variationen in endogene und exogene. Sie sind verknüpft mit den beiden großen Energiequellen der Erde, ihrer Rotationsenergie und der Strahlung von der Sonne. Das Spektrum der endogenen Variationen fällt in dem gezeichneten Bereich mit abnehmender Periode steil ab. Bei etwa vier Jahren Periode erscheint es abgeschnitten. Der Grund dafür liegt in der Abschirmung durch den unteren Erdmantel mit seiner verhältnismäßig hohen elektrischen Leitfähigkeit. Dieser Prozeß wird am Schluß dieses Abschnitts nach der Einführung in die *Theorie der elektromagnetischen Induktion* ausführlicher erläutert werden.

Ein magnetisches Wechselfeld induziert in einem elektrisch leitfähigen Medium elektrische Ströme. Der Induktionsvorgang wird durch eine Differentialgleichung beschrieben, die man aus den *Maxwellschen Gleichungen* ableiten kann. Diese Gleichungen lauten (in elektromagnetischen cgs-Einheiten):

$$\operatorname{rot} \boldsymbol{H} = \frac{1}{\mathrm{c}^2} \frac{\partial}{\partial t} (\varepsilon \boldsymbol{E}) + 4\pi \boldsymbol{j}, \tag{11.1}$$

$$\operatorname{rot} \boldsymbol{E} = -\frac{\partial}{\partial t} (\mu \boldsymbol{H}), \tag{11.2}$$

$$\operatorname{div}(\mu \boldsymbol{H}) = 0, \tag{11.3}$$

$$\operatorname{div}(\varepsilon \boldsymbol{E}) = 4\pi \mathrm{c}^2 \eta, \tag{11.4}$$

wobei

$\boldsymbol{H}$ = magnetische Feldstärke, μ = Permeabilität,
$\boldsymbol{E}$ = elektrische Feldstärke, ε = Dielektrizitätskonstante,
$\boldsymbol{j}$ = elektrische Stromdichte, c = Lichtgeschwindigkeit,
η = elektrische Raumladungsdichte, t = Zeit.

Diese Gleichungen können wir vereinfachen: Raumladungen spielen keine Rolle ($\eta \equiv 0$). Sowohl für die Luft über der Erdoberfläche als auch für den Erdkörper können wir $\varepsilon = \mu = 1$ setzen (damit entfällt auch die magnetostatische Induktion). Lokale Abweichungen von diesen Werten sind für den Induktionsvorgang unwichtig. Schließlich streichen wir den Verschiebungsstrom (das erste Glied auf der rechten Seite der Gleichung 11.1). Lösungen der so vereinfachten Gleichungen nennt man „*quasistationäre Näherungen*". Man kann zeigen, daß diese Näherung für die hier benutzten Frequenzen, die alle kleiner als 100 Hz sind, brauchbar ist.

Für die Stromdichte des induzierten elektrischen Stromes gilt

$$\boldsymbol{j} = \sigma \boldsymbol{E}, \tag{11.5}$$

σ = elektrische Leitfähigkeit.

Nimmt man im Innern der Erde eine konstante elektrische Leitfähigkeit σ an, so erhält man aus den Gleichungen (11.1) bis (11.5) mit den angegebenen Vereinfachungen nach Elimination von $\boldsymbol{E}$:

$$\boxed{\Delta \boldsymbol{H} = 4\pi\sigma \frac{\partial}{\partial t} \boldsymbol{H}} \tag{11.6}$$

Für jede Magnetfeldkomponente gilt also eine „Wärmeleitungsgleichung" wie Gleichung (10.3). (Diese Analogie gilt nicht mehr für variables σ. Beide Gleichungen wurden ja auch aus ganz verschiedenen Beziehungen hergeleitet.) Als 1. Näherung betrachten wir einen *leitfähigen Halbraum:*

$$\sigma = const > 0 \quad \text{für} \quad z > 0 \quad \text{und} \quad \sigma = 0 \quad \text{für} \quad z \leq 0.$$

Die Komponenten von $\boldsymbol{H}$ sollen nur von der Zeit t und der Tiefe z abhängen. Die Erdoberfläche wird durch die Ebene $z = 0$ dargestellt. Dann erhält man Lösungen, die den Gleichungen (10.4) und (10.5) entsprechen. Wie dort stellen sich mit zunehmender Tiefe eine Amplitudenabnahme und eine Phasenverschiebung ein. Wie bei der Wärmeleitung kann man eine *Eindringtiefe d* definieren

$$d = \frac{1}{\sqrt{2\pi\sigma\omega}} \quad \text{in el.magn. cgs-Einheiten}, \tag{11.7}$$

$$\omega = \text{Kreisfrequenz},$$

oder in gebräuchlichen Einheiten:

$$d = \frac{\sqrt{10}}{2\pi}\sqrt{\rho \cdot \mathrm{T}} \approx \frac{1}{2}\sqrt{\rho \cdot \mathrm{T}} \quad \text{in km}, \tag{11.7a}$$

$$\mathrm{T} = 2\pi/\omega \quad \text{in sec.}$$

$$\rho = 1/\sigma = \text{spez. Widerstand} \quad \text{in Ohm m.}$$

In *Fig. 64* ist dieser Zusammenhang graphisch dargestellt, wobei *d* nach unten und T nach rechts aufgetragen sind. – Nebenbei bemerkt vermittelt das Nomogramm einen Eindruck von der Größe der Raum-Zeit-Welt des Geophysikers. Sein Erfahrungsbereich erstreckt sich von den Dimensionen, die mit Feldmessungen erfaßt werden (100 m, 0,01 sec ≙ 100 Hz), bis zu den globalen Größen (10000 km, 50000 Jahre).

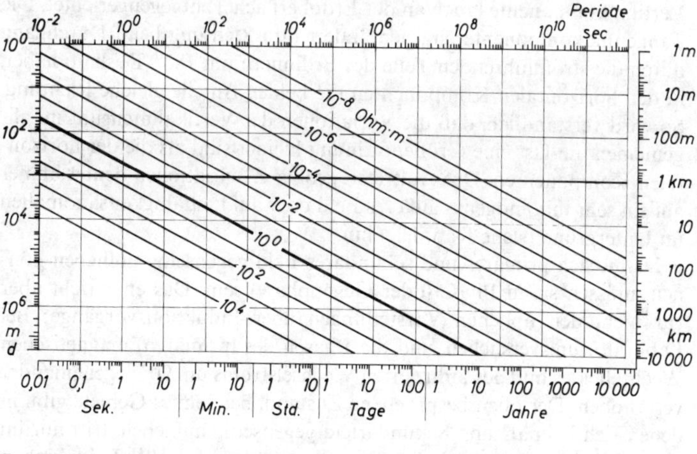

Fig. 64 Nomogramm zur Bestimmung der Eindringtiefe *d* als Funktion der Periode für einen leitfähigen Halbraum mit homogenem spezifischem Widerstand. *d* ist *links* in Metern und *rechts* in jeweils geeigneten Einheiten angegeben. Die Periode ist *oben* in Sekunden und *unten* in jeweils geeigneten Einheiten angegeben.

Ist L die charakteristische Länge eines Körpers und setzt man $L = d$, so erhält man aus der Gleichung (11.7) eine *Zerfallszeit*

$$T = 4\pi^2 L^2 \sigma \qquad (11.8)$$

des Magnetfeldes. Für eine Kupferkugel von 1 m Durchmesser ergibt sich ein Wert von 10 sec, für den Erdkern 15000 Jahre, für das Magnetfeld von Sonnenflecken 300 Jahre und für das allgemeine Magnetfeld der Sonne 10^{10} Jahre.

Die Amplitudenabnahme mit der Tiefe ist der Stromdichte der induzierten Ströme proportional. Aus dieser Tatsache kann man folgern, daß die Ströme dicht unter der Oberfläche fließen *(Skin-Effekt)*. Die induzierten Ströme sind der Lenzschen Regel (H. F. E. Lenz, 1804–1865) entsprechend so gerichtet, daß sie das Magnetfeld daran hindern, ins Innere des Leiters einzudringen. Deshalb sind das von außen kommende (primäre) Magnetfeld und das (sekundäre) Feld der induzierten Ströme im Innern des leitfähigen Halbraums entgegengerichtet. In großer Tiefe heben sie sich gerade auf, von da ab bleibt das Erdinnere feldfrei.

Aus diesen Überlegungen können wir einige Folgerungen zum Verständnis der beobachteten Effekte an der *Erdoberfläche* ziehen: Der in Kap. 8c beschriebenen Magnetfeldzerlegung entsprechend erscheint das primäre Feld als äußerer und das sekundäre als innerer Anteil. Da sich beim Durchgang durch elektrische Ströme die Normalkomponente des Magnetfeldes stetig ändert, sind äußerer und innerer Anteil der Vertikalkomponente (auch an der Erdoberfläche) entgegengerichtet. Die Tangentialkomponente dagegen ändert ihre Richtung beim Durchgang durch die stromführenden Teile des Erdinnern um 180°. Deshalb haben in den horizontalen Komponenten die beiden Anteile gleiche Richtung. So wird verständlich, daß die Variationen der Vertikalintensität im allgemeinen um fast eine Größenordnung kleiner sind als die der horizontalen Komponenten. Das Auftreten großer Z-Variationen deutet immer auf ein sehr inhomogenes äußeres Feld oder auf Leitfähigkeitsanomalien im Untergrund (siehe Kap. 11c) hin.

Damit sich primäres und sekundäres Feld gegenseitig aufheben können, müssen sie in Phase (oder Gegenphase) sein. Das entspricht aber gar nicht den üblichen Vorstellungen über Induktionsvorgänge: Bei Laboratoriumsversuchen sind die Phasen des (primären) magnetischen Wechselfeldes und des induzierten Wechselstroms um 90° gegeneinander verschoben. Der oben besprochene Zustand, bei dem es Gebiete gibt, in denen sich Primär- und Sekundärfeld gegenseitig aufheben, tritt nur im Grenzfall entweder sehr hoher Frequenz oder sehr großer Leitfähigkeit auf. Man kann das Amplituden- und Phasenverhalten der Induktionsströme in leitfähigen Körpern, die komplizierter aufgebaut sind als der

Halbraum, durch *Induktionskurven* beschreiben, die von der Geometrie des Leiters und des induzierenden Magnetfeldes abhängen. Als Variable in diesen Kurven erscheint der dimensionslose

$$\textit{Induktionsparameter} = \sqrt{\sigma\omega}\,\mathrm{L}. \tag{11.9}$$

L ist wieder eine charakteristische Länge des homogenen Leiters, z. B. der Radius von Kugel oder Zylinder. Man sieht, daß der Induktionsparameter nicht nur mit σ und ω, sondern auch mit L groß werden kann. Große Ausdehnungen sind nun in der Geophysik (und Astrophysik!) das Normale. Daraus ergibt sich das gegen die Laboratoriumsphysik ungewöhnliche Verhalten von Induktionsvorgängen in der Geophysik: Auch mit magnetischen Wechselfeldern, deren Frequenzen nur Bruchteile von 1 Hz sind, und für elektrische Leiter, die schlechter leiten als Meerwasser, wird der Induktionsparameter so groß, daß der zugehörige Punkt der Induktionskurve dicht beim Grenzfall unendlich hoher Frequenz oder vollkommener Leitung liegt.

Ein sorgfältiger Vergleich zwischen berechneten und beobachteten induzierten Feldanteilen zeigt, daß man nicht mit einer konstanten Leitfähigkeit in der Erde rechnen darf. Es wurden eine Reihe von Widerstands-

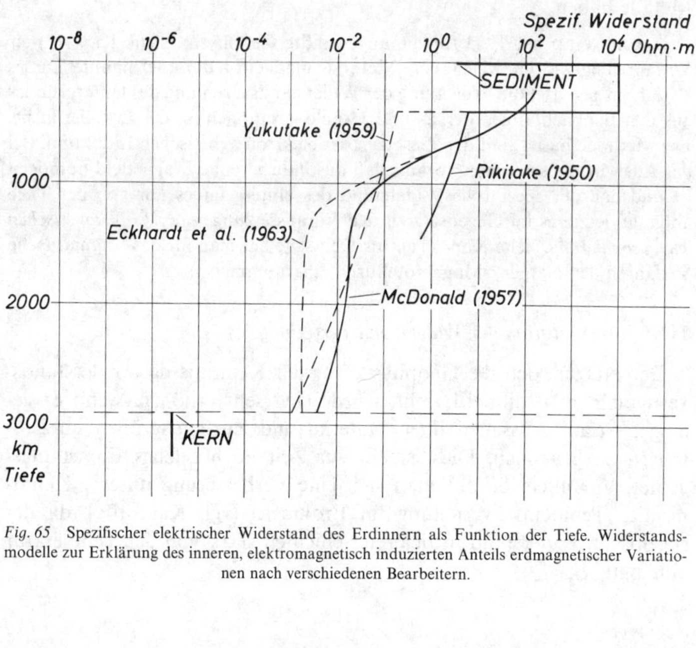

Fig. 65 Spezifischer elektrischer Widerstand des Erdinnern als Funktion der Tiefe. Widerstandsmodelle zur Erklärung des inneren, elektromagnetisch induzierten Anteils erdmagnetischer Variationen nach verschiedenen Bearbeitern.

modellen für die Erde berechnet. Alle in *Fig. 65* dargestellten Modelle beschreiben die beobachteten Variationen befriedigend. Ihre Unterschiede spiegeln die Unsicherheit wider, die noch über die Widerstandsverteilung im Erdinneren herrscht. (Die Beobachtung der elektromagnetischen Induktion ist die einzige Informationsquelle, die der Geophysik für die Widerstandsverteilung in größeren Tiefen zur Verfügung steht.)

Direkt unter der Erdoberfläche befindet sich eine wenige Kilometer dicke Sedimentschicht mit Widerständen unter 10 Ohm m. Darunter liegen im größten Teil der Erdkruste und im Oberen Mantel Schichten hohen Widerstandes. Zwischen etwa 300 und 1000 km Tiefe fällt die Widerstandskurve steil ab. Der Untere Mantel schließlich muß geringe Widerstände zwischen 10^{-3} und 10^{-2} Ohm m besitzen. Dies folgert man aus der beobachteten Unterdrückung von endogenen Variationen mit Perioden, die kürzer sind als 4 Jahre. Wie man aus Fig. 64 sieht, muß der spezifische Widerstand 10^{-2} Ohm m (oder kleiner) sein, wenn für alle Perioden, die länger sind als 4 Jahre, die Eindringtiefe kleiner als 500 km werden soll. Den Widerstand des Erdkerns schließlich erhält man nicht aus Induktionsbetrachtungen. Die Dynamotheorie des Permanentfeldes der Erde (vgl. Kap. 8e) erfordert Widerstände, wie sie etwa Metalle haben.

L. CAGNIARD hat 1953 für die angewandte Geophysik (siehe Kap. 13) ein Verfahren entwickelt, welches er „Méthode magnéto-tellurique" nannte. Dieses Verfahren gestattet die Ermittlung der Widerstandsverteilung des Untergrundes aus den Beobachtungen der $\boldsymbol{E}$- und $\boldsymbol{H}$-Feldvariationen an der Erdoberfläche. Die Methode basiert auf den Gesetzen der elektromagnetischen Induktion. Bei der Auswertung setzt man voraus, daß das induzierende Magnetfeld homogen ist und daß der spezifische Widerstand des Untergrundes nur von der Tiefe abhängt (letzteres im Gegensatz zu den Voraussetzungen der *Erdmagnetischen Tiefensondierung*, siehe Kap. 11c). Ins Deutsche hat man für das Cagniardsche Verfahren den Namen „Magnetotellurik" übernommen.

11b) *Interpretation der Widerstandsverteilung*

Der Nutzen, den die Geophysik aus der Kenntnis der Widerstandsverteilung im Erdinnern zieht, würde sich sehr erhöhen, wenn es gelänge, daraus Aussagen über Material und Zustandsgrößen im Erdinnern zu gewinnen. Dies ist ein zur Zeit noch offenes Forschungsgebiet. Vor allem erhofft man sich eine Verbesserung unserer Kenntnis der Temperaturverteilung im Erdinnern (vgl. Kap. 10c), da der spezifische Widerstand in tieferen Schichten stark von der Temperatur abhängt.

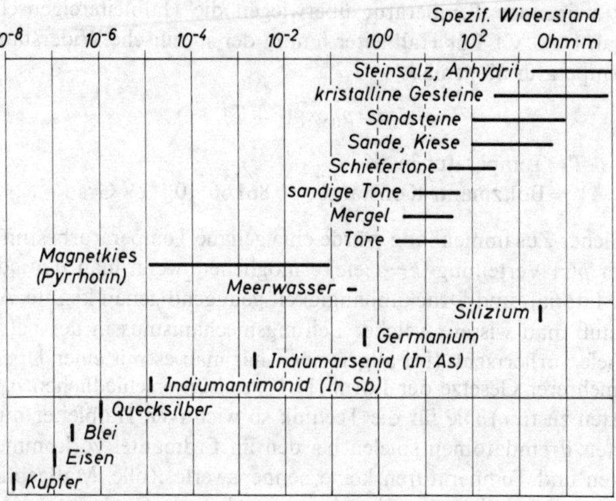

Fig. 66 Spezifische elektrische Widerstände. *Oben:* von natürlichen Materialien, *Mitte:* von Halbleitern, *Unten:* von Metallen.

Die *Fig. 66* zeigt einige typische Werte für den spezifischen elektrischen Widerstand. Im oberen Teil stehen Materialien, die in der Natur vorkommen: Kristalline Gesteine haben Widerstände um 10^3 und 10^4 Ohm m. Wenn man von Stoffen absieht, die in der Natur nur spurenhaft vorkommen, so gehören die Tone mit 2–10 Ohm m zu den besten natürlichen Leitern[1]. Im unteren Teil von Fig. 66 findet man zum Vergleich die spezifischen Widerstände einiger Metalle. In der Mitte stehen Halbleiter wie Silizium, Germanium und einige A^{III}-B^{V}-Verbindungen, die zur Zeit im Brennpunkt des Interesses der Festkörperphysik stehen[2].

Im Erdkörper kommen verschiedene Arten der elektrischen Leitung vor: Im Sediment handelt es sich um elektrolytische Ionenleitung. Der spezifische Widerstand wird dabei fast ausschließlich vom Elektrolytgehalt des Porenraums bestimmt. Mit zunehmender Tiefe steigt der Widerstand, da der Elektrolyt aus den Gesteinsporen herausgepreßt wird. Schließlich wird der Widerstand der Gesteinsmatrix von $10^3 - 10^4$ Ohm m erreicht (vgl. Fig. 65).

[1] Schon dünne horizontale Tonschichten können den Widerstand eines ganzen Sedimentpakets erheblich verändern. Das gilt jedoch nur für horizontale Ströme. In einem so geschichteten Untergrund sind Widerstand und Leitfähigkeit nämlich anisotrop. Die „Horizontalleitfähigkeit" von Sedimenten, die Tonschichten enthalten, ist kaum kleiner als die des Meerwassers, da die geometrische Anordnung einer Parallelschaltung der Widerstände entspricht.

[2] Vgl. H. TEICHMANN: Halbleiter. B.I.-Hochschultaschenbücher **21.** 2. Aufl. Mannheim 1962.

Mit steigender Temperatur überwiegen die Halbleitereigenschaften (etwa ab 1000 °C). Für Halbleiter nimmt der spezifische Widerstand mit der Temperatur ab gemäß:

$$\rho = \rho_0 \exp(\mathsf{E}/\mathrm{k}\,T), \tag{11.10}$$

T = Temperatur in °K,
k = Boltzmann-Konstante $= 0{,}86166 \cdot 10^{-4}$ eV Grad^{-1}.

Ein solcher Zusammenhang würde eine genaue Temperaturbestimmung aus der $\rho(z)$-Verteilung (z = Tiefe) ermöglichen, wenn man ρ_0 und E in ihrer Material- und Druckabhängigkeit genügend genau kennte. Außerdem muß man wissen, welcher Leitungsmechanismus in der betreffenden Tiefe vorherrscht. (Im allgemeinen hat man es mit einer Überlagerung mehrerer Gesetze der Form (11.10) mit unterschiedlichen ρ_0- und E-Werten zu tun.) Die für die Technik so wichtigen Halbleiter mit eingebauten Fremdatomen spielen bei den im Erdmantel vorkommenden Drücken und Temperaturen keine nennenswerte Rolle. Maßgeblich ist höchstwahrscheinlich die Elektroneneigenleitung (engl. intrinsic conduction). Denkbar wäre die Erklärung des starken Widerstandsabfalls im Oberen Erdmantel (vgl. Fig. 65) durch einen Übergang zur metallischen Phase. Im Bändermodell der Halbleiter würde dies einer Schließung der Energielücke zwischen Valenz- und Leitfähigkeitsband als Folge des hohen Druckes entsprechen. Neuere Untersuchungen lassen dies für den Erdmantel als unwahrscheinlich erscheinen, sicher findet ein solcher Übergang aber an der Kerngrenze statt.

Zur Interpretation der Widerstandsverteilung im Erdinnern fehlen noch zuverlässige Widerstandsmessungen bei hohen Drücken und Temperaturen. An mehreren Stellen der Erde wird zur Zeit eifrig an diesen Problemen gearbeitet.

11 c) *Leitfähigkeitsanomalien*

In niederen und mittleren Breiten sind erdmagnetische Variationen großräumige Erscheinungen, viel großräumiger als das Wettergeschehen. Observatorien, die einige hundert Kilometer auseinander liegen, erhalten fast identische Registrierungen. Sehr erstaunt war man daher über die Feststellung (O. Meyer 1951), daß Variationen von halb- bis einstündiger Dauer, die gleichzeitig in Wingst (zwischen Hamburg und Cuxhaven) und Niemegk (45 km südwestlich von Potsdam) registriert worden waren, einen entgegengesetzten Verlauf der Vertikalintensität Z zeigten (siehe die beiden Beispiele in *Fig. 67*). Das trat nicht nur gelegentlich auf, sondern zeigte sich regelmäßig bei dieser Art Störungen. Deshalb konnte es sich unmöglich um einen ionosphärischen Effekt handeln, da Ionosphärenströme nicht ortsfest bleiben, sondern sich im Raum bewegen. Zur Erklärung nahm man einen unterirdischen Strom zwischen den beiden Stationen an.

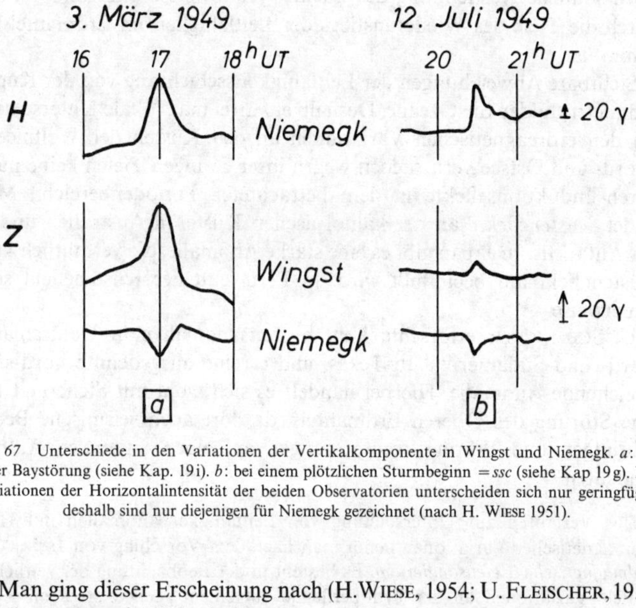

Fig. 67 Unterschiede in den Variationen der Vertikalkomponente in Wingst und Niemegk. *a*: bei einer Baystörung (siehe Kap. 19i). *b*: bei einem plötzlichen Sturmbeginn = *ssc* (siehe Kap 19g). Die Variationen der Horizontalintensität der beiden Observatorien unterscheiden sich nur geringfügig, deshalb sind nur diejenigen für Niemegk gezeichnet (nach H. WIESE 1951).

Man ging dieser Erscheinung nach (H. WIESE, 1954; U. FLEISCHER, 1954; U. SCHMUCKER, 1959), indem man mehrere transportable Magnetographen zwischen den Observatorien und in ihrer Umgebung aufstellte. Man fand dabei eine Linie, die Gebiete mit unterschiedlichem Vorzeichen der Vertikalintensität bei Störungen im angegebenen Periodenbereich voneinander trennt. Diese Trennlinie zieht sich in etwa ost-westlicher Richtung in der Höhe von Uelzen durch ganz Norddeutschland. Auf der Linie selbst ist natürlich $\Delta Z = 0$. In der Vertikalintensität sind diese Unterschiede am auffälligsten, doch zeigen sich auch in den Variationen der Nordkomponente kleine, lokale Differenzen. Die Ostkomponente ist dagegen unbeeinflußt.

Erklären kann man das Zustandekommen des unterirdischen Stromes nur durch eine Anomalie der elektrischen Leitfähigkeit im Untergrund, d.h. eine Abweichung von der kugelsymmetrischen Schichtung.

Diese Anomalie muß in Ost-West-Richtung streichen. Noch nicht entschieden ist die Frage, ob der Sitz der Anomalie in größerer Tiefe (50 bis 100 km) zu suchen ist oder ob der Unterschied in der Leitfähigkeit der obersten Schichten (Grenze Norddeutsches Tiefland gegen Mittelgebirge) zur Erklärung ausreicht. Vieles spricht dafür, daß die Lage der Linie des Vorzeichenwechsels durch die obersten Schichten und die nord-südliche Ausdehnung des Effektes (Halbwertsbreite rund 100 km) durch die Tiefe des Wiederanstiegs der Leitfähigkeit im Erdmantel bestimmt ist.

Sichtbare Abweichungen der Leitfähigkeitsschichtung von der Kugelsymmetrie bilden die Ozeane. Deshalb erwartet man lokale Unterschiede bei den erdmagnetischen Variationen an den Küsten der Weltmeere. (Nord- und Ostsee verursachen wegen ihrer geringen Tiefen keine meßbaren Induktionseffekte in dem betrachteten Periodenbereich.) Man findet *Küsteneffekte* an der kalifornischen Küste, in Australien und in der Antarktis. In Japan gibt es eine starke Anomalie, die vermutlich vom Küsteneffekt mit beeinflußt wird. In Peru fehlt der Küsteneffekt seltsamerweise.

U. SCHMUCKER erforschte Leitfähigkeitsanomalien in Deutschland, Nord- und Südamerika. In Texas fand er eine ausgedehnte nord-südstreichende Anomalie. Hierbei handelt es sich wohl mit Sicherheit um eine Störung des Oberen Erdmantels, da dort auch seismische Beobachtungen und Wärmestrommessungen auf einen anomalen Aufbau hindeuten.

Das Verfahren zur Untersuchung von Leitfähigkeitsanomalien mit Hilfe erdmagnetischer Variationen nennt man nach dem Vorschlag von J. BARTELS *Erdmagnetische Tiefensondierung.* Es besteht in der Beobachtung der zeitlichen $\boldsymbol{H}$-Feld-Variationen an der Erdoberfläche auf einem geeigneten Profil oder noch besser mit flächenhaft verteilten Wanderstationen. Aus den beobachteten Registrierungen wird der innere Anteil $\boldsymbol{H}_i$ durch potentialtheoretische Magnetfeldtrennung oder einfach durch Differenzenbildung herauspräpariert. Der anomale, d.h. ortsabhängige Teil von $\boldsymbol{H}_i$ wird an Hand berechneter Induktionsmodelle gedeutet. Ziel der Erdmagnetischen Tiefensondierung ist es, die Verteilung der elektrischen Leitfähigkeit im Untergrund zu ermitteln.

Ergänzende Literatur zu Kap. 11

H. WIESE: Geomagnetische Tiefentellurik. Dtsch. Akad. Wiss. Berlin, Geomagn. Institut Potsdam. Abhandl. **36** (1965).

T. RIKITAKE: Electromagnetism and the Earth's Interior. Amsterdam-London-New York 1966.

12. *Der Aufbau des Erdkörpers. Zusammenfassung*

Seismologie, Gravimetrie, Geothermik, die Lehre von den Eigenschwingungen der Erde, den Erdgezeiten und dem Erdmagnetismus haben sich zu eigenständigen Disziplinen entwickelt. Um ein Bild von dem Aufbau des Erdkörpers, dem Verlauf der Zustandsgrößen im Erdinnern und der chemischen Zusammensetzung zu gewinnen, muß man

Tabelle K: Gliederung des Erdkörpers

Kugelschicht	Tiefenber. in km	Bezeichn. n. Bullen	Verlauf von v_l und v_t
Kruste	0– 33	A	kompliziert, örtl. variabel
Oberer Mantel	33– 410	B	Anstieg unterbrochen durch Gutenberg-Schicht
	410–1000	C	übernormale Gradienten
Unterer Mantel	1000–2700	D′	normale Gradienten
	2700–2900	D″	Gradienten nahe Null
Äußerer Kern	2900–4980	E	$v_t = 0$, normaler v_l-Gradient
Übergangsschicht	4980–5120	F	$v_t = 0$, negativer v_l-Gradient
Innerer Kern	5120–6370	G	$v_t = ?$, unternormaler v_l-Gradient

versuchen, die Erkenntnisse dieser Teilgebiete der Geophysik zusammenzufassen. Aufschluß über die Gliederung des Erdkörpers gibt vor allem die Seismologie. Nach der Veränderung der seismischen Geschwindigkeit mit der Tiefe hat K. E. Bullen eine Unterteilung angegeben *(Tabelle K)*, die jetzt in der Geophysik allgemein benutzt wird.

12a) ρ, g, *p*, *K* und *G* als Funktionen der Tiefe

Wie bei der Erläuterung der Gleichung (4.24) bereits gesagt worden ist, ist es unmöglich, aus den beiden seismischen Geschwindigkeiten v_l und v_t ohne Zuhilfenahme weiterer Bestimmungsstücke die Dichte ρ, den Kompressionsmodul K und den Schubmodul G einzeln zu berechnen. Zur Bestimmung der Dichteverteilung hat man als zusätzliche Größen die mittlere Dichte $\bar{\rho}_E = 5{,}52\,\mathrm{gr/cm^3}$ der ganzen Erde (vgl. Kap. 6a) und die Koeffizienten in der Entwicklung des Schwerefeldes im Außenraum (Gleichung 6.30), die sämtlich Funktionen der Dichteverteilung sind. Aus C_2^0 und der Präzessionswinkelgeschwindigkeit der Erde ergibt sich, daß das Trägheitsmoment der Erde (bezogen auf die Rotationsachse) kleiner ist als das einer homogenen Kugel der gleichen Masse (vgl. Kap. 6b). Jede berechnete oder geschätzte Verteilung der Dichte im Erdinnern muß den richtigen Mittelwert, das Trägheitsmoment und die übrigen Koeffizienten des Schwerepotentials liefern. Weitere Testmöglichkeiten bieten die berechneten und gemessenen Dispersionskurven seismischer Oberflächenwellen sowie Perioden der Eigenschwingungen des Erdkörpers. Wegen der noch vorhandenen Unsicherheit in der Ermittlung aller dieser Größen ist die Dichteverteilung nicht genau bestimmbar. Man muß halbempirische Zusatzannahmen machen.

Man geht aus von der Statischen Grundgleichung (10.14)

$$\frac{dp}{dr} = \frac{dp}{d\rho}\,\frac{d\rho}{dr} = -\mathrm{g}(r)\,\rho(r). \qquad (12.1)$$

Für einen chemisch einheitlichen Stoff, dessen Dichte sich nur infolge variablen Druckes ändert[1], kann man aus der Gleichung (4.21) eine Beziehung für $dp/d\rho$ gewinnen:

$$K = \rho\,\frac{dp}{d\rho}. \qquad (12.2)$$

Die Größe K/ρ kann man für jede Tiefe nach Gleichung (4.24) aus v_l und v_t berechnen. So erhält man

$$\frac{1}{\rho}\,\frac{d\rho}{dr} = \frac{d}{dr}(\ln\rho) = \frac{-1}{v_l^2 - \frac{4}{3}v_t^2}\,\mathrm{g}(r). \qquad (12.3)$$

Die Schwerebeschleunigung $\mathrm{g}(r)$ gewinnt man durch Integration aus

$$\mathrm{g}(r) = \gamma\,\frac{M(r)}{r^2} = \frac{4\pi\gamma}{r^2}\int_0^r \rho(\hat{r})\,\hat{r}^2\,d\hat{r}. \qquad (12.4)$$

[1] Wie in der Einleitung zu Kap. 10 gezeigt worden ist, sind temperaturbedingte Dichteänderungen dagegen vernachlässigbar.

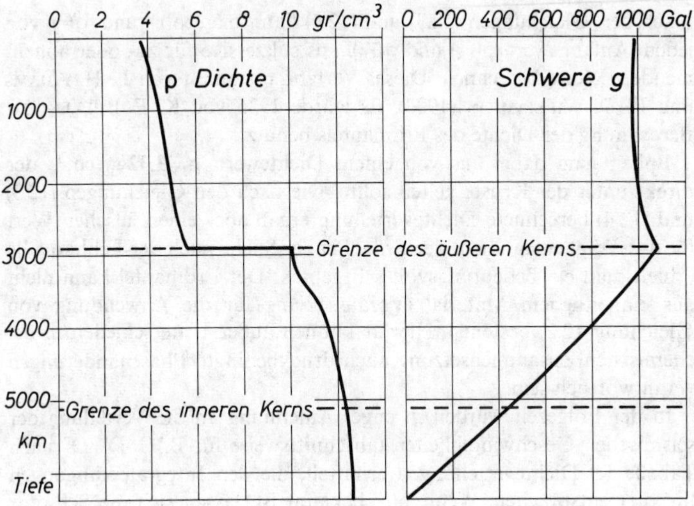

Fig. 68 Dichte und Schwerebeschleunigung im Erdinnern (1 Gal = 1 cm/sec²).

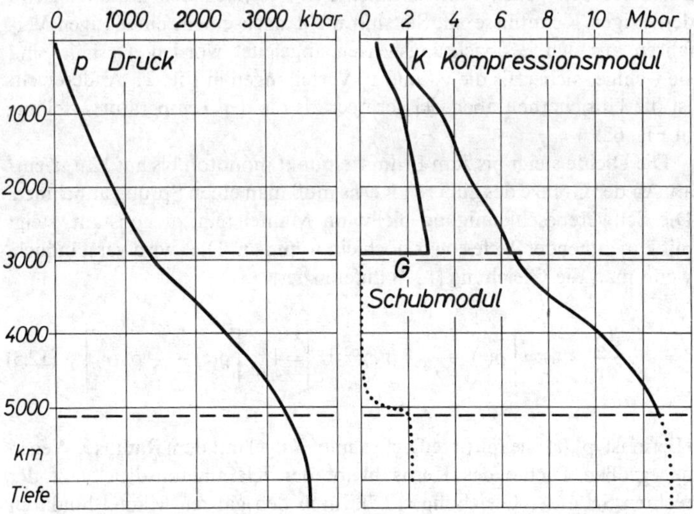

Fig. 69 Druck, Kompressions- und Schubmodul im Erdinnern (1 Mbar = 1000 kbar = 10^6 bar; 1 bar = 10^6 dyn/cm²).

Nach den Gleichungen (12.3) und (12.4) kann man $\rho(r)$ und $g(r)$ von jedem Anfangswert $\rho(r_0)$ und $g(r_0)$ aus sukzessive für zu- oder abnehmende r-Werte berechnen. Dieses Verfahren stammt von L. H. ADAMS und E. D. WILLIAMSON (1923). Es wurde 1936 von K. E. BULLEN zur Berechnung der Dichte des Erdmantels benutzt.

Bullen ging dabei aus von einem Dichtewert $\rho = 3{,}32$ gr/cm^3, der direkt unter der Kruste gelten sollte. Die nach den Gleichungen (12.3) und (12.4) berechnete Dichteverteilung ergab aber einen falschen Wert für das Trägheitsmoment der Erde. Bei der Suche nach der Fehlerquelle erhielt man ein bedeutungsvolles Ergebnis: Der Erdmantel kann nicht aus einheitlichem Material (Voraussetzung für die Anwendung von Gleichung 12.2) bestehen. Hierfür können außer Unterschieden in der chemischen Zusammensetzung auch druckbedingte Phasenänderungen verantwortlich sein.

In der Folgezeit wurden in enger Anlehnung an die Verteilung der seismischen Geschwindigkeiten (abschnittsweise für B, C, D′, D″ nach Tabelle K) Dichteverteilungen ermittelt, die den Integralbedingungen für $\rho(r)$ entsprachen. Wenn $\rho(r)$ bekannt ist, lassen sich die Schwere, der Druck und die elastischen „Konstanten" als Funktionen von r berechnen. Die *Fig. 68* und *69* zeigen Ergebnisse nach E. BULLARD (1957). Diese Kurven geben wahrscheinliche Werte nach dem Stand unserer derzeitigen Kenntnisse an. Sie sind nicht nach einem eindeutigen Verfahren aus den Beobachtungswerten abgeleitet worden. Deshalb sind sie weniger sicher als die v_l- und v_t-Verteilungen in Fig. 21. Andererseits ist die Unsicherheit aber viel geringer als die der Temperaturverteilung in Fig. 62.

Die Dichte steigt bis zum Erdmittelpunkt monoton bis auf 12,6 gr/cm^3 an. An der Grenze des äußeren Kerns muß man einen Sprung annehmen. Die Schwerebeschleunigung bleibt im Mantel nahezu konstant, steigt mit zunehmender Tiefe sogar noch ein wenig an. Dies wird verständlich, wenn man die Gleichung (12.4) differenziert

$$\frac{dg}{dr} = 4\pi\gamma \left[\rho(r) - \frac{2}{r^3} \int_0^r \rho(\hat{r})\hat{r}^2 \, d\hat{r} \right] = 4\pi\gamma \left[\rho(r) - \frac{2}{3}\rho_m(r) \right]. \quad (12.5)$$

Hierin ist $\rho_m(r)$ die mittlere Dichte einer Kugel mit dem Radius r. Wegen der großen Dichte des Kerns bleibt der Klammerausdruck auf der rechten Seite der Gleichung (12.5) durch den ganzen Mantel hindurch negativ. Im Kern fällt $g(r)$ dann etwa linear mit r wie bei einer Kugel konstanter Dichte (vgl. Gleichung 6.8).

Bei der Berechnung des Druckes ist die Statische Grundgleichung zu integrieren. Für die Kruste und den Oberen Mantel gilt folgende Faustregel

$$\textit{Druckgradient} \approx 1\,\text{kbar}/3\,\text{km}.$$

Der Druck im Erdmittelpunkt ist gleich 3500 kbar. K berechnet man nach Gleichung (4.24) und G mit Hilfe von Gleichung (4.20) aus ρ und v_t. Für den Inneren Kern erhält man keine verläßlichen Werte. Die in Fig. 69 punktiert eingetragenen Werte stützen sich auf Vermutungen. Die Beobachtungsdaten erbringen keinen zweifelsfreien Beweis für die Existenz von Transversalwellen – und damit $G>0$ – im Inneren Kern.

12b) *Einzelheiten über Kruste und Mantel*

Unsere Kenntnis der einzelnen Kugelschichten der Erde ist umso größer, je näher sie der Oberfläche sind. Am genauesten kennen wir natürlich die Erdkruste, zumal sich mit ihr nicht nur die Geophysik, sondern auch Geologie, Petrologie und Geochemie befassen. Den vereinigten Bemühungen dieser Disziplinen verdankt man ein sehr detailliertes Wissen. Hier wollen wir vorwiegend die geophysikalischen Aspekte berücksichtigen, doch gibt es überall Verflechtungen mit den andern Disziplinen.

Das wichtigste Ergebnis ist der Unterschied zwischen kontinentaler und ozeanischer *Kruste (Fig. 70)*. Die kontinentale Kruste ist im Durchschnitt 33 km dick und besteht (abgesehen von den allerobersten Bedeckungsschichten) aus zwei nahezu gleich dicken Schichten unter-

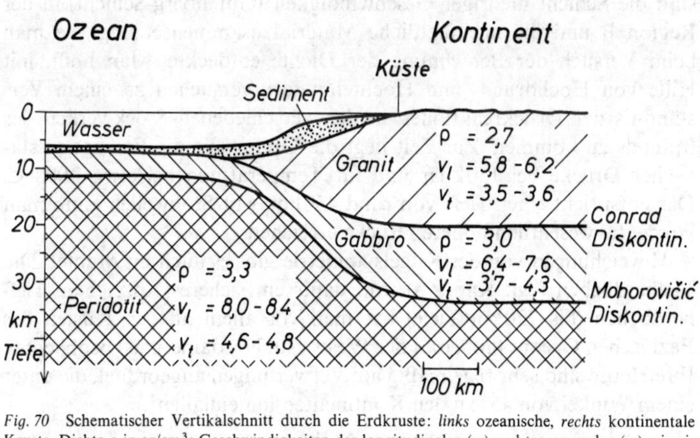

Fig. 70 Schematischer Vertikalschnitt durch die Erdkruste: *links* ozeanische, *rechts* kontinentale Kruste. Dichte ρ in gr/cm^3; Geschwindigkeiten der longitudinalen (v_l) und transversalen (v_t) seismischen Wellen in km/sec.

schiedlicher Dichte und mit unterschiedlichen Fortpflanzungsgeschwindigkeiten seismischer Wellen. Auf Grund der gemessenen Zahlenwerte von Dichte und Geschwindigkeiten hat man das Material der Teilschichten als Granit und Gabbro identifiziert. Man muß aber damit rechnen, daß sich die so bezeichneten Tiefengesteine von den bekannten Oberflächenformen unterscheiden. Beim Material des obersten Mantels denkt man an Peridotit. Unter den Ozeanen ist die Kruste nur wenige Kilometer dick. Dort fehlt die Granitschicht. Die Grenze zwischen Gabbro und Mantelmaterial nennt man *Mohorovičić-Diskontinuität* (vgl. Kap. 1) und diejenige zwischen Granit und Gabbro *Conrad-Diskontinuität* (nach V. CONRAD 1876–1962). Außer dieser großräumigen Struktur (Ozeane und Kontinente) zeigt die Kruste eine große Mannigfaltigkeit regionaler Besonderheiten, z.B. die großen Faltengebirge, die kontinentalen Grabenbrüche, die Tiefseegräben und Tiefseerücken. Alle diese Gebilde sind mit speziellen geophysikalischen Effekten verknüpft (Schwereanomalien, Erdbeben, Vulkanismus, geothermische Anomalien usw.) und sind deshalb Studienobjekte der Geophysik. Dabei wird man auch immer an die Zeitdimension denken müssen: Die gegenwärtige Erdkruste ist ja nur eine Momentaufnahme in der Geschichte der Erde. Jede Besonderheit der Kruste ist das Ergebnis einer geologischen Entwicklung. Von einmaligen „Krustenereignissen" zeugen die Meteoritenkrater. Sie verdienen deshalb besonderes Interesse. Das Nördlinger Ries ist ein eindrucksvolles Beispiel für einen solchen Krater.

Details im Aufbau des *Mantels*, die wir schon kennengelernt haben, sind die Schicht niedriger Geschwindigkeit (Gutenberg-Schicht) in der Region B und die uneinheitliche Materialzusammensetzung, die man beim Versuch der Berechnung der Dichte entdeckte. Man hofft, mit Hilfe von Hochdruck- und Hochtemperaturversuchen zu einem Verständnis der Druckreaktionen in den verschiedenen Stockwerken des Mantels zu kommen. Zur Zeit liegt die Grenze für die Erzeugung statischer Drücke bei 150 kbar und für Temperaturen bei etwa 2000 °C. Das entspricht einer Tiefe von rund 450 km. Mit Stoßwellen kann man kurzzeitig wesentlich höhere Drücke erreichen.

Abweichungen von der Kugelsymmetrie gibt es auch im Mantel. Die Tiefherdbeben (vgl. Kap. 4a) sind dafür ein sicheres Anzeichen. Tiefherdbeben (bis 720 km Tiefe) hat man vor allem an den Küsten des Pazifischen Ozeans (außer an der Westküste Nordamerikas) beobachtet. Ihre Herde sind sehr regelmäßig auf Verwerfungen angeordnet, die unter einem Winkel von 45° zu den Kontinenten hin einfallen[1].

[1] Überraschend trat 1954 ein Tiefherdbeben unter Spanien auf.

Weitere Anzeichen für lokale Unterschiede im Erdmantel sind die Anomalien der elektrischen Leitfähigkeit (vgl. Kap. 11c). Sie deuten auf lokale Differenzen in der Temperaturverteilung oder im Material hin. Bis in den Mantel hinunter reichen auch die großräumigen Krustenphänomene, die Faltengebirge, Tiefseegräben und Tiefseerücken. Um ihre Entstehung zu erklären, nehmen viele Forscher eine langsame (säkulare) *Konvektion* der Materie im Erdmantel an. Diese Konvektion wird auch für das Herausquellen neuen Meeresbodens aus der zentralen Spalte der untermeerischen Rücken (vgl. Kap. 8f) und für die Kontinentalverschiebung verantwortlich gemacht. Die Materiegeschwindigkeit sollte wenige cm/Jahr betragen. Dabei wird vorausgesetzt, daß der Erdmantel, der sich bei der Ausbreitung von Erdbebenwellen wie ein fester elastischer Körper verhält, auf langsame Bewegungen wie eine viskose Flüssigkeit reagiert. Auch die Isostasie (vgl. Fig. 33) kann sich nur einstellen, wenn das Mantelmaterial „säkularflüssig" ist.

12c) *Unelastische Prozesse*

Bei den früheren Anwendungen haben wir die Erdmaterie durch das mathematische Modell eines elastischen Körpers ersetzt. Das ist für die Ausbreitung seismischer Wellen, für die Eigenschwingungen des Erdkörpers und mit Einschränkungen auch noch für die Erdgezeiten richtig. Am Schluß des vorigen Abschnitts wurde aber schon auf mögliche Abweichungen vom elastischen Verhalten hingewiesen. Solche nichtelastischen Prozesse im Erdinnern sind besonders interessant, weil sich darin die lange Zeitdauer, die in der Geschichte der Erde zur Verfügung steht, auswirkt und man Erscheinungen beobachten kann, denen man in anderen Zweigen der Physik nicht begegnet.

Leider ist die mathematische Theorie solcher Prozesse weniger gut ausgebaut als die Elastizitätstheorie. Immerhin wurden in den letzten 50 Jahren in der *Rheologie*[1] viele Modelle bereitgestellt, die sich auf die Geophysik anwenden lassen. Einige Grundmodelle sollen in diesem Abschnitt vorgestellt werden. Dadurch erhält man einen ersten Einblick in die Begriffswelt der Rheologie. Die zugehörigen mathematischen Formeln werden hier fortgelassen, obwohl man nur mit ihrer Hilfe zu quantitativen Aussagen kommen kann. Am Schluß des Abschnitts folgt eine Zusammenstellung der hierher gehörenden geophysikalischen Anwendungen. Sie ist einer Arbeit von A. E. SCHEIDEGGER entnommen, die den

[1] Rheologie (griech. Kunstwort) = Fließlehre = Mechanik der Stoffe im Grenzbereich: fest–flüssig.

programmatischen Titel trägt: „Rheology of the Earth: The Basic Problem of Geodynamics"[1].

Die *Fig. 71* zeigt rheologische Modellkörper, die zur Beschreibung des rheologischen Verhaltens von festen Körpern und Flüssigkeiten dienen können. An dem rechten, freien Ende der dargestellten Modellkörper sollen zeitlich variable Kräfte angreifen. Die obere Reihe enthält die Elementarkörper: Die Schraubenfeder *(Hookescher Körper)* repräsentiert einen ideal elastischen Festkörper. Der Kolben im ölgefüllten Zylinder *(Newtonscher Körper)* soll einer viskosen Flüssigkeit entsprechen. Wenn keine Kraft mehr wirkt, hört die Bewegung auf. Der Klotz auf der Gleitebene *(Saint-Venant-Körper* nach dem gleichnamigen franz. Physiker B. DE SAINT VENANT, 1797–1886) besitzt Festreibung. Der Körper bewegt sich nur, wenn die Kraft einen *Schwellenwert* überschreitet.

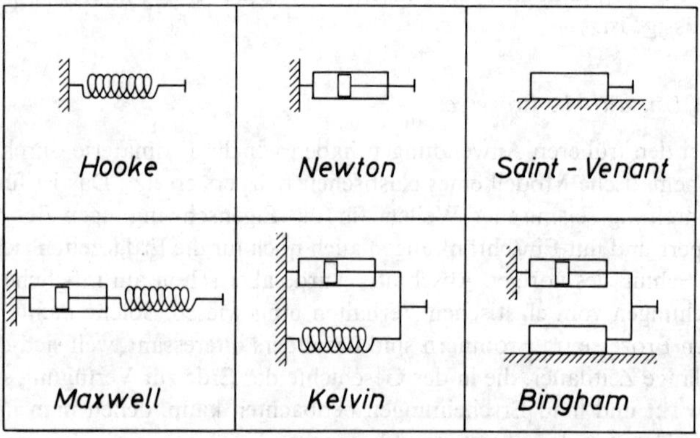

Fig. 71 Modelle rheologischer Körper.

Aus diesen Grundkörpern können nützliche Modellkörper zusammengesetzt werden. Die zweite Reihe in Fig. 71 enthält drei für die Geophysik wichtige Beispiele: Der *Maxwellsche Körper* reagiert auf schnelle Bewegungen wie ein elastischer Körper und auf langsame wie eine Flüssigkeit (mit dauernder Verformung). Der *Kelvinsche Körper* andererseits verhält sich gegen langsame Bewegungen wie ein elastischer Körper, schnelle Bewegungen werden unter Energieabsorption gedämpft. Der *Binghamsche Körper* verhält sich wie eine viskose Flüssigkeit, aber nur oberhalb des Schwellenwertes der Kraft oder Spannung.

[1] Canad. J. Phys. **35** (1957), 383–397.

Ein Vorteil der rheologischen Betrachtungsweise liegt in der Verwischung der Grenze zwischen festen Körpern und Flüssigkeiten. Beide sind gedankliche Idealbilder, die nur Teilaspekte des Verhaltens wirklicher Körper erkennen lassen. Die rheologischen Modellkörper besitzen einen größeren „Gültigkeitsbereich“, aber auch dann noch muß man – je nach Periodenintervall der angreifenden Kräfte – mehrere Modellkörper zur Beschreibung des Verhaltens von ein und demselben realen Körper verwenden. So gilt nach A. E. SCHEIDEGGER für Anwendungen auf die Erde folgende Zuordnung:

Periodenintervall	Anwendungsgebiet	Rheolog. Verhalten
bis zu 4 Std.	Ausbreitung seismischer Wellen	Hookescher Körper aber mit endlicher Scherfestigkeit
4 Std.–15000 Jahre	Chandlersche Breitenschwankung, Nachbeben (bei Erdbeben), Tektonische Faltung, Erdgezeiten	Kelvinscher Körper mit endlicher Scherfestigkeit
über 15000 Jahre	Großräumige Gebirgsbildung, Nacheiszeitliche Hebung Fennoskandiens, Polwanderung	Binghamscher Körper

Literatur zum Weiterstudium

In diesem 12. Kapitel ging es um die Zusammenfassung der Erkenntnisse verschiedener geophysikalischer Disziplinen. Hier sollen einige Bücher zum Weiterstudium empfohlen werden, deren Autoren dasselbe Ziel vor Augen hatten. Für den *ganzen Erdkörper* sind das besonders: GI (1959) und JE (1962) (Literaturverzeichnis Kap. 29),

ferner:

K. E. BULLEN: An Introduction to the Theory of Seismology. 3. Aufl. Cambridge 1963.

Für die *Erdkruste* und den *Erdmantel* sind zu nennen:

F. A. VENING MEINESZ: The Earth's Crust and Mantle. Amsterdam-London-New York 1964.

T. F. GASKELL (Herausg.): The Earth's Mantle. London-New York 1967.

Der Leser wird (hoffentlich!) das Bedürfnis haben, über *Rheologie* mehr zu erfahren. Dazu sei empfohlen:

A. E. SCHEIDEGGER: Principles of Geodynamics. 2. Aufl. Berlin-Göttingen-Heidelberg 1963.
M. REINER: Rheology. In PH (Literaturverzeichnis Kap. 29) **6** (1958), 434–550.

13. *Angewandte Geophysik*

Bei der Suche nach nutzbaren Lagerstätten und wasserführenden Schichten sowie bei Baugrunduntersuchungen treten häufig Fragen auf, die sich mit Hilfe geophysikalischer Methoden beantworten lassen. Die Bearbeitung solcher „von außen" gestellter Probleme ist die Aufgabe der angewandten Geophysik.

Nun ist die Geophysik selbst eine „angewandte" Wissenschaft. Sie wendet die physikalischen Erkenntnisse auf die Vorgänge im Erdkörper und in seiner Umgebung an. Wegen der Großräumigkeit der meisten Erscheinungen ist man in der Regel auf Beobachtung, Messung und Deutung der natürlichen Zustände angewiesen. Experimente planen und ausführen – die fruchtbarste Methode, physikalische Erkenntnisse zu gewinnen – konnte der Geophysiker auf seinem Gebiet fast nie.

Das war in der angewandten Geophysik von Anfang an anders. Die Untersuchungsobjekte sind meist kleinräumig und erlauben es, gezielt zu experimentieren. Oft bestehen diese Experimente in einer verkleinerten Wiederholung natürlicher Vorgänge: So kann man z. B. die Prospektionssprengungen als Imitation von Erdbeben auffassen.

Unter Ausnutzung neuer technischer (gelegentlich auch militärischer!) Möglichkeiten wurde die Arbeitsweise zu experimentieren in den letzten Jahrzehnten von der angewandten auf die reine Geophysik übertragen. Aus den in Ausdehnung und Aufwand beschränkten Experimenten der angewandten Geophysik wurden dabei „Großversuche". Am Anfang dieser Entwicklung stand die *Helgoland-Sprengung* nach dem Ende des 2. Weltkrieges. Am 18.4.1947 wurden U-Boot-Bunker und Festungswerke im Süden der Insel mit 4000 to Ladung gesprengt. Die Sprengung wurde von 24 Feldstationen, die auf drei Profilen von Helgoland nach Nordosten, Süden und Südosten aufgestellt waren, registriert. Die Auswertung ergab erstmalig die Tiefe der Mohorovičić-Diskontinuität in Norddeutschland (26 km). Weitere geophysikalische Großversuche waren: GNOME am 10.12.1961, eine unterirdische Kernexplosion in

New Mexiko. Die Explosion wurde im Steinsalz ausgelöst und entsprach 3 kto *TNT*. SEDAN am 6. 7. 1962, ein Versuch für große Erdbewegungen in Nevada. Dabei wurde eine Ladung, die äquivalent 100 kto *TNT* war, in 200 m Tiefe zur Detonation gebracht. Der Explosionskrater war rund 100 m tief und hatte einen Durchmesser von 360 m. ARGUS, die Schaffung eines künstlichen Strahlungsgürtels und Erzeugung von künstlichem Polarlicht, Ende August und Anfang September 1958. Weitere Experimente dieser Art wurden im Sommer und Herbst 1962 ausgeführt und bekamen den Decknamen STARFISH (siehe Kap. 18 b und 26 b). Auch das umstrittene Nadelexperiment WESTFORD ist hier zu nennen, bei dem 400 Millionen Nadeln (je 1,8 cm lang mit einem Durchmesser von 18 μm) auf eine Polbahn in 3 200 km Höhe gebracht wurden (Umlaufperiode 166 Minuten). Diese Nadeln dienten als Reflektor für den Funkverkehr über weite Strecken. In der Planungsphase des Experimentes hatten Radioastronomen, starke Störungen ihrer Beobachtungen befürchtend, eindringlich, aber vergeblich von der Ausführung des Versuches abgeraten. Glücklicherweise erwiesen sich die Befürchtungen als unbegründet. *Kernexplosionen* in der Atmosphäre dienten der Meteorologie in doppelter Weise: Einmal wurden Luftdruckwellen erzeugt, deren Beobachtung Informationen über die Schichtung der Atmosphäre brachte. Zum andern benutzte man die erzeugten radioaktiven Isotope als Spurenverfolgungsstoffe (engl. tracer) und gewann Aussagen über Turbulenz und Luftbewegungen in der Stratosphäre und Troposphäre.

Zwischen der reinen und der angewandten Geophysik bestehen enge und vielfältige Beziehungen. Immer wieder hat die angewandte Geophysik die Forschung in reiner Geophysik mitgetragen. Viele geophysikalische Hochschulinstitute verdanken ihre Existenz dem Bedürfnis, Studenten für die angewandte Geophysik auszubilden. Die in der angewandten Geophysik entwickelten Methoden und Instrumente lassen sich auch zur Klärung von Fragen verwenden, die keinen unmittelbaren wirtschaftlichen Nutzen versprechen[1]. Häufig wird angewandte Geophysik auch im Auftrag des Staates betrieben. Ein solcher Auftrag war die *Geophysikalische Reichsaufnahme* in den Jahren 1934–1945, deren Ergebnisse man noch heute benutzt, um sich rasch einen Überblick über bestimmte Gebiete zu verschaffen. Seinerzeit führte die Reichsaufnahme zur Entdeckung von 20 neuen Erdölfeldern.

In den folgenden Abschnitten werden die wichtigsten Verfahren der angewandten Geophysik vorgestellt. Dabei werden die Prinzipien der verschiedenen Methoden und die Rückwirkungen auf die allgemeine

[1] Gemeinschaftliche Untersuchungen dieser Art führen die im *Forschungskollegium Physik des Erdkörpers* zusammengeschlossenen Institute der Bundesrepublik Deutschland aus. Vgl. H. Closs, Geophysikalische Untersuchung des Untergrundes von Europa. Naturwissenschaften **52** (1965), 549–557, und die Denkschrift der Deutschen Forschungsgemeinschaft „Physik des Erdkörpers", verfaßt von O. Rosenbach, K. Strobach und W. Heitz, Wiesbaden 1967.

Geophysik besonders herausgestellt. Dieses Kapitel kann nicht als Ersatz für ein Lehrbuch der angewandten Geophysik dienen. Auf solche Lehrbücher wird am Schluß des Kapitels verwiesen.

13a) *Seismische Verfahren*

Zwei Verfahren haben sich bei der seismischen Erkundung der obersten Schichten der Erdkruste besonders bewährt, das Reflexions- und das Refraktionsverfahren. Das Reflexionsverfahren wird viel häufiger angewandt. Bei ihm ist die Auswertung der Meßdaten einfacher, dafür erfordert es aber einen größeren technischen Aufwand bei den Messungen. Das Refraktionsverfahren ist das ältere. Es wird heute nur noch zur Erkundung tiefliegender Schichten benutzt oder in Gegenden, wo aus irgendwelchen Gründen das Reflexionsverfahren versagt.

Das *Reflexionsverfahren* arbeitet nach dem gleichen Prinzip wie Echolot und Radar: Es wird die Laufzeit T eines vom Beobachter ausgesandten und am Beobachtungsobjekt reflektierten Wellenzuges gemessen und daraus die Entfernung h (in der Seismik die Tiefe) des Reflektors berechnet. Für konstante Ausbreitungsgeschwindigkeit v ist

$$h=\tfrac{1}{2}vT. \qquad (13.1)$$

Als Sender dient gewöhnlich eine kleine Explosion, die in der Nähe der Erdoberfläche gezündet wird, der besseren Verdämmung wegen meist im Grundwasser. Gelegentlich benutzt man als Erreger auch Schwingmaschinen mit starken hydraulischen Pressen (VIBROSEIS). Dabei kann man die Frequenzen des ausgesandten Wellenzuges variieren. Der reflektierte Wellenzug wird mit mehreren Seismographen, die längs eines Profils auf der Erdoberfläche aufgestellt sind, empfangen. In der angewandten Geophysik benutzt man spezielle Seismographen, die man Geophone nennt; das sind Wandler, die die Beschleunigungen des Erdbodens in elektrische Schwingungen umsetzen. Die seismischen Signale können so mit Kabeln zu einem Meßwagen übertragen, dort verstärkt, gefiltert und synchron aufgezeichnet werden. Registriert wird entweder auf Photopapier oder auf einem breiten Magnetband, welches die Spuren der verschiedenen Geophone nebeneinander aufnehmen kann.

Die *Fig. 72* zeigt (schematisch) im unteren Teil die Bahnen der Wellenzüge und im oberen Teil die zugehörigen Laufzeitkurven. In Wirklichkeit werden die Geophone viel dichter an den Schußpunkt gestellt, als in Fig. 72 gezeichnet (gewöhnlich vom Schußpunkt aus auch nach beiden Seiten). Es werden dann nur solche Strahlen registriert, die nahezu senkrecht reflektiert wurden.

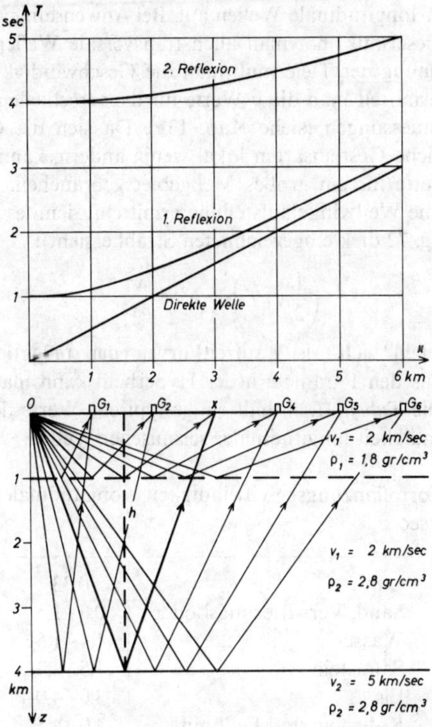

Fig. 72 Reflexionsverfahren: Strahlverlauf und Laufzeitkurven. G_1 bis G_6 sind Geophone. Reflexionen treten auf, wenn sich der Wellenwiderstand $\rho \cdot v$ ändert.

Oberhalb und unterhalb der reflektierenden Grenze müssen Verschiebungen und Spannungen gleich groß sein. Aus dieser Bedingung kann man das Verhältnis der Amplituden berechnen:

$$\frac{A_{\text{refl.}}}{A_{\text{einf.}}} = \frac{\rho_2 v_2 - \rho_1 v_1}{\rho_2 v_2 + \rho_1 v_1}. \tag{13.2}$$

In diesem Reflexionskoeffizienten treten ρ und v nur als Produkt $\rho \cdot v$ auf. Dieses Produkt nennt man den *Wellenwiderstand*. Reflexionen können deshalb auch an Grenzflächen auftreten, bei denen sich nur die Dichte (und nicht die Geschwindigkeit) ändert (Fig. 72, gestrichelte Grenze). Erfahrungsgemäß treten bei der Reflexionsseismik an der Erdoberfläche nur longitudinale Wellen auf. Bei Anwendungen in Bergwerken (Untertageseismik) hat man auch transversale Wellen beobachtet.

Zur Berechnung der Tiefe muß man die Geschwindigkeit v kennen. Gewöhnlich ermittelt man die v-Werte für die verschiedenen Schichten aus Bohrlochmessungen (siehe Kap. 13e). Da sich die Geschwindigkeiten für gleiche Gesteinsarten lokal wenig ändern, kann man einmal bestimmte Werte für ein großes Meßgebiet gebrauchen. Man kann v auch durch eine Weitwinkelaufstellung ermitteln; denn es gilt (wie man aus dem in Fig. 72 dick eingezeichneten Strahl ersieht):

$$\left(\frac{1}{2} v_1 T\right)^2 = h^2 + \frac{x^2}{4}. \tag{13.3}$$

Deshalb ergeben sich als Laufzeitkurven der reflektierten Wellen Hyperbeln. Aus den Parametern der Hyperbeln kann man v_1 (und h) bestimmen. Die *Tabelle L* enthält einige typische Werte der Fortpflanzungsgeschwindigkeit longitudinaler seismischer Wellen.

Tabelle L: Fortpflanzungsgeschwindigkeit longitudinaler elastischer Wellen in km/sec.

Luft	0,33
Sand, Verwitterungsboden	0,3–1,5
Wasser	1,4–1,5
Sandstein	1,5–4,3
Eis	3,0–4,0
Kalkstein und Dolomit	4,0–4,5
Steinsalz der Salzhorste	4,0–5,5
Granit	5,8–6,2
Gabbro	6,4–7,6
Peridotit	7,8–8,4

Beim *Refraktionsverfahren* werden die Seismographen in wesentlich größeren Abständen vom Schußpunkt aufgestellt *(Fig. 73)*. In den Seismogrammen erkennt man (zwischen x_t und x_c als Zweit- und hinter x_c als Ersteinsatz) die Ankunft eines Wellenzuges, der mit der Geschwindigkeit v_2 längs der Grenze beider Medien gelaufen ist und von da fortwährend unter dem Grenzwinkel der Totalreflexion (α^*) nach oben abgestrahlt wurde. Nach der Gleichung (4.25) ist (für $\beta = 90°$)

$$\sin\alpha^* = \frac{v_1}{v_2}. \tag{13.4}$$

Diese Welle wird nach ihrem Entdecker *Mintrop-Welle* genannt. Zum vollen Verständnis der Mintrop-Welle muß man die Folge der Wellenfronten in beiden Medien konstruieren. Plausibel machen kann man sich die Entstehung auch mit Hilfe des Fermatschen Prinzips (Fig. 73, dick eingezeichneter Strahl). Da die Geschwindigkeit im unteren Medium größer ist als im oberen, erreicht der Wellenzug den Ort x schneller über den Umweg OPQ als auf einem nur im oberen Medium verlaufenden Weg. Für das obere Medium handelt es sich um eine „Überschallstörung". Wellen, die von einer Störung ausgehen, welche sich mit Überschallgeschwindigkeit bewegt, nennt man *Kopfwellen* (Beispiele: Geschoß in der Luft oder Flugzeug mit Überschallgeschwindigkeit). Die Mintrop-Welle ist eine spezielle Kopfwelle.

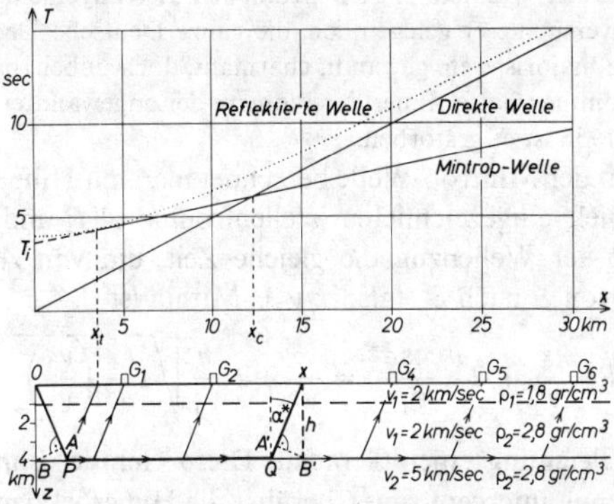

Fig. 73 Refraktionsverfahren: Gleicher Untergrund wie bei Fig. 72, aber Längen- und Zeitmaßstäbe fünffach verkleinert. Refraktionen treten auf, wenn sich die Fortpflanzungsgeschwindigkeit v ändert.

Mintrop besuchte in seinen letzten Lebensjahren hin und wieder das Geophysikalische Institut in Göttingen. Er war ein stattlicher Herr, dem man seine 70 Jahre nicht ansah. Dann spazierte er im Institutsgelände zu einer 4 Tonnen schweren Eisenkugel, um sie liebevoll zu streicheln. Diese Kugel hatte er 1908 von einem 14 m hohen Turm fallen lassen, um „künstliche Erdbeben" zu erzeugen. Damals hatte er die Bodenbewegung in 700 m Entfernung mit 50000-facher Vergrößerung registriert. Bei jedem Besuch hatte einer von uns Assistenten den hohen Gast zu betreuen. Als die Reihe wieder einmal an mir war und ich ihn anschließend zur Stadt gefahren hatte, begegnete uns auf der Straße eine elegante und wohl auch sehr ansehnliche junge Dame. Aber zum Ansehen kam ich gar nicht mehr: Mintrop ließ seinen Spazierstock fallen, bückte sich zu Füßen der Fremden, begann mit Entschuldigungen ein Gespräch und zog mit ihr davon, mir wurde ein huldvoller und deutlicher Abschiedsgruß zugenickt. So war er. – Ludger Mintrop, 1880 in der Nähe von Essen geboren, studierte Markscheidekunde in Aachen, ging anschließend zu Wiechert nach Göttingen, promovierte dort 1911 mit einer Arbeit über künstlich erzeugte Bodenschwingungen, wurde Dozent an der Bergschule Bochum und entwickelte einen transportablen Seismographen. Den verwandte er, um die seismischen Methoden für Geologie und Bergbau nutzbar zu machen. 1921 gründete er die „Seismos GmbH", eine Spezialfirma für geophysikalische Lagerstättenforschung. Damals begann der Siegeszug der angewandten Seismologie beim Erdölsuchen in Deutschland, Schweden, Holland, Polen, Österreich und vor allem in den USA. In den zwanziger Jahren hatten die Göttinger Geophysikstudenten schon beim Doktorexamen ihre Fahrkarte nach Übersee in der Tasche. Mintrop wurde in den USA in einen harten Patentstreit verwickelt und siegte. 1928 wurde er Professor für Markscheidekunde und Geophysik in Breslau. Von 1945 bis 1948 hatte er den gleichen Lehrstuhl in Aachen inne. Nach seiner Emeritierung widmete er sich Problemen der allgemeinen Geophysik. In dieser Zeit versuchte er gelegentlich, die ganze Deutsche Geophysikalische Gesellschaft zu majorisieren, gewandt, charmant, doch unbeirrbar in dem, was er sich vorgenommen hatte: Einer der Pioniere der angewandten Geophysik. – Am 1. Januar 1956 ist er gestorben.

Die Laufzeit der Mintrop-Welle berechnet man mit Hilfe der in Fig. 73 unten gestrichelt eingezeichneten Wellenfronten $A\,B$ und $A'B'$. Demnach braucht der Wellenzug die gleiche Zeit, um von A nach A' zu kommen wie von B nach B' (also x/v_2). Mithin ist

$$T=\frac{x}{v_2}+2\frac{h\cos\alpha^*}{v_1}=\frac{x}{v_2}+2\frac{h}{v_1}\sqrt{1-\left(\frac{v_1}{v_2}\right)^2}\,. \qquad (13.5)$$

Das ist die Gleichung einer Geraden. Diese Gerade schneidet die T-Achse in T_i (engl. *i*ntercept-time), berührt die Hyperbel der reflektierten Welle in x_t und schneidet die Laufzeitgerade der direkten Welle im „kritischen Punkt" x_c. Alle drei Größen können zur Berechnung von h benutzt werden; z. B. ist

$$x_c=2h\sqrt{\frac{v_2+v_1}{v_2-v_1}}\,. \qquad (13.6)$$

Im Gegensatz zum Reflexionsverfahren liefert das Refraktionsverfahren die Geschwindigkeiten automatisch mit. v allein ist die entscheidende Größe, nicht der Wellenwiderstand $\rho\cdot v$ wie beim Reflexionsverfahren. Eine Grenzfläche, an der sich nur ρ ändern würde, bliebe unerkannt (Fig. 73).

Verhältnismäßig neue Arbeitsgebiete der angewandten Seismologie sind *Seeseismik*[1] und *Untertageseismik*. Besonderheiten sind in der See-

[1] Siehe H. MENZEL: Sprengseismik auf See. Bild der Wissenschaft **5** (1968), 219–227.

seismik, daß die elastischen Wellen am Anfang und Schluß ihres Weges durch Wasser laufen, und in der Untertageseismik, daß sich die Wellen im Vollraum ausbreiten (statt an der Grenze eines Halbraumes).

13b) *Gravimetrische Verfahren*

Die gravimetrischen Verfahren bestehen in der Messung der Schwerebeschleunigung an der Erdoberfläche (Gravimetermessungen) und der daraus folgenden Ermittlung lokaler Dichteunterschiede im Erdboden. Solche Dichteunterschiede beruhen auf der ungleichförmigen Verteilung der Gesteine und Minerale (*Tabelle M*).

Tabelle M: Dichtewerte in gr/cm^3

	Grenzwerte	Mittel
Bimsstein	0,36–0,91	0,64
Eis (0 °C)	0,88–0,92	0,92
Sand, trocken	1,40–1,65	1,50
Sand, naß	1,95–2,05	2,00
Steinsalz	2,10–2,40	2,20
Buntsandstein	2,30–2,50	2,30
Gneis	2,40–2,90	2,70
Granit	2,46–3,10	2,75
Diorit	2,70–3,00	2,85
Diabas	2,50–3,20	3,00
Basalt	2,70–3,30	3,00
Gabbro	2,70–3,50	3,00
Peridotit	2,78–3,37	3,10
Brauneisenstein	3,40–4,00	3,70
Schwerspat	4,42–4,68	4,50
Uranpechblende	8,00–9,70	8,80

Gravimeter sind Instrumente für *Relativmessungen* (vgl. Kap. 9a). Gemessen werden Differenzen des Absolutbetrages der Schwerebeschleunigung $\mathbf{g}$. Da die von lokalen Dichteunterschieden herrührenden Änderungen δg aber klein gegen die ungestörte Schwerebeschleunigung g sind, ist die beobachtete Änderung des Betrages praktisch gleich der Projektion von $\delta\mathbf{g}$ auf $\mathbf{g}$:

$$\delta g = |\mathbf{g} + \delta\mathbf{g}| - g \approx \frac{(\mathbf{g} \cdot \delta\mathbf{g})}{g} \approx \delta\mathbf{g}_z . \tag{13.7}$$

Die Gravimetermessungen liefern mithin praktisch die z-Komponente des Störfeldes $\delta\mathbf{g}$.

Zur Ermittlung der Dichteverteilung im Untergrund vergleicht man die gemessenen $\delta\mathbf{g}_z$-Werte mit berechneten Werten für Dichtemodelle. Als einfachstes Modell betrachten wir eine in der Tiefe h vergrabene Kugel der Masse M. Der Ursprung eines kartesischen x-y-z-Koordinatensystems (z-Achse nach unten) liege senkrecht über der Kugel. Nach Gleichung (6.5) hat das von der Kugel verursachte Störfeld das Potential

$$\Phi = -\gamma \frac{M}{e} \tag{13.8}$$

mit

$$e^2 = x^2 + y^2 + (z-h)^2 .$$

Daraus erhält man

$$\delta\mathbf{g}_z(x,y,z) = -\frac{\partial\Phi}{\partial z} = -\gamma M \frac{z-h}{e^3} .$$

Für die Erdoberfläche $(z=0)$ wird

$$\delta\mathbf{g}_z(x,y,0) = \gamma M \frac{h}{\sqrt{x^2+y^2+h^2}^{\,3}} = \frac{\gamma M}{h^2} \frac{1}{\sqrt{1+\dfrac{x^2+y^2}{h^2}}^{\,3}} . \tag{13.9}$$

Da mit $\delta\mathbf{g}_z$ nur das Störfeld erfaßt werden soll, darf man in der Gleichung (13.9) für M nur die Differenz zwischen der Masse der Kugel und der von ihr verdrängten Masse des ungestörten Untergrundes einsetzen. Hat die Kugel eine geringere Dichte als die Umgebung, so benutzt man als Rechengröße eine negative Masse. In der angewandten Gravimetrie stehen Formeln und Rechenschemata für eine große Anzahl von Störkörpern zur Verfügung. Damit kann man alle natürlichen Vorkommen genügend gut approximieren.

Sehr erschwert wird der Schluß von den Beobachtungen auf die Dichteverteilung in der Natur durch die *Vieldeutigkeit der Lösungen:* Gewöhnlich gibt es verschiedene Dichtemodelle, die die gleiche Schwerestörung an der Erdoberfläche hervorrufen. Unser Kugelmodell gibt dafür ein Beispiel: Alle konzentrischen Kugeln und Kugelschalen mit der Gesamtmasse M erzeugen an der Erdoberfläche das durch die Gleichung (13.9) beschriebene Störfeld. Die *Fig. 74* zeigt ein anderes, durch Lösung einer Integralgleichung berechnetes Beispiel. Es handelt sich dabei um einen zweidimensionalen „Störkörper" (Änderungen nur in x- und z-Richtung).

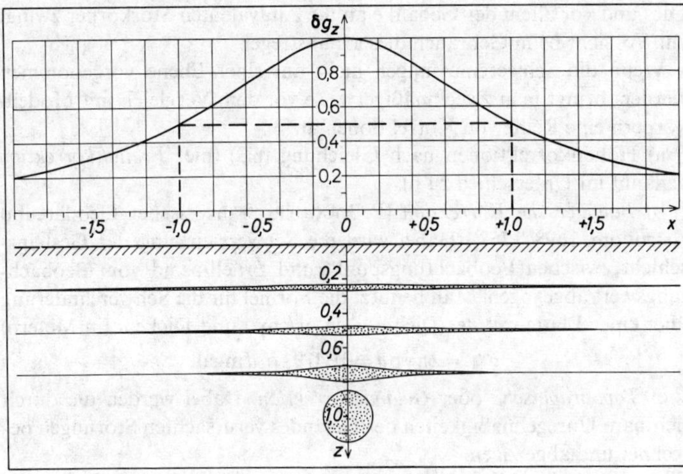

Fig. 74 Schwereanomalie über einem unendlich langen Zylinder. *Oben:* $\delta \mathbf{g}_z$-Kurve in relativen Einheiten. Halbwertsbreite gestrichelt markiert. *Unten:* äquivalente Störkörper, die an der Erdoberfläche alle die gleiche $\delta \mathbf{g}_z$-Anomalie ergeben (gleicher Längen- und Tiefenmaßstab).

Im oberen Teil der Abbildung ist das Störfeld eines in der Tiefe 1 vergrabenen unendlich langen Zylinders gezeichnet (in relativen Einheiten). Das gleiche Störfeld wird aber von jedem der im unteren Teil von Fig. 74 gezeichneten Störkörper hervorgerufen. Man kann daher nicht entscheiden, welche der äquivalenten Massenverteilungen in der Natur vorliegt. In der Regel existiert aber wenigstens eine Maximaltiefe, unterhalb welcher keine äquivalenten Störmassen angeordnet werden können (beim Beispiel von Fig. 74 ist das die Tiefe 1 der Zylinderachse). Bisher konnte die Existenz dieser Maximaltiefe aber nur für gewisse Klassen von $\delta \mathbf{g}_z$-Kurven bewiesen werden. Für die Auswahl des „richtigen" Modells müssen andere, z.B. geologische Gesichtspunkte, herangezogen werden.

Bei $\delta \mathbf{g}_z$-Kurven, die ähnlich aussehen wie die in Fig. 74, nimmt man als Faustregel an, daß die Tiefe des Störkörpers etwa gleich der *Halbwertsbreite* der Störung ist. Wie man sieht, ist beim Zylinder die Tiefe gleich der halben Halbwertsbreite. Für die vergrabene Kugel erhält man aus Gleichung (13.9) eine Halbwertsbreite von

$$2\sqrt{2^{2/3}-1}\,h = 1{,}532\,h\,.$$

Dies und vor allem der Gedanke an die äquivalenten Störkörper zwingt zur Vorsicht beim Gebrauch dieser Faustregel.

Wenn die Schweremessungen nicht auf einer Ebene vorgenommen werden, bringt man zweckmäßigerweise vor dem Vergleich mit Modellkörpern eine Reihe von Korrektionen an:

a) Höhenkorrektionen nach Gleichung (6.9) (hier *Freiluftkorrektion* genannt im Unterschied zu b)).

b) *Bouguersche Korrektion* (P. BOUGUER, französischer Geodät und Astronom, 1698–1758). Dabei wird die Schwerewirkung der Gesteinsschicht zwischen Beobachtungspunkt und Erdellipsoid vom Beobachtungswert abgezogen. Man benutzt die Formel für die Schwereänderung über einer Platte mit der Dichte ρ (in gr/cm^3) und Dicke d (in Metern)

$$\delta \mathbf{g}_z = 2\pi\gamma\rho d = 0{,}04191\,\rho\cdot d\,\mathrm{mgal}.$$

c) *Topographische* oder *Geländekorrektion.* Dabei werden die durch sichtbare Unregelmäßigkeiten des Geländes verursachten Störungen berechnet und abgezogen.

Für sehr genaue Messungen muß man eine zeitabhängige Korrektion wegen der *Gezeiten* anbringen (vgl. Kap. 7a).

Die handlichen Gravimeter haben die älteren Instrumente zur Vermessung des Schwerefeldes, wie *Pendelapparate* und *Drehwaage*, verdrängt. Mit Pendelapparaten mißt man dieselbe Größe wie mit Gravimetern, den Absolutbetrag von $\mathbf{g}$. Die von R. VON EÖTVÖS (1848–1919) entwickelten Drehwaagen erlauben die Bestimmung folgender Ableitungen des Schwerepotentials:

$$\frac{\partial^2\Phi}{\partial z\,\partial x},\quad \frac{\partial^2\Phi}{\partial z\,\partial y},\quad \frac{\partial^2\Phi}{\partial x\,\partial y}\quad \text{und}\quad \left(\frac{\partial^2\Phi}{\partial y^2}-\frac{\partial^2\Phi}{\partial x^2}\right).$$

Die Eötvössche Drehwaage ist ähnlich aufgebaut wie die Drehwaage, welche (im Physikpraktikum) zur Bestimmung der allgemeinen Gravitationskonstante benutzt wird. Von 1900 bis 1930 war die Drehwaage das Hauptinstrument für die gravimetrische Lagerstättenforschung. Ihr Einsatz war besonders erfolgreich bei der Suche nach Salzstöcken.

13c) *Magnetische Verfahren*

Zwischen den magnetischen und den gravimetrischen Verfahren besteht eine große Ähnlichkeit. Das erkennt man besonders deutlich an den Formeln für die Berechnung der Felder von Störkörpern (unten Gleichungen 13.11 bis 13.13). Unterschiede bestehen in der Art der Meßgrößen. Es können nämlich zwei Komponenten des magnetischen Störfeldes verhältnismäßig einfach gemessen werden: $\delta\mathsf{H}$ und $\delta\mathsf{Z}$ (vgl.

Fig. 44). Die dritte Komponente δD zu messen ist mühsam, darum unterbleibt es gewöhnlich. Neuerdings mißt man häufig auch örtliche Unterschiede in der Totalintensität (vgl. Kap. 9i). Wie beim Schwerefeld sind sie annähernd gleich der Projektion des Störvektors auf die Richtung des ungestörten Feldes. Da das ungestörte Feld aber gegen die Vertikale geneigt ist, ist der Vergleich mit Modellrechnungen umständlicher.

Der Ermittlung der Dichte bei den gravimetrischen Verfahren entspricht bei den magnetischen diejenige der Magnetisierung $\mathfrak{J}$. Dabei kann es sich um (magnetostatisch) induzierte oder remanente Magnetisierung handeln (Gleichung 8.35). Die induzierte Magnetisierung hängt außer von dem (als bekannt anzusehenden) ungestörten Magnetfeld nur noch von der Suszeptibilität ab. Diese charakterisiert die verschiedenen Gesteine. Nur wenige Gesteinsarten sind merklich magnetisierbar (vgl. Tabelle H). Die remanente Magnetisierung dagegen hängt nicht allein von der Gesteinsart, sondern auch von der Vorgeschichte des Gesteins ab.

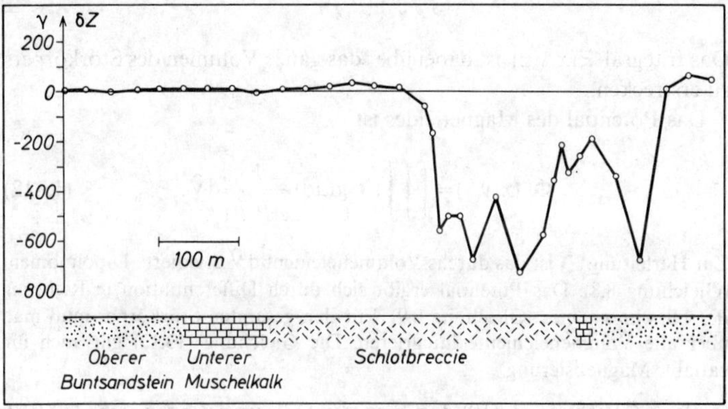

Fig. 75 Magnetische Anomalie über dem Noppen bei Keulos östlich Fulda. *Oben:* Störfeld in der Vertikalintensität auf einem von Südost nach Nordwest verlaufenden Profil. Meßpunktabstand 30 m. *Unten:* Oberflächenbedeckung nach der geologischen Karte. Kartierte Brecciengrenze und Anomalie fallen nicht zusammen (nach H. G. Scheube und J. Untiedt, Z. Geophys. **31** (1965), 283–292).

Deshalb ist die Interpretation magnetischer Messungen im Prinzip unsicherer als die der gravimetrischen. Die *Fig. 75* zeigt die Störungen der Vertikalintensität über einem Vulkanschlot, der mit zerbröckeltem vulkanischen Gestein gefüllt ist. Hier wie bei anderen Messungen deutet die scharfe Begrenzung der Anomalie auf oberflächennahe Störkörper hin.

Im folgenden sollen die Formeln zur Berechnung des Magnetfeldes von Störungen angegeben werden. Ähnliche Rechnungen haben wir schon in Kap. 6 für das Schwerefeld und in Kap. 8 für die Magnetisierung kennengelernt, nur hatten wir es da mit einfacheren Körpern zu tun. Jetzt dürfen die Störkörper eine beliebige Form haben. Um die Analogie zwischen gravimetrischen und magnetischen Verfahren aufzuzeigen, beginnen wir mit der entsprechenden Gleichung für das Schwerefeld des Störkörpers. Der Körper habe die homogene Dichte ρ und die homogene Magnetisierung $\mathfrak{J}$.[1] Φ_g sei das Gravitations- und Φ_m das magnetische Potential. Der Aufpunkt P (=Meßpunkt) habe die Koordinaten x,y,z und der Integrationspunkt $\hat{P}$ entsprechend $\hat{x},\hat{y},\hat{z}$. $\hat{P}$ liegt im Störköper, P außerhalb. Der Abstand zwischen beiden sei $e(x,y,z;\hat{x},\hat{y},\hat{z})=e(P,\hat{P})$

$$e^2=(x-\hat{x})^2+(y-\hat{y})^2+(z-\hat{z})^2. \tag{13.10}$$

Es ist dann

$$\Phi_g(x,y,z)=-\gamma\rho\iiint\frac{1}{e(P,\hat{P})}\,d\hat{V}=-\gamma\rho\,\Xi(x,y,z). \tag{13.11}$$

Das Integral $\Xi(x,y,z)$ ist dabei über das ganze Volumen des Störkörpers zu erstrecken.

Das Potential des Magnetfeldes ist

$$\Phi_m(x,y,z)=\iiint(\mathfrak{J}\cdot\widehat{\mathrm{grad}})\frac{1}{e(P,\hat{P})}\,d\hat{V}. \tag{13.12}$$

Zur Herleitung: $\mathfrak{J}$ ist das durchs Volumenelement $d\hat{V}$ dividierte Dipolmoment (Gleichung 8.8). Das Potential ergibt sich durch Differentiation in Richtung des Dipolmomentes (Gleichung 8.9). Für den gesamten Störkörper muß man über alle Volumenelemente integrieren. Die Gleichung (13.12) gilt auch für variable Magnetisierung.

Nach Gleichung (13.10) darf man die Differentiationen von $1/e(P,\hat{P})$ nach den Koordinaten des Integrationspunktes $\hat{x},\hat{y},\hat{z}$ mit den Differentiationen nach den Koordinaten des Aufpunktes x,y,z vertauschen, wenn man gleichzeitig das Vorzeichen ändert:

$$\Phi_m(x,y,z)=-(\mathfrak{J}\,\mathrm{grad})\iiint\frac{1}{e(P,\hat{P})}\,d\hat{V}=-(\mathfrak{J}\,\mathrm{grad})\,\Xi(x,y,z). \tag{13.13}$$

[1] Wie in der Potentialtheorie gezeigt wird, gibt es homogene Magnetisierung strenggenommen nur in Ellipsoiden. Bei den in der Natur vorkommenden kleinen Suszeptibilitäten fallen aber die Abweichungen von der Homogenität nicht ins Gewicht, welche sich aus der Form des magnetisierten Körpers ergeben.

Hieraus gewinnt man durch Differentiation die Feldkomponenten:

$$\delta \mathsf{X} = -\frac{\partial \Phi_m}{\partial x} = \mathfrak{J}_x \Xi_{xx} + \mathfrak{J}_y \Xi_{yx} + \mathfrak{J}_z \Xi_{zx}$$

$$\delta \mathsf{Y} = -\frac{\partial \Phi_m}{\partial y} = \mathfrak{J}_x \Xi_{xy} + \mathfrak{J}_y \Xi_{yy} + \mathfrak{J}_z \Xi_{zy} \qquad (13.14)$$

$$\delta \mathsf{Z} = -\frac{\partial \Phi_m}{\partial z} = \mathfrak{J}_x \Xi_{xz} + \mathfrak{J}_y \Xi_{yz} + \mathfrak{J}_z \Xi_{zz}.$$

Der einfachste so zu berechnende Körper ist eine homogen magnetisierte Kugel, dabei ergibt sich als Störfeld das Feld eines Dipols im Mittelpunkt der Kugel (Gleichung 8.9).

Bei den magnetischen Verfahren stören die zeitlichen Variationen viel stärker als bei den gravimetrischen. Die magnetischen Zeitvariationen sind relativ erheblich größer als die Gezeiten, vor allem aber unregelmäßiger (vgl. Kap. 19). An magnetisch ruhigen Tagen (vgl. Kap. 19b) kann man die Zeitvariationen durch zeitabhängige Korrektionen erfassen. An stark gestörten Tagen sind Feldmessungen sinnlos.

13d) *Geoelektrische Verfahren*

Es gibt viele verschiedenartige geoelektrische Verfahren, allerdings von sehr unterschiedlicher Bedeutung. Das einzig Gemeinsame ist allen: Mit Hilfe „elektrischer" Messungen an der Erdoberfläche gewinnt man Informationen über den Untergrund. So mißt man *Eigenpotentiale*, die als Folge der Bildung natürlicher, galvanischer Elemente im Erdboden auftreten, vor allem in der Nähe sulfidischer Erzlagerstätten. Bei anderen Verfahren werden dem Boden künstliche Ströme zugeführt, je nach Stromart spricht man von *Gleich-* oder *Wechselstromverfahren.* Hier sollen nur die Gleichstromverfahren mit Vierpunktanordnung *(Fig. 76)* besprochen werden. Sie liefern die klarsten Ergebnisse, deshalb haben sie auch die größte Bedeutung für die Praxis[1].

Dem Boden wird an zwei Elektroden E_1 und E_2 Gleichstrom der Stärke J zugeführt. An den zwischen den Elektroden liegenden Sonden S_1 und S_2 wird die Spannung U gemessen. Ermittelt werden soll der spezifische Widerstand des Untergrundes als Funktion der Tiefe. Man könnte daran denken, die Sonden einfach wegzulassen und im Stromkreis über die Elektroden sowohl den Strom als auch die Spannung zu

[1] Bei den Wechselstromverfahren überlagern sich die elektromagnetischen Induktionseffekte, die wir in Kap. 11 kennengelernt haben. Überhaupt berühren sich die dort besprochenen Methoden Magnetotellurik (Kap. 11a) und Erdmagnetische Tiefensondierung (Kap. 11c) mit den Geoelektrischen Verfahren. Hier wie dort ist das Ziel die Ermittlung der Leitfähigkeitsverteilung im Untergrund.

messen. Das führt aber nicht zu brauchbaren Aussagen über den Widerstand im Untergrund, da der Übergangswiderstand zwischen Elektroden und Erdboden meist viel größer ist als der Widerstand des Erdbodens. Deshalb würde man im wesentlichen nur den Übergangswiderstand und seine zufälligen Schwankungen erfassen. In der Anordnung von Fig. 76 dagegen wird der Übergangswiderstand aus der Messung eliminiert.

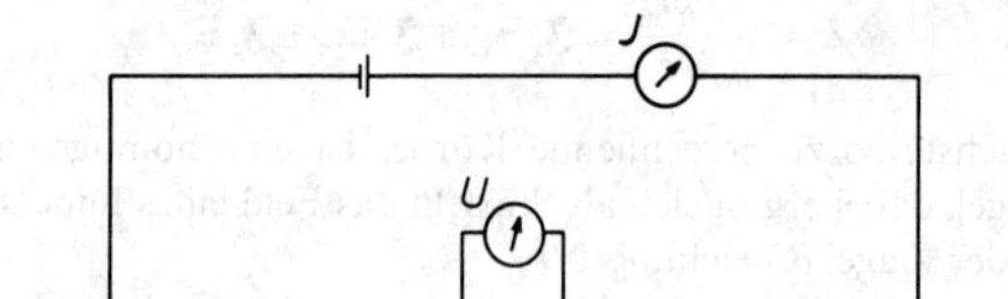

Fig. 76 Vierpunktanordnung für Gleichstromverfahren.

Ist der Untergrund homogen mit dem spezifischen Widerstand ρ, so kann man ohne Schwierigkeiten die Stromverteilung (nach der Methode der Spiegelpunkte) berechnen. Man erhält die folgende Beziehung:

$$U = \frac{\rho J}{2\pi} \left\{ \left(\frac{1}{S_1 E_1} - \frac{1}{S_1 E_2} \right) - \left(\frac{1}{S_2 E_1} - \frac{1}{S_2 E_2} \right) \right\} = \frac{4 \rho J}{\pi} \frac{a}{L^2 - a^2}. \tag{13.15}$$

Daraus ergibt sich für den spezifischen elektrischen Widerstand

$$\rho = \frac{\pi}{4} \frac{U}{J} \frac{L^2 - a^2}{a}. \tag{13.16}$$

Je weiter man die Elektroden auseinander stellt, desto tiefere Schichten des Erdbodens werden vom Strom erfaßt, deshalb ändert sich der nach Gleichung (13.16) berechnete Wert mit L und a, wenn ρ mit der Tiefe variiert. Man definiert den *scheinbaren spezifischen Widerstand* ρ_s (engl. apparent resistivity) durch

$$\rho_s(L, a) = \frac{\pi}{4} \frac{U}{J} \frac{L^2 - a^2}{a}. \tag{13.17}$$

Für kleine L ist ρ_s gleich dem spezifischen Widerstand der obersten Bodenschicht.

Zwei spezielle Elektroden- und Sondenkonfigurationen, die nach ihren Erfindern benannt sind, werden viel benutzt: Nach dem Amerikaner F. WENNER (1873–1954) setzt man $L=3a$. Dann wird

$$\rho_s(a) = 2\pi \frac{U}{J} a. \tag{13.18}$$

Nach dem Franzosen C. SCHLUMBERGER (1879–1936) wählt man a möglichst klein, jedoch so, daß man gerade noch gut meßbare Spannungen erhält. Mit $a \ll L$ wird

$$\rho_s(L) = \frac{\pi}{4J} L^2 \left(\frac{U}{a}\right). \tag{13.19}$$

Hierin ist U/a die elektrische Feldstärke in der Mitte zwischen den Elektroden.

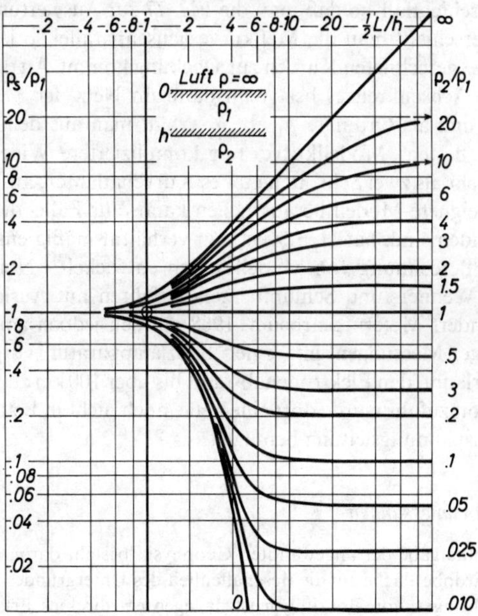

Fig. 77 (Zweischicht-)Modellkurven für die Schlumberger-Anordnung. In diesem Diagramm sind alle Größen normiert: Einheit der Abszisse $=h$, Einheit der Ordinate $=\rho_1$. Die Meßkurve trägt man in gebräuchlichen Einheiten ($L/2$ in m, ρ_s in Ohm m) auf Transparentpapier auf. Wegen des logarithmischen Maßstabs bedeutet der Übergang zu anderen Einheiten nur eine Parallelverschiebung. Deshalb braucht man die Meßwerte auch nicht durch ρ_1 zu dividieren.

Die Wennersche Anordnung liefert auch bei großen Auslagen noch bequem meßbare Spannungen U, dafür bringt das fortwährende Versetzen der Sonden leicht Streuungen in die Meßwerte, da die Sonden sehr empfindlich auf Oberflächeneinflüsse reagieren. Diesen Nachteil vermeidet die Schlumbergersche Anordnung, bei der nur die Elektroden versetzt werden. Dafür zwingt sie aber bei großen Auslagen zur Messung sehr kleiner Spannungen.

Die gemessenen $\rho_s(a)$- oder $\rho_s(L)$-Kurven werden mit berechneten Kurven für Widerstandsmodelle verglichen. Die *Fig.* 77 zeigt Modellkurven für einen ebenen zweischichtigen Untergrund, bei dem sich die untere Schicht bis Unendlich erstreckt. Da ρ_s/ρ_1 als Ordinate aufgetragen ist, beginnen alle Kurven für kleine L-Werte bei 1. Für große L strebt ρ_s gegen den ρ-Wert der unteren Schicht. Die Kurven sind in ein doppeltlogarithmisches Netz eingetragen. Man zeichnet die Meßkurve $\rho_s(L)$ im gleichen Maßstab auf Transparentpapier. Handelt es sich um einen Zweischichtfall, so daß man die Fig. 77 zur Auswertung benutzen kann, so verschiebt man die Meßkurve achsenparallel so lange, bis sie mit einer der gerechneten Kurven zur Deckung kommt. An der Stelle des markierten Achsenkreuzes liest man dann im Netz der Meßkurve als Abszisse h und als Ordinate ρ_1 ab. ρ_2 erhält man aus dem Parameter ρ_2/ρ_1 der „besten" Modellkurve. Für kompliziertere Widerstandsmodelle mit mehr als zwei Schichten gibt es Kurvenatlanten, aus denen man sich das geeignete Modell heraussuchen kann. Für Fälle, die in keinem Atlas zu finden sind, hat H. Flathe ein verhältnismäßig einfaches Verfahren zur Berechnung von Modellkurven entwickelt[1]. Normalerweise wird beim Wenner- und Schlumberger-Verfahren mit Auslagen bis zu einigen hundert Metern gearbeitet. 1968 wurden jedoch am Oberrhein Schlumberger-Messungen mit einer Spezialapparatur vorgenommen, welche es erlaubt, den Elektrodenabstand bis über 100 km zu vergrößern. Für die Stromzufuhr wurde dort eine neue, noch nicht in Betrieb genommene Hochspannungsleitung benutzt.

13e) *Bohrlochmessungen*

Die Hauptaufgabe der angewandten Geophysik besteht darin, aus Messungen an der Erdoberfläche auf die Beschaffenheit des Untergrundes zu schließen. Das Niederbringen von Bohrungen ist dagegen ein direktes Erkundungsverfahren. Man ist daher geneigt zu glauben, die Bohrlochprospektion käme ohne Anwendung geophysikalischer Methoden aus; sie überprüft ja gerade die Richtigkeit geophysikalischer Aussagen. Das trifft bestenfalls auf Kernbohrun-

[1] Geophys. Prospecting **3** (1955), 268–294.

gen zu, bei denen die zu erkundende Materie stückweise an die Erdoberfläche geholt wird. Kernbohrungen sind aber zeitraubend und vor allem teuer. Deshalb begnügt man sich meist damit, ein Loch zu bohren, ohne zu kernen. Dann ist es wieder Aufgabe der Geophysik, aus Messungen im Bohrloch Aufschluß über die durchbohrten Erd- und Gesteinsschichten zu gewinnen. Solche Messungen erfordern einen großen technischen Aufwand. Bei der Auswertung der Messungen macht man viel Gebrauch von empirisch gewonnenen Beziehungen. Bei Physikern (vor allem bei Studenten) erregt es immer wieder Verwunderung, wie man bedeutungsvolle Ergebnisse aus Messungen erzielt, ohne die maßgeblichen physikalischen und chemischen Prozesse im einzelnen zu kennen.

Bei den geophysikalischen Bohrlochmessungen (engl. well logging) müssen die Meßgeräte in einer 1 bis 2m langen Meßsonde von etwa 15cm Durchmesser untergebracht werden. Die Meßwerte werden durch Kabel zur Erdoberfläche übertragen. Sehr erschwert werden die Messungen durch die im Bohrloch immer vorhandene Spülung[1]. Bei fast jeder Bohrung werden elektrische Messungen vorgenommen. Eine der stets gemessenen Größen ist das *Eigenpotential* (engl. spontaneous potential, *SP-log*). Solche Eigenpotentiale entstehen durch elektrochemische Vorgänge an den Grenzen verschiedener Gesteine und beim Eindringen der Spülung ins Gestein. Der *spezifische elektrische Widerstand* (engl. resistivity-log) wird mit einer modifizierten Vierpunktanordnung gemessen. Dabei kann durch Anbringen von Hilfselektroden dafür gesorgt werden, daß die elektrischen Stromlinien in der Nachbarschaft der Sonde möglichst horizontal verlaufen *(Laterolog)*.

Mit Hilfe von Schallsendern und -empfängern wird die Schallgeschwindigkeit im Gestein bestimmt *(Akustik-Log)*. Die natürliche Radioaktivität der Gesteine *(γ-Log)* sowie die Streustrahlung künstlicher Radioaktivität *(Neutron-γ-* und *Neutron-Neutron-Log)* werden gemessen, letztere zur Ermittlung des Wasserstoffgehaltes. Messungen der natürlichen *Temperatur*verteilung sind wegen der Anwesenheit der Spülung fast unmöglich, doch kann man durch Temperaturmessungen den Zufluß von Wasser oder Gas feststellen. Messungen der *Bohrlochneigung* und des *-durchmessers* kann man kaum noch als geophysikalisch bezeichnen. *Magnetfeldmessungen* im Bohrloch wurden bisher selten ausgeführt.

Bei der Auswertung ist die Zusammenschau der verschiedenen Meßkurven sehr wichtig, da die unterschiedlichen Verfahren sich zum Teil gegenseitig kontrollieren, zum Teil ergänzen. Bohrlochmessungen verhalten sich da ähnlich wie die Messungen mit verschiedenen Instrumenten in einer Rakete oder einem künstlichen Satelliten.

[1] Die Spülung dient mehreren Zwecken: Sie vermindert die Reibung des Meißels und transportiert das Bohrklein nach oben. Sie wird auch nach Abschluß der Bohrarbeiten nicht abgepumpt, da ihr Gewicht die Bohrlochwände stützt und Erdgas gegebenenfalls zurückhält.

Ergänzende Literatur zu Kap. 13

In diesem Kapitel konnte nur ein ganz grobes Bild der verschiedenen Verfahren entworfen werden. Alle Feinheiten – und darin liegt meist das Interessante – mußten weggelassen werden. Besonders dringlich sei deshalb auf die Literatur verwiesen, die auch solche Details darstellt:

H. HAALCK (Herausg.): Lehrbuch der angewandten Geophysik. Teil I, 2. Aufl. Berlin 1953. Teil II, Berlin 1958.

F. GASSMANN und M. WEBER: Einführung in die angewandte Geophysik. Bern 1960.

Eine ausführliche Darstellung der Methoden der angewandten Geophysik, geschrieben von einer ganzen Reihe von Experten (vor allem aus dem Amt für Bodenforschung, Hannover), findet man in:

A. BENTZ (Herausg.): Lehrbuch der angewandten Geologie. **I.** Stuttgart 1961, 422–956.

Ein sehr instruktives amerikanisches Lehrbuch ist:

M. B. DOBRIN: Introduction to Geophysical Prospecting. 2. Aufl. New York-Toronto-London 1960.

Speziell zu *Bohrlochmessungen:*

R. MEINHOLD: Geophysikalische Meßverfahren in Bohrungen. Leipzig 1965.

K. LEHNERT und K. ROTHE: Geophysikalische Bohrlochmessungen. Berlin 1962.